Flugzeuge der Welt 2009

Coverfoto: Mikojan MiG-35
Dreiseitenrisse: Aeromedia Anton E. Wettstein

ISBN 978-3-613-03008-4
www. motorbuchverlag.de

CLAUDIO MÜLLER

FLUGZEUGE DER WELT

2009

Motor
buch
Verlag

Seit 49 Jahren erscheint das traditionelle Jahrbuch »Flugzeuge der Welt«. Wie üblich, präsentiere ich jene Typen, die sich derzeit in Produktion befinden oder ältere Modelle, welche einer wesentlichen Modernisierung unterzogen werden. Am interessantesten sind jedoch jeweils die Muster, die voraussichtlich im 2009 ihren Erstflug absolvieren. Auch dieses Jahr kann von einigen attraktiven Neuerscheinungen berichtet werden.

Wie im Vorwort der letztjährigen Ausgabe vorausgesagt, hat die anfänglich als Subprime-Krise begonnene Talfahrt der Weltwirtschaft die Luftfahrtbranche ganz erheblich getroffen. Volatilität der Erdölpreise, schwankender Dollar, Schwierigkeiten in der Finanzierung haben ihre Spuren hinterlassen. 2008 war wirtschaftlich gesehen ein eigentliches »anno horribilis« mit einem Zusammenbruch vor allem der Finanzwirtschaft, welcher seinesgleichen sucht. Es sieht sehr danach aus, dass die Krise 2009 weitgehend alle Wirtschaftszweige erfasst und ein Ende ist im Moment nicht zu erkennen.

Der diesjährige Schwerpunkt ist den Flugzeugen für militärische Zwecke aller Art gewidmet. Seit dem Ende des kalten Krieges hat dieser Bereich einen erheblichen Niedergang erfahren. Die Verteidigungsbudgets der meisten Länder sind real berechnet massiv gekürzt worden. Als Folge davon wurden viele Muster zum Teil vorzeitig ausgesondert und wenn man überhaupt Nachfolger beschaffte, dann in sehr geringer Zahl. Es erstaunt daher nicht, dass Neuentwicklungen in den letzten zwei Jahrzehnten eher dünn gesät waren. Eine Ausnahme bilden die unbemannten Flugzeuge (UAV's) für militärische Aufgaben. Diese gewinnen einen wichtigeren Anteil und das Einsatzspektrum weitet sich immer mehr aus. Um den Einsatzstand von Kampfflugzeugen einigermaßen der heutigen Bedrohung angepasst zu halten, werden ältere Muster immer wieder modernisiert. Daher treffen Sie, liebe Lesende, in dieser Ausgabe wieder einmal auf ältere Modelle, welche derzeit eine Kampfwertsteigerung erfahren.

Die Verkehrsfliegerei hat den Höhepunkt überschritten. Eine hohe Zahl an Konkursen von Fluggesellschaften ist ein erstes Anzeichen dafür. Es wird vermutlich nicht lange dauern, bis wiederum Passagierflugzeuge in großer Zahl mangels Nachfrage aus dem Verkehr genommen und auf Wüstenflugplätzen abgestellt werden, bis bessere Zeiten kommen. Airbus und Boeing bekunden bereits Absatzschwierigkeiten bei den neuen Typen. Der Boom im Businessjet-Markt hat ebenfalls ein schnelles Ende gefunden. Während man 2008 teilweise noch für zwei oder drei Jahre alte Modelle mehr als den Neupreis bezahlte, sind mittlerweile Preiseinbrüche von bis zu 30 % festzustellen.

Als **der** Zukunftsmarkt wurde jener der sog. Very Light Jets (VLJ) bezeichnet. So verwundert es nicht, dass eine große Zahl von Neuentwicklungen sich im Markt präsentieren. Bald jeder Kleinflugzeughersteller meint, in diesem Segment mitwirken zu müssen. Jüngste Beispiele sind Piper,

Cirrus und auch die Autohersteller Honda und Subaru! Etwa gleich vielen neu lancierten Modellen stehen solche gegenüber, die von der Bildfläche wieder verschwinden. Warum in diesem doch recht schwierig zu prognostizierenden Markt so intensiv investiert wird, ist mir rätselhaft. Meine Skepsis habe ich schon vor einigen Jahren ausgedrückt. 2008 war nun das Jahr der prominenten Opfer. Adam Aircraft, Eclipse, Grob sind kurz vor oder zu Beginn des Serienbaus wegen fehlender Finanzmittel in die Liquidation gegangen und werden voraussichtlich ganz vom Markt verschwinden. Der Boom nimmt vielleicht ein Ende, bevor er richtig begonnen hat.

Ein eigentliches Trauerspiel stellt die Entwicklung von neuen Flugzeugen dar. Kaum ein größeres Projekt, welches nicht durch gravierende Probleme weder zeitgerecht, geschweige denn on-Cost lanciert wird. Airbus A380, Boeing 787, ACAC ARJ-21, Suchoj Superjet 100, F-35 usw. sind beredte Beispiele. Was ist los in dieser Branche? Vermutete Gründe für diese Probleme sind die Komplexität, zu viele Unterlieferanten, zu ehrgeizige Zeitpläne, verloren gegangenes Know-how und zu hoher wirtschaftlich/politischer Druck. Am Schluss stehen alle als Verlierer da, die Entwickler, die Hersteller und die Abnehmer. Anfang 2009 hat sich die Liste von schlechten Beispielen durch die A400M verlängert. Derzeit spricht man von einer Auslieferungsverzögerung von drei Jahren. Zudem müsse der Kaufpreis neu verhandelt werden.

Es gibt aber auch Lichtblicke! Die chinesische Luftfahrtindustrie wächst unaufhörlich und konsolidiert ihre Strukturen. Neu geschaffen wurde eine einzige Dachgesellschaft AVIC – China Aviation Industry Corporation – welche sowohl die militärischen wie auch die zivilen Projekte vereint. Nachdem China in den letzten Jahren die Strukturen der Luftfahrtindustrie mehrfach änderte, habe ich die beschriebenen Modelle zum leichteren Auffinden vorläufig weiterhin unter den alten Namen eingeordnet.

Nachhaltigkeit wird auch in der Luftfahrtindustrie zunehmend zum Thema. Leider ist man in diesem Punkt noch sehr weit von konkreten und wirtschaftlich einsetzbaren Lösungen entfernt. Erste Forschungsflugzeuge beispielsweise mit Solarzellen als Energiespeicher befinden sich in Konstruktion. Diese Entwicklungen haben vorerst nur einen wissenschaftlichen Wert. Eine kommerzielle Lösung ist noch nicht in Sicht. Eine Ausnahme macht die EMBRAER EMB-202 Ipanema (siehe Seiten 148/149), welche schon seit Jahren Aetylen-Alkohol als Treibstoff einsetzt und auch einen kommerziellen Erfolg darstellt. Ich bin überzeugt, im Bereich der Nachhaltigkeit werden wir auch in der Fliegerei in den nächsten Jahren noch viel sehen und darüber berichten können.

Alles in allem gesehen war 2008 ein spannendes »Flugzeugjahr«. 2009 verspricht ebenfalls einige Highlights. Darüber wird hoffentlich in der nächsten Ausgabe mehr zu berichten sein.

Claudio Müller

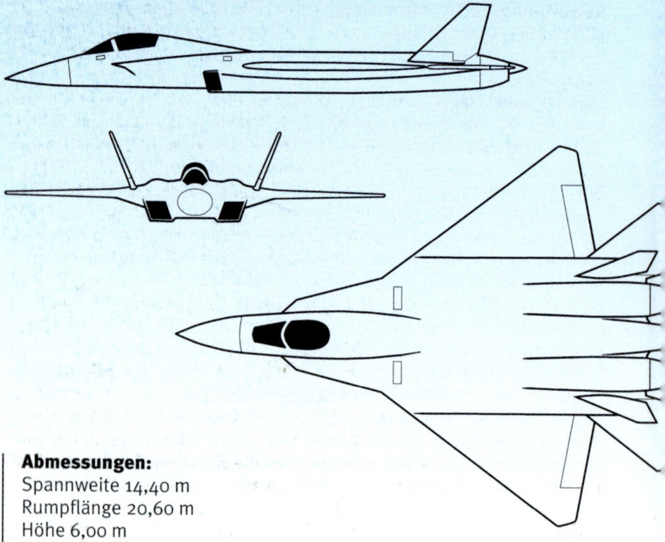

Abmessungen:
Spannweite 14,40 m
Rumpflänge 20,60 m
Höhe 6,00 m
Flügelfläche 77,00 ?m²

SUCHOJ T-50

Ursprungsland: Russland.
Kategorie: Einsitziger Luftüberlegenheitsjäger der fünften Generation.
Triebwerke: Zwei Mantelstromtriebwerke Saturn Lyulka AL-41F von je 17845 kp (175,0 kN) Standschub mit Nachbrenner oder Sojus R-145M-300 von je 19240 kp (196,2 kN) Standschub mit Nachbrenner und Schub-Vektor-Steuerung.
Leistungen (erste Annahmen): Höchstgeschwindigkeit 2250 km/h (Mach 2,2); Supercruise-Geschwindigkeit rund 2000 km/h; Dienstgipfelhöhe 18000 m; Aktionsradius mit normaler Bewaffung 1200 km; Überführungsreichweite mit Zusatztanks 7400 km.
Gewichte (mit Lyulka-Triebwerken): Leergewicht 15800 kg; max. Startgewicht 31600 kg.
Bewaffnung: Sechs intern mitgeführte Luft-Luft-Raketen, davon vier des Mittelstreckentyps R-77M sowie zwei Kurzstrecken Luft-Luft-Raketen R-73, R-74 oder R-30. Weiter können TV-, Laser- und Radar-gelenkte Luft-Boden-Waffen geladen werden.
Entwicklungsstand: Bereits 2002 wurden erste Pläne für einen neuen Luftüberlegenheitsjäger T-50 bekannt. Nun scheint sich das Projekt jedoch zu konkretisieren. Russischen Quellen zufolge wird ein erster Prototyp 2010 die Flugerprobung aufnehmen. Mit dem Bau soll bereits begonnen worden sein. Die Indienststellung ist für 2013 geplant.
Bemerkungen: Große Teile der russischen Luftwaffe sind veraltet. Nicht zuletzt aus Geldmangel mussten in den letzten Jahren immer wieder neue Projekte bereits in einem frühen Entwicklungsstand wieder aufgegeben werden. Was das Projekt eines mit der F/A-22 Raptor vergleichbaren Kampfflugzeuges angeht, ist Russland fest entschlossen, dieses Vorhaben bis zur Serienfertigung durchzuziehen. Wie bei allen neuen Konstruktionen von Kampfflugzeugen wird die T-50 über gute Stealth-Eigenschaften verfügen. Eine weitere Neuerung für russische Kampfflugzeuge ist die Fähigkeit, ohne Nachbrenner recht hohe Überschallgeschwindigkeit zu erreichen. Weitere Informationen über Auslegung, Materialverwendung und Elektronik sind noch nicht im Detail bekannt. Man kann davon ausgehen, dass die T-50 alle einem Muster der sog. fünften Generation entsprechenden Konstruktionsmerkmale und Systeme aufweisen wird.
Hersteller: Suchoj Design Bureau/jKnAAPO, Moskau, Werk Komsomolks am Amur, Russland.

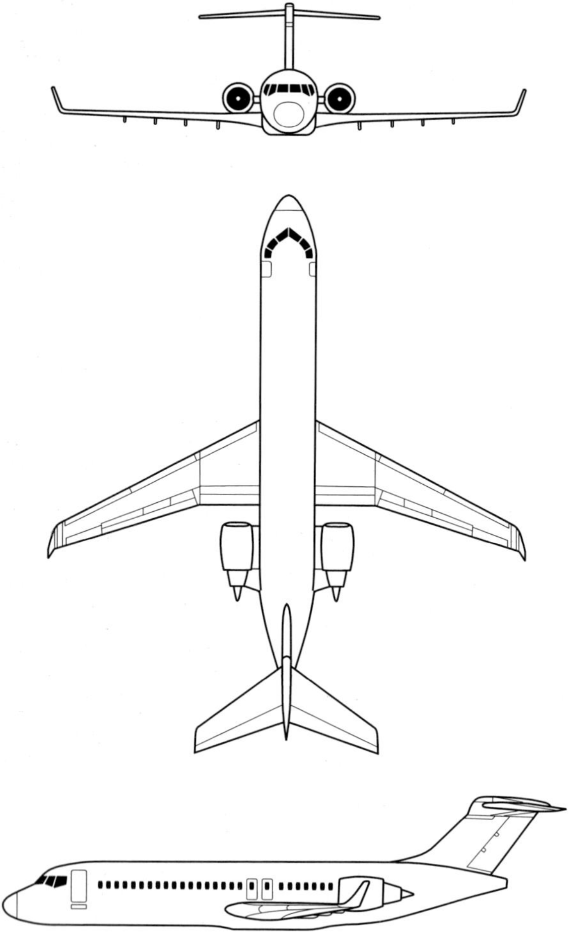

Abmessungen:
Spannweite 27,28 m
Länge (ARJ21-700 bzw. 900) 33,46 bzw. 36,36 m
Höhe 8,44 m
Flügelfläche 79,86 m²

ACAC ARJ 21

Ursprungsland: Volksrepublik China.
Kategorie: Kurz- und Mittelstrecken-Verkehrsflugzeug.
Triebwerke: Zwei Mantelstromtriebwerke General Electric CF34-10A von je (ARJ21-700/900) 6954 kp (68,20 kN) bzw. 7737 kp (75,88 kN) Standschub.
Leistungen (nach Angaben des Herstellers): Max. Reisegeschwindigkeit Mach 0,82; Dienstgipfelhöhe 11900 m; Reichweite (ARJ21-700STD/900STD) 2225 km, (ARJ-21-700ER/900ER) 3750/3334 km.
Gewichte: Leergewicht (ARJ21-900STD bzw. ER) 26270 bzw. 26770 kg; max. Startgewicht (ARJ21-900STD/ER) 43616 bzw. 47182 kg.
Zuladung: Zwei Mann Cockpitbesatzung und ARJ21-700 zwischen 70 und 80 bzw. ARJ21-900 zwischen 90 und 100 Passagiere in einer klassischen Kabinenaufteilung mit vier bzw. fünf Sitzen pro Reihe. Max. Nutzlast 11246 kg.
Entwicklungsstand: Der Erstflug ist nach mehreren Verzögerungen am 28. November 2008 erfolgt. Geänderten Plänen zufolge wird mit der Zulassung Mitte 2010 gerechnet, so dass die ersten Jets Anfang 2010 ausgeliefert werden können. Nach unbestätigten Angaben sollen allein durch chinesische Luftfahrtgesellschaften bereits rund 180 Bestellungen und weitere Optionen der Version ARJ21-700 eingegangen sein.
Bemerkungen: Beim 2002 gestarteten Entwicklungsprogramm ARJ21 Advanced Regional Jet handelt es sich um das erste düsengetriebene Regionalflugzeug, welches vollständig in der Volksrepublik China entwickelt und dort gebaut wird. Von der Kategorie her ist dieses Muster mit der EMBRAER-Reihe 170 bis 195 (siehe Seiten 152 bis 155) und der Suchoj Superjet 100 (siehe Seiten 302/303) vergleichbar. Zwei Passagiervarianten bietet ACAC an: Die Basisausführung ARJ21-700 sowie die verlängerte ARJ21-900. Beide gibt es als Normalvariante STD und für längere Strecken als ER. Später soll eine auf dem Rumpf der ARJ21-700 basierende Frachtversion ARJ21F hinzukommen, die fünf sog. LD7-Container aufnehmen kann. Gedacht wird auch an eine Businessjet-Version mit 20 Sitzplätzen.
Hersteller: ACAC Konsortium bestehend aus Chengdu Aircraft Industry Group, Shanghai Aircraft Company und Shenyang Aircraft Corporation, Volksrepublik China.

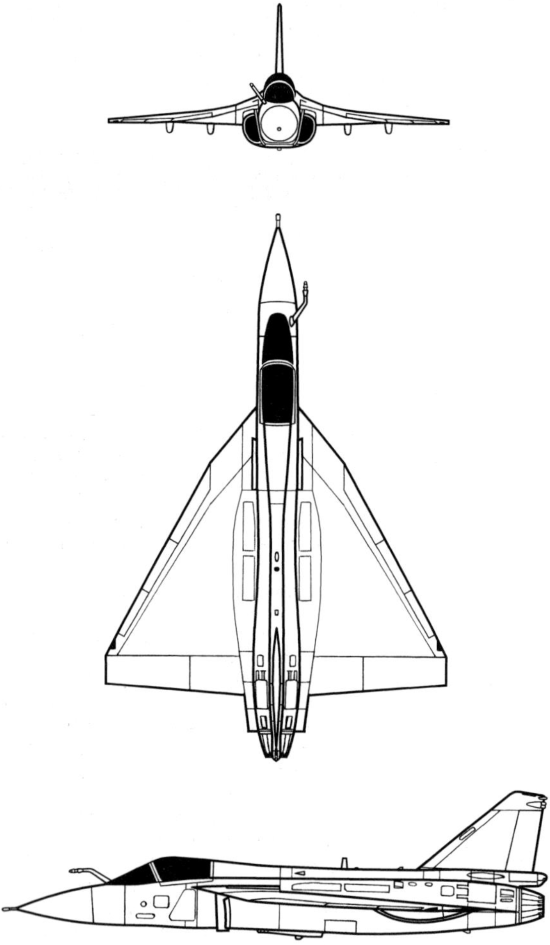

Abmessungen:
Spannweite 8,20 m
Länge 13,20 m
Höhe 4,40 m
Flügelfläche ca. 38,40 m²

ADA (HAL) LCA TEJAS

Ursprungsland: Indien.
Kategorie: Ein- und zweisitziger leichter Mehrzweckjäger.
Triebwerke (Erprobungsträger TD-1/2 + 38 erste Exemplare): Ein Mantelstromtriebwerk General Electric F404-IN20 mit 8210 kp (80,50 kN) Standschub mit Nachbrenner; (ab 41. Maschine) ein Mantelstromtriebwerk Kaveri GTX-35VS von 5270 kp (52,44 kN) ohne und 8170 kp (80,68 kN) mit Nachbrenner.
Leistungen (geschätzt): Höchstgeschwindigkeit in großen Höhen 1990 km/h (Mach 1,8+); Dienstgipfelhöhe 15950 m; Reichweite mit internem Kraftstoff 2000 km.
Gewichte: Leergewicht TD-1 ca. 5500 kg, PV1 ca. 5000 kg; Startgewicht ohne Außenlasten 8500 kg, mit Außenlasten bis zu 13000 kg.
Bewaffnung: Eine doppelläufige 23 mm-Kanone GSh-23 mit 200 Schuss sowie an sieben Aufhängepunkten Waffenlasten bis zu 4000 kg.
Entwicklungsstand: Der erste von zwei Erprobungsträgern TD-1 nahm die Flugerprobung am 6. Januar 2001 auf, gefolgt vom ersten eigentlichen Prototypen PV1 am 25. November 2003. Im April 2007 hatte auch das erste Serienflugzeug den Erstflug. Ein Doppelsitzer folgte Ende 2008, ein Muster in der Marineausführung soll 2009 erstmals fliegen. Die indischen Streitkräfte wollen als Ersatz der MiG-21 rund 200 Einheiten beschaffen, wobei die Auslieferungen ab 2011 erwartet werden. 28 Einheiten einschließlich der Prototypen sind mittlerweile fest bestellt worden.
Bemerkungen: Das als Tejas (Strahler) bezeichnete Muster ist ein kleines, wendiges und kostengünstiges Mehrzweckkampfflugzeug. Dank Verwendung von modernsten Verbundwerkstoffen und Aluminium/Lithium-Verbindungen ist die Tejas auch sehr leicht. Weite Teile der Elektronik sind aus politischen Gründen in Indien entwickelt worden, so auch das Multifunktions-Dopplerradar. Das Projekt leidet nach wie vor wegen der ungenügenden Leistungen des indischen Triebwerks Kaveri und Problemen mit dem digitalen Fly-By-Wire-System unter großen Verzögerungen, welche das Datum der Indienststellung immer weiter hinausschieben. Die Ausführung für die indische Marine soll für Trägereinsätze ausgelegt werden.
Hersteller: ADA Aeronautical Development Agency der Hindustan Aeronautics Ltd., Bangalore, Indien.

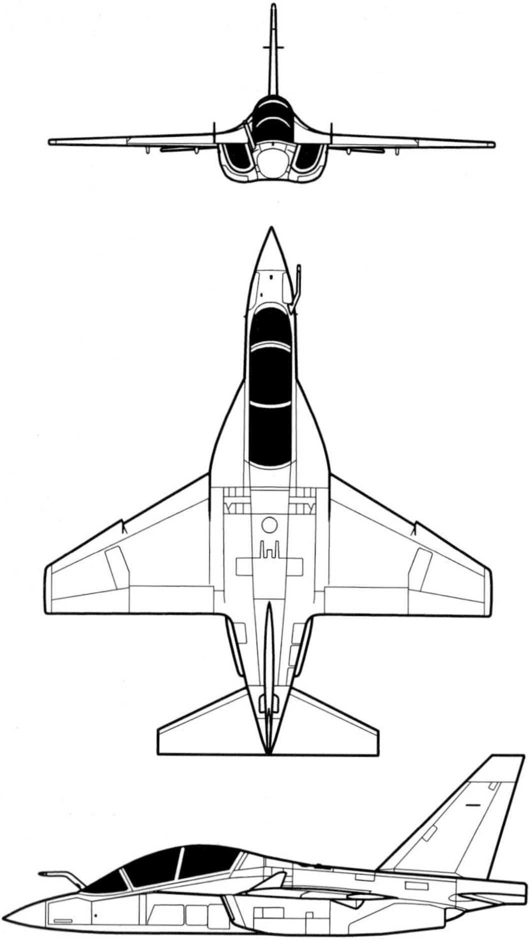

Abmessungen:
Spannweite 9,72 m
Länge 11,49 m
Höhe 4,76 m
Flügelfläche 23,52 m²

AERMACCHI M-346 MASTER

Ursprungsland: Italien.
Kategorie: Fortgeschrittenentrainer.
Triebwerke: Zwei Mantelstromtriebwerke Honeywell F124-GA-200 von je 2850 kp (27,95 kN) Standschub.
Leistungen (Prototypen): Höchstgeschwindigkeit 1092 km/h (Mach 0,96) auf 1520 m; Anfangssteiggeschwindigkeit 106 m/Sek; Dienstgipfelhöhe 13700 m; Reichweite mit max. internem Kraftstoff 1770 km, mit zwei externen Zusatztanks und 10 % Reserven 2410 km.
Gewichte: Leergewicht (Prototypen) 4610 kg, (Serienmaschinen 3910 kg); Startgewicht für Trainingseinsätze 6700 kg, mit voller Bewaffnung 9500 kg.
Bewaffnung: Die M-346 kann eine Waffenlast von bis zu 3000 kg mitführen.
Entwicklungsstand: Das erste von drei Erprobungsmustern startete am 15. Juli 2004 zum Erstflug. Der zweite Prototyp folgte am 17. Mai 2005, das erste Serienmuster am 7. Juli 2008. Als Erstbesteller beschafft die italienische Luftwaffe 14 Maschinen, die ab 2009 geliefert werden. Die UAE bestellen voraussichtlich 48 Exemplare.
Bemerkungen: Die M-346 Master ist eine Ableitung des russisch-italienischen Gemeinschaftsprojekts Yak/AEM-130. Obwohl äußerlich diesem Muster ähnlich, handelt es sich weitgehend um eine Neukonstruktion mit etwas geringeren Abmessungen. Die Struktur besteht überwiegend aus Leichtaluminium, Teile der Flügel sowie Höhen- und Seitenleitwerk sind aus Verbundwerkstoffen. Eine wesentliche Neuerung stellt die von Teleavio/Marconi gelieferte, je nach Einsatz verschieden programmierbare Flugsteuerung dar. Diese kann von manuell bis zur Fly-By-wire-Konfiguration eingestellt werden. Dadurch lässt sich ein optimaler Trainingseffekt erzielen. Die doppelt redundante Avionik-Struktur basiert auf einem MIL-STD-1553B-Databus und umfasst u.a. TACAN, IFF, IN/GPS usw. Dank diesen Vorzügen ist die M-346 eines der zur Zeit weltweit fortschrittlichsten Trainingssysteme für angehende Kampfflieger. Die Serienflugzeuge werden dank Überarbeitung der Struktur und Verwendung von mehr Verbundwerkstoffen rund 700 kg leichter sein.
Hersteller: Aermacchi SpA, Varese-Venegono, Italien.

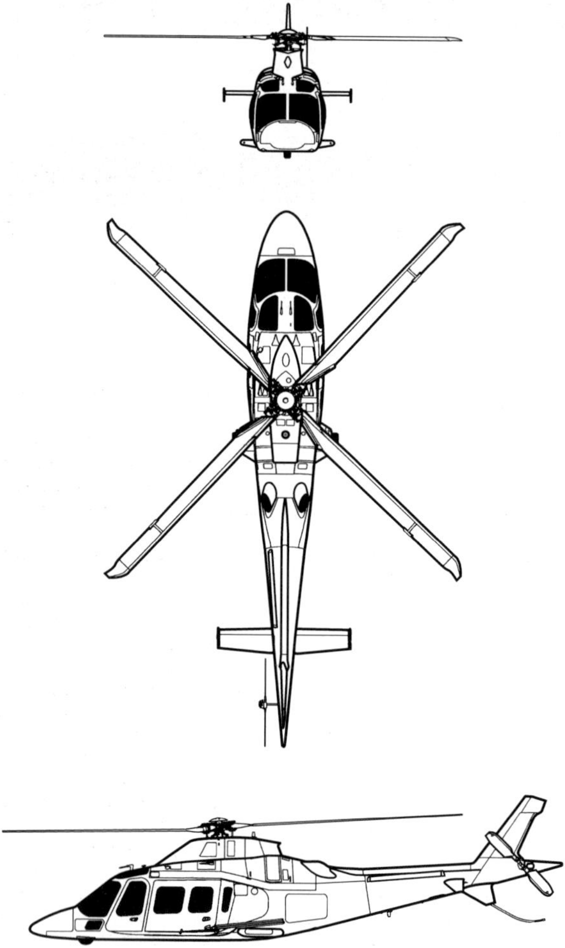

Abmessungen (Grand):
Rotordurchmesser 10,83 m
Rumpflänge 11,65 m
Höhe über Rotor 3,08 m, über Heck 3,44 m

AGUSTA WESTLAND AW109 GRAND/AW109N Nexus

Ursprungsland: Italien.
Kategorie: Leichter Mehrzweckhubschrauber.
Triebwerke: Zwei Gasturbinen Pratt & Whitney Canada PW207C von je 735 WPS (548 kW) Leistung.
Leistungen (Grand): Höchstgeschwindigkeit 311 km/h; max. Reisegeschwindigkeit 287 km/h auf Meereshöhe; max. Schrägsteiggeschwindigkeit 9,30 m/Sek; Dienstgipfelhöhe 4940 m; Schwebehöhe mit Bodeneffekt 4750 m, ohne Bodeneffekt 3050 m; Reichweite 890 km; max. Flugdauer 4 Std. 28 Min.
Gewichte (Grand): Leer 1660 kg; max. Startgewicht 3175 kg mit interner Nutzlast bzw. 3200 kg mit externer Nutzlast.
Zuladung: Ein Pilot und sieben Passagiere. Als Ambulanzhubschrauber zwei liegende Patienten und zwei Helfer. Max. Nutzlast (Power) 1130 kg.
Entwicklungsstand: Die neueste Version Grand fliegt seit Anfang 2005. Erste Auslieferungen erfolgten noch im gleichen Jahr. Rund 250 sind bestellt und mehr als 100 davon abgeliefert. Acht Grands bestellte die schweizerische REGA für Bergrettungseinsätze. Von der weiterhin gebauten AW109E Power sind bisher rund 460 Einheiten bestellt worden.
Bemerkungen: Das aktuelle Top-Modell der AW109-Reihe »Grand« ist um rund 20 cm gestreckt und bietet einen auf 2,30 m verlängerten Innenraum. Zum erleichterten Einstieg wurden auch die zwei Schiebetüren vergrößert. Damit ist die Grand besonders für Ambulanzeinsätze geeignet. Den Antrieb übernehmen leistungsstärkere PW207C-Triebwerke. Im Übrigen ist sie gleich wie die Version Power (siehe Ausgabe 2005) mit der Ausnahme, dass der Heckrotor nun aus Verbundwerkstoff besteht. Power wie Grand weisen einen Hauptrotorkopf mit Titannabe und Elastomerlagern auf, welcher wesentlich wartungsfreundlicher ist. Die Triebwerke sind mit einem elektronischen Triebwerkmanagement FADEC versehen. Das Fahrwerk ist einziehbar. Dank eines 1553 MIL-STD-Databusses kann eine Vielzahl von (Zusatz)Systemen kompatibel gemacht werden. Ganz neu ist die Version AW109N Nexus, welche das Rotorsystem der Grand, die Kabine der AW109E sowie die Rumpfnase der AW109LUH übernimmt. Sie wird hauptsächlich für die diversen italienischen Teilstreitkräfte und Polizeiabteilungen beschafft. Bisher sind 28 Nexus bestellt.
Hersteller: AgustaWestland Ltd., Werk Vergiate, Italien.

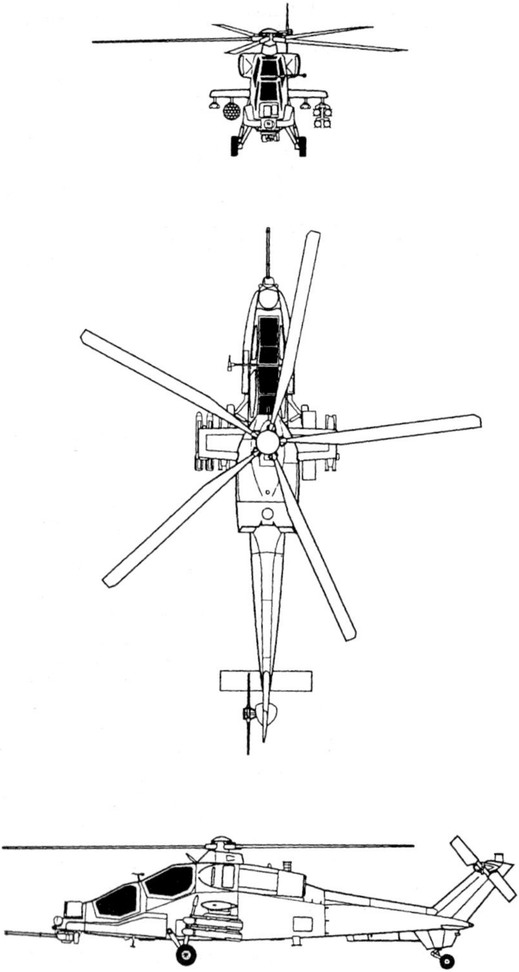

Abmessungen:
Rotordurchmesser 11,90 m
Rumpflänge 12,62 m
Höhe inkl. Rotorkopf 3,35 m.

AGUSTA WESTLAND AW129 ATAK

Ursprungsland: Italien (Türkei).
Kategorie: Zweisitziger Kampf- und Beobachtungshubschrauber.
Triebwerke: Zwei Gasturbinen LHTEC T800-2 von je 1300 WPS (970 kW) Leistung.
Leistungen: Normale Einsatzgeschwindigkeit 269 km/h; max. Steiggeschwindigkeit 13,97 m/Sek; Dienstgipfelhöhe 6096 m; Schwebehöhe ohne Bodeneffekt 3048 m; max. Reichweite 560 km; Flugdauer 3 Std.
Gewichte: Leergewicht 2529 kg; max. Startgewicht 4600 kg.
Bewaffnung: Eine 20-mm-Kanone mit 300 Schuss in einem Drehturm unter der Bugspitze und acht Panzerabwehrlenkwaffen TOW oder Hellfire plus Raketenwerfer für ungelenkte 70-mm-Raketen, Stinger-Flablenkwaffen usw. verteilt auf vier Aufhängepunkte mit einer Tragkraft von je 300 kg.
Entwicklungsstand: Die neueste Ausführung A129 ATAK wird 2009 voraussichtlich erstmals fliegen. 50 Maschinen (+ 41 Optionen) bestellte die türkische Armee. Diese werden in der Türkei in Lizenz hergestellt und ab 2011 abgeliefert. Von den Ursprungsausführungen A129 und A129 CBT erhielt die italienische Armee bis 2008 45 bzw. 15 Maschinen.
Bemerkungen: Wie die A129 CBT verfügt auch die AW129 ATAK über einen Fünfblattrotor mit modifiziertem Rotorkopf und verstärkter Transmission sowie über einen zweiblättrigem Heckrotor, beide aus Verbundwerkstoffen. Zudem wurde der Rumpf punktuell verfestigt. Wesentliche Elemente der Elektronik sind neu und zu weiten Teilen türkischen Ursprungs, so u.a. der Missions-Computer, das Navigationssystem und die gesamte Kampf-Elektronik. Ergänzt werden diese Systeme durch ein GPS, verbesserte Kommunikationsgeräte und ein neues Abwehrsystem. Das Cockpit erhält neue Multifunktionsanzeigen, verbunden mit einem am Helm des Piloten montieren Display für die wichtigsten Parameter.
Hersteller: AgustaWestland Ltd., Werk Vergiate, Italien bzw. Turkish Aerospace Corporation, Kazan-Ankara, Türkei.

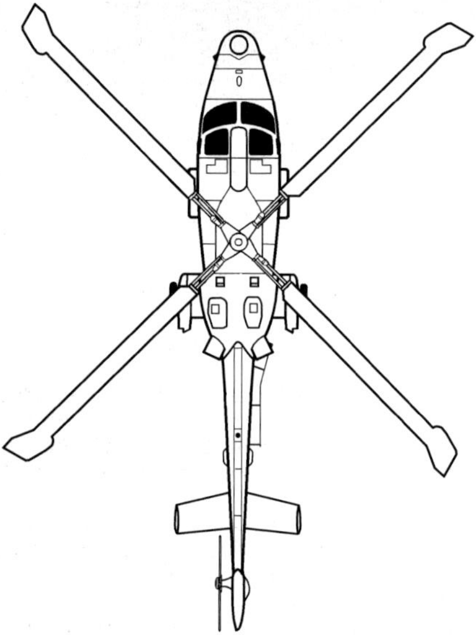

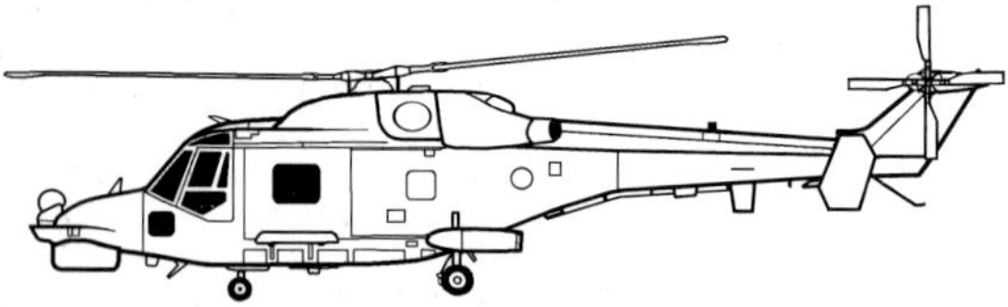

Abmessungen:
Rotordurchmesser 12,80 m
Rumpflänge 13,33 m
Höhe inkl. Rotorkopf 3,67 m

AGUSTA WESTLAND SUPER LYNX 300

Ursprungsland: Großbritannien.
Kategorie: Militärischer Mehrzweckhubschrauber für Armee- (Battlefield Lynx) und Marineeinsätze (Super Lynx).
Triebwerke: Zwei Gasturbinen Honeywell LHTEC CTS800-4N von je 1620 WPS (1207 kW) Leistung.
Leistungen: Max. Reisegeschwindigkeit 245 km/h auf Meereshöhe; normale Reisegeschwindigkeit 230 km/h; Schrägsteiggeschwindigkeit 10 m/Sek; Schwebehöhe mit Bodeneffekt 2103 m, ohne Bodeneffekt 1448 m; Reichweite bei taktischem Einsatz 685 km, max. 1000 km; max. Flugdauer mit Zusatztanks 5 Std. 15 Min.
Gewichte: Rüstgewicht 3943 kg; max. Startgewicht 5800 kg.
Zuladung: Ein bis zwei Piloten und je nach Einsatzzweck bis zu 12 Personen. Als Rettungshubschrauber drei bis acht Patienten samt Sanitäter; Rettungswinde von 272 kg Tragkraft.
Bewaffnung: Als Panzerabwehrhubschrauber an bis zu acht Aufhängepunkten TOW-, HOT- oder Hellfire-Lenkwaffen; als Schiffsabwehr-Hubschrauber bis zu vier Lenkwaffen Sea Skua, AS12TT oder zwei Penguin.
Entwicklungsstand: Das erste Muster wird Ende 2009 fliegen, die Ablieferungen beginnen 2011. Die Royal Army beschafft 40 Future Lynx, die Royal Navy 30 (+ fünf Optionen) Super Lynx; eventuell wird aus Budgetgründen der Auftrag aber gekürzt. Neuester Besteller: Algerien vier. Von allen Ausführungen wurden bisher über 430 Einheiten an 16 Luftwaffen bzw. Marinen geliefert.
Bemerkungen: Die 2005 angekündigten Ausführungen Future bzw. Super Lynx der britischen Streitkräfte werden mit CTS800-Triebwerken ausgestattet. Die Landversion erhält verbesserte Navigations- und Kommunikationssysteme sowie u.a. ein Laser-Zieldarstellungsgerät und wird besser geeignet sein, die Unterstützungsfunktion für die englischen AH-64D (siehe Seiten 90/91) zu erfüllen. Die Marineversion Super Lynx soll voraussichtlich ein 360°-Seaspray-Radar im Rumpfbug aufweisen und zusätzlich mit Night-Vision-Goggles (NVG), Glascockpit, digitaler Avionik und doppelt redundantem Databus MIL-STD-1553D ausgerüstet sein.
Hersteller: AgustaWestland Ltd., Werk Yeovil, Somerset, GB.

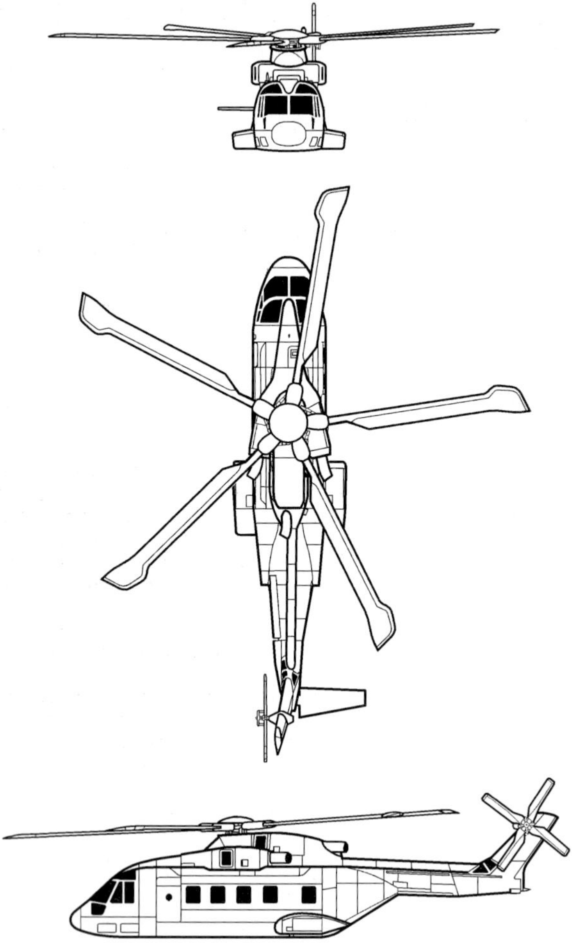

Abmessungen:
Rotordurchmesser 18,59 m
Rumpflänge 19,51 m
Höhe inkl. Rotorkopf 5,21 m

AGUSTA WESTLAND AW101

Ursprungsland: Großbritannien und Italien.
Kategorie: Militärischer und ziviler Mehrzweck- und Transporthubschrauber.
Triebwerke: Drei Gasturbinen (RN) Rolls-Royce-Turboméca RTM 322 von je 2241 WPS (1671 kW) oder (italienische Marine) General Electric CT7-6A1 von je 2040 WPS (1521 kW) Leistung.
Leistungen (CT7-6): Max. Fluggeschwindigkeit 308 km/h; ökonom. Reisegeschwindigkeit 267 km/h; Schwebehöhe mit Bodeneffekt 2745 m, ohne Bodeneffekt 1675 m; max. Flughöhe 4600 m; Reichweite mit 30 Passagieren 926 km; Überführungsreichweite mit Zusatztanks 1760 km.
Gewichte: Rüstgewichte ASW-Ausführung 9275 kg, Mehrzweckversion 9000 kg, Zivilausführung 8993 kg; max. Startgewicht ASW-Ausführung 13530 kg, übrige 14288 kg.
Zuladung: Zwei Piloten und 30 Passagiere; max. Nutzlast 6700 kg.
Bewaffnung (HM Mk.1): Vier Leichtgewichttorpedos Stingray oder Antischiffslenkwaffen der Exocet-Harpoon-Klasse.
Entwicklungsstand: Die erste Entwicklungsmaschine flog erstmals am 9. Oktober 1987. Bisher sind über 170 Bestellungen (davon rund 140 abgeliefert) für die verschiedenen Ausführungen eingegangen: Algerien 6, Dänemark 18, Großbritannien 72, Italien 24, Kanada 15, Portugal 12 (+ 2 Optionen), Polizei von Tokyo 1, japanische Marine 14, 23 als VH-71A bezeichnete Hubschrauber für den US Presidential Service; Erstflug am 3. Juli 2007.
Bemerkungen: Die AW101 wird in verschiedenen Ausführungen gebaut: ASW (U-Boot-Jäger), Minensucher, SAR/Rettungsaufgaben, taktischer Transporter, AEW sowie Zivilversion. Die VH-71A wird in Zusammenarbeit mit Lockheed Martin gebaut, welche für die gesamte Systemausstattung verantwortlich ist. Angetrieben wird sie von CT7-8E-Triebwerken mit einer Leistung von 2467 WPS (1840 kW). Sowohl die Avionik wie auch die Inneneinrichtung werden zu weiten Teilen neu sein. Die Merlins der Royal Navy werden bereits einer intensiven Modernisierung unterzogen, welche u.a. ein Fly-By-Wire-System, neue Avionik- und Kommunikationssysteme umfasst. Ein neuer Hauptrotor wird bei allen englischen AW101 eingebaut. Dadurch erhöht sich die Nutzlast um 650 kg und erlaubt eine höhere Geschwindigkeit.
Hersteller: AgustaWestland Ltd., London, Werk Yeovil, GB.

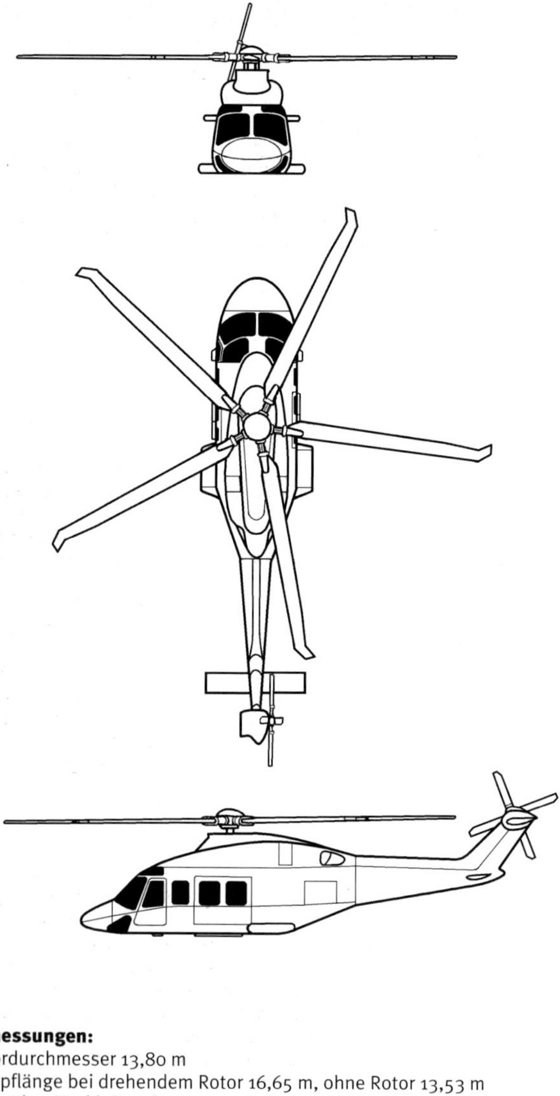

Abmessungen:
Rotordurchmesser 13,80 m
Rumpflänge bei drehendem Rotor 16,65 m, ohne Rotor 13,53 m
Höhe über Heckleitwerk 4,95 m

AGUSTA WESTLAND BELL AW139

Ursprungsland: Italien und USA.
Kategorie: Mittelschwerer Mehrzweckhubschrauber.
Triebwerke: Zwei Gasturbinen Pratt & Whitney Canada PT6C-67C von je 1679 WPS (1250 kW) Leistung.
Leistungen: Höchstgeschwindigkeit 310 km/h; max. Reisegeschwindigkeit 306 km/h; Schrägsteiggeschwindigkeit 10 m/Sek; Schwebehöhe mit Bodeneffekt 3600 m, ohne Bodeneffekt 2920 m; Dienstgipfelhöhe 5914 m; max. Flugdauer 5,12 Std; Reichweite mit 10 Passagieren 650, max. 1061 km.
Gewichte: Rüstgewicht je nach Ausführung 3800 kg, max. Startgewicht 6800 kg.
Zuladung: Ein bis zwei Piloten und zwischen 12 und 15 Passagiere oder für Rettungseinsätze sechs liegende Verletzte und vier Sanitäter; max. Nutzlast intern 2500 kg, extern 2778 kg.
Entwicklungsstand: Der Prototyp nahm am 3. Februar 2001 die Flugerprobung auf, gefolgt vom ersten Serienmuster am 24. Juni 2002. Ende 2003 wurden die ersten Maschinen ausgeliefert. Der Auftragsbestand belief sich Ende 2008 auf über 430 Einheiten (rund 200 davon gebaut). Einige der neuesten Besteller: British Coast Guard (3), italienische Küstenwache (2), Malaysia (3), Orgne (10), Qatar Emiri Air Force (18). Angesichts der großen Nachfrage wird die AW139 neu sowohl in den USA als auch in Russland in Lizenz hergestellt.
Bemerkungen: Die AW139 ist ein Gemeinschaftsprojekt von Agusta (75%) und Bell (25%), wobei die erstgenannte Firma den Lead beim Vorhaben innehat. An der Herstellung sind u.a. auch GKN Westland (Heck), PZL Swidnik (Rumpfkomponenten), Honeywell (Primus Epic Avionik) beteiligt. Die Haupteinsatzgebiete der AW139 sind: Transport von Geschäfts-/VIP-Personen, Überwachungsaufgaben, EMS-Transporte und Versorgung von Ölbohrplattformen. Auch eine bewaffnete Weiterentwicklung AW149 für Militäreinsätze ist geplant. Die AW139 zeichnet sich durch eine für ihre Klasse sehr voluminöse Kabine aus. Die elektronische Ausrüstung entspricht dem heutigen Standard. Alle ab 2009 gebauten Modelle weisen ein auf 6800 kg erhöhtes max. Startgewicht auf.
Hersteller: AgustaWestland Ltd., Werk Vergiate, Italien und Bell Helicopter Textron, USA.

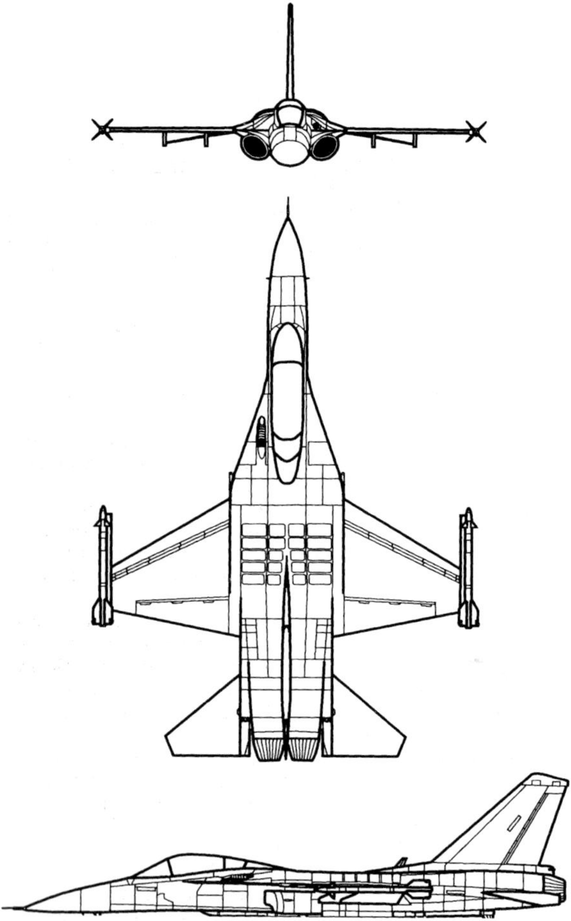

Abmessungen:
Spannweite ohne Lenkwaffen an den Flügelenden 8,53 m, mit 9,46 m
Länge mit Sonde 14,21 m
Höhe 4,42 m
Flügelfläche 24,20 m^2

AIDC F-CK-1 C/D HSUNG YING

Ursprungsland: Taiwan.
Kategorie: Einsitziger Luftüberlegenheitsjäger und zweisitziger Einsatztrainer und Marinekampfflugzeug.
Triebwerke: Zwei Mantelstromtriebwerke ITEC TFE1042-70 (ex. Garrett AIDS F125) von je 2750 kp (26,9 kN) ohne und je 4310 kp (42,2 kN) mit Nachbrenner.
Leistungen: Höchstgeschwindigkeit 1800 km/h (Mach 1,7) auf 10975 m, 1275 km/h (Mach 1,05) auf Meereshöhe; max. Anfangssteiggeschwindigkeit 254 m/Sek; Dienstgipfelhöhe 16760 m; Aktionsradius 1100 km.
Gewichte: Rüstgewicht 6500 kg; normales Abfluggewicht 9525 kg, max. 12247 kg.
Bewaffnung: Eine 20mm-Revolverkanone M61A1 Vulcan intern und als Abfangjäger vier Kurzstrecken-Luft-Luft-Lenkwaffen Sky Sword I und zwei Mittelstrecken-Luft-Luft-Lenkwaffen Sky Sword II, bei Marineeinsätzen zwei Antischiffs-Lenkwaffen Hsiung Feng II. Max. Außenlasten unter zwei Rumpfstationen, vier Stationen unter den Flügeln und zwei an den Flügelenden 3900 kg.
Entwicklungsstand: Der erste von vier Prototypen (drei Einsitzer und ein Doppelsitzer) flog am 28. Mai 1989. Bis 1999 erhielt die taiwanesische Luftwaffe insgesamt 130 Einheiten. Die modernisierte Version F-CK-1C Hsung Ying nahm die Flugerprobung am 9. Oktober 2006 auf. Rund 75 Einheiten sollen in diese Ausführung umgebaut werden. Geplant ist auch, neue Maschinen herzustellen.
Bemerkungen: Die Ching-Kuo wurde in enger Zusammenarbeit mit der früheren General Dynamics entwickelt. Daher weist sie eine gewisse Ähnlichkeit zur F-16 auf. Die Herstellung des Triebwerks von Turbo Engine Company erfolgte in Taiwan in Lizenz. Die Elektronik ist hoch entwickelt und umfasst u.a. ein Mehrzweck-Dopplerradar Kam Lung GD-53 mit sog. »look-down-Fähigkeit« sowie ein dreifach redundantes Fly-By-Wire-System. Das Modernisierungsprogramm beinhaltet u.a. eine größere Treibstoffkapazität dank Satteltanks oberhalb des Rumpfes, ein verstärktes Fahrwerk, aufdatierte Elektronik inkl. verbessertem Radar sowie Einrichtungen, um neue Waffensysteme mitführen zu können.
Hersteller: Aero Industry Development Center, Taichung, Taiwan.

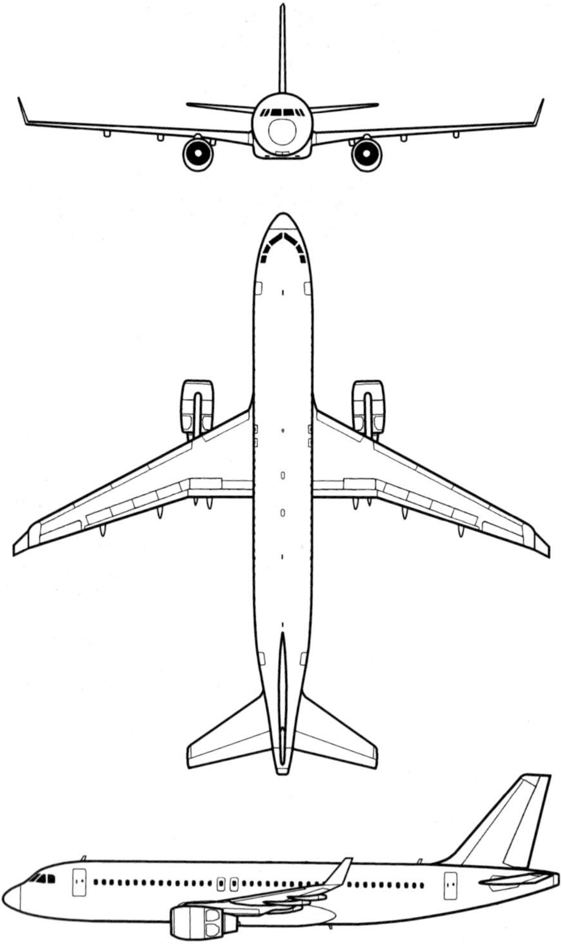

Abmessungen:
Spannweite 34,10 m
Länge (A320) 37,57 m, (A321) 44,51 m, (A319) 33,84 m
Höhe 11,76 m
Flügelfläche (A320) 122,40 m², (A321) 126,00 m²

AIRBUS A320-200 »ENHANCED«/A320F

Ursprungsland: Europäisches Konsortium.
Kategorie: Kurz- und Mittelstrecken-Verkehrsflugzeug.
Triebwerke: Zwei Mantelstromtriebwerke CFM International CFM56-5B4 bzw. IAE V2500-A1 von je 12020 kp (117,90 kN) Standschub.
Leistungen: Max. Reisegeschwindigkeit Mach 0,82, ökonom. Reisegeschwindigkeit 845 km/h; Dienstgipfelhöhe 11890 m; Reichweite mit max. Passagierzahl inkl. Reserven 5030 km.
Gewichte: Rüstgewicht 41800 kg; max. Startgewicht 77020 kg.
Zuladung: Zwei Mann Cockpitbesatzung und Mehrklassenbestuhlung für normalerweise 150 Passagiere. Einheitsklassen-Innenausstattung für max. 179 Passagiere; max. Nutzlast 21600 kg.
Entwicklungsstand: Der Prototyp der A320 nahm am 22. Februar 1987 die Flugerprobung auf; erste Auslieferungen im März 1988. Die »Enhanced« folgte 2008 (siehe Dreiseitenriss). Von den Modellen A318/319/320/321 waren bis Dezember 2008 zusammen 6321 bestellt, darunter 3910 A320, 751 A321 und 1526 A319. Airbus stellt seit 2007 monatlich rund 34 Einheiten her. 2008 wurde bei Tianjin Zhongtian in der VR China eine weitere Produktionsstraße errichtet.
Bemerkungen: Die A320 wird einer Verjüngungskur unterzogen. Mit Ausnahme der Winglets an den Flügelenden sind die meisten Modifikationen kaum sichtbar. Zur weiteren Verbesserung der Aerodynamik und Verringerung des Luftwiderstandes gestaltet Airbus den Flügel-Rumpf-Übergang sowie die Entlüftungsventile neu. Ebenfalls optimiert wird die Triebwerksaufhängung. Alle diese Maßnahmen sollen zu einer Reduktion der direkten Betriebskosten von 15 % beitragen. Schließlich erfährt auch die Passagierkabine eine Überarbeitung mit beispielsweise größeren Gepäckfächern. Derzeit wird eine A320 mit dem V2500 »SelectOne«-Triebwerk getestet, welches weitere Reduktionen des Treibstoffverbrauchs und der Abgaswerte verspricht. Aus heutigen Passagierflugzeugen werden neu Frachter A320F mit einem Frachttor links hinter den Flügeln umgebaut. 30 Einheiten sind bereits bestellt, welche ab 2012 zu liefern sind.
Hersteller: Airbus Industrie, Blagnac, Frankreich, Werke (A320) Toulouse-Blagnac, (A321/A319) Hamburg-Finkenwerder, Deutschland, Teil der EADS (European Aeronautic Defence and Space Company).

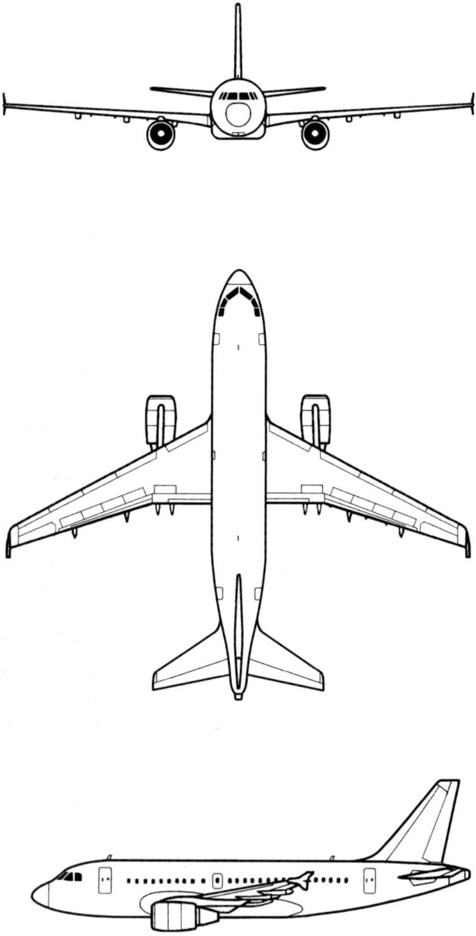

Abmessungen:
Spannweite 34,10 m
Länge 31,44 m
Höhe 12,56 m
Flügelfläche 122,40 m^2

AIRBUS A318

Ursprungsland: Europäisches Konsortium.
Kategorie: (A318) Kurz- bis Mittelstrecken-Verkehrsflugzeug bzw. (A318 Elite) Businessjet.
Triebwerke: Zwei Mantelstromtriebwerke CFM International CFM56-5B bzw. Pratt & Whitney PW6000 von je zwischen 9070 und 10886 kp (89,0 und 106,0 kN) Standschub.
Leistungen: Max. Reisegeschwindigkeit Mach 0,82; Reichweite mit max. Nutzlast 2800 km, als Option max. Reichweite 5300 km.
Gewichte: Rüstgewicht 38400 kg; Startgewicht 59000 kg, max. Startgewicht als Option 66000 kg.
Zuladung: Zwei Mann Cockpitbesatzung und je nach Innenausstattung normalerweise 107 Passagiere in zwei Klassen oder 117 Passagiere in einer Klasse; max. Nutzlast 14000 kg.
Entwicklungsstand: Die A318 mit PW6000-Triebwerken absolvierte ihren Erstflug am 15. Januar 2002, das erste mit CFM-56-Triebwerken ausgerüstete Muster folgte am 29. August 2002. Letztere Ausführung erhielt Mitte 2003 die Zulassung. Ende 2008 belief sich der Auftragsbestand der A318 auf 83 Einheiten (67 davon ausgeliefert), jener der Elite auf rund 32 Maschinen.
Bemerkungen: Als neueste und kleinste Version der A320-Familie deckt sie vorwiegend die Bedürfnisse des Kurzstreckenverkehrs ab. Außer gegenüber der A319 einem nochmals um 2,40 m verkürzten Rumpf, leistungsreduzierten Triebwerken und geringeren Gewichten fügt sie sich nahtlos in das modulare Konstruktionsprinzip von A319, A320 und A321 ein. Aus Gründen der Richtungsstabilität ist das Seitenleitwerk etwas größer gestaltet. Zurzeit werden zwei Ausführungen mit unterschiedlichem Abfluggewicht und Reichweitenleistungen angeboten. Seit 2005 ist auch eine Geschäftsreiseversion A318 Elite in zwei Ausführungen mit 14 bzw. 18 Sitzplätzen erhältlich. Neu kann auch ein Zusatztank im Frachtraum als Option eingebaut werden. Dadurch erhöht sich die Reichweite auf etwa 7400 km. Auch von der A319 gibt es eine Businessversion A319 CJ (Aufträge für 47 Einheiten erteilt), welche häufig auch als Staatsflugzeuge eingesetzt werden. Zwei davon beschafft die Bundesrepublik Deutschland für die Flugbereitschaft des Verteidigungsministeriums.
Hersteller: Airbus Industrie, Blagnac, Frankreich, Werk Hamburg-Finkenwerder, Deutschland, Teil der EADS (European Aeronautic Defence and Space Company).

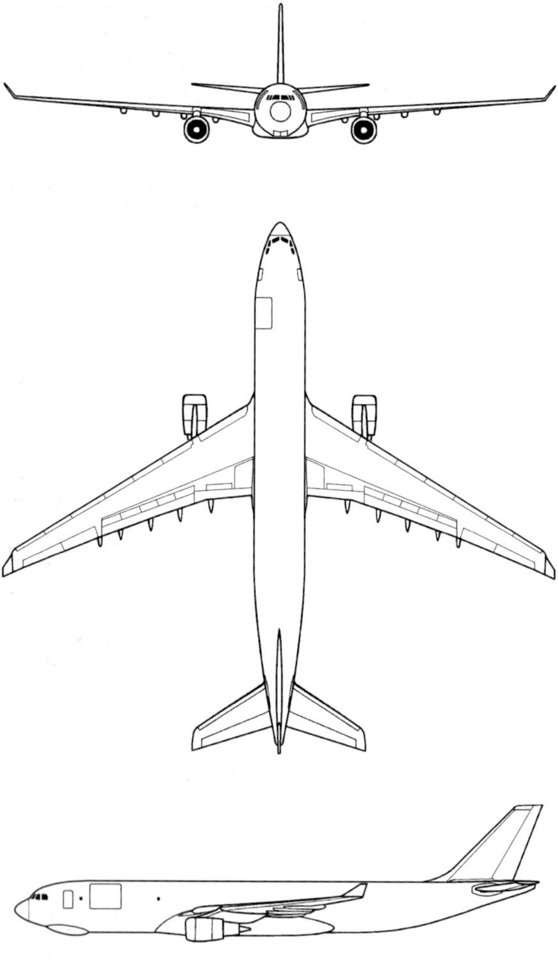

Abmessungen:
Spannweite inkl. Winglets 60,30 m
Länge ohne Luftbetankungsausleger 58,98 m
Höhe 17,89 m
Flügelfläche 363,10 m²

AIRBUS A330-200F

Ursprungsland: Europäisches Konsortium.
Kategorie: Ziviler Frachter.
Triebwerke: Zwei Mantelstromtriebwerke Rolls-Royce Trent 772, General Electric CF6-80E1 oder Pratt & Whitney PW4168 von zwischen 29600 und 31000 kp (302 und 316 kN) Standschub.
Leistungen: Max. Reisegeschwindigkeit 900 km/h; ökonom. Reisegeschwindigkeit 880 km/h; Dienstgipfelhöhe 12000 m; Reichweite als Frachter mit Nutzlasten von 62000 kg bzw. 50000 kg 7780/9815 km, max. Reichweite 13520 km.
Gewichte: Rüstgewicht 120000 kg; max. Startgewicht 230000 kg.
Zuladung: Zwei Mann Cockpitbesatzung und eine maximale Nutzlast als Frachter von 62000 kg.
Entwicklungsstand: Die völlig neu entwickelte Frachtausführung A330-200F (siehe Dreiseitenriss) wird erstmals Ende 2009 fliegen. Die Indienststellung ist für Mitte 2010 vorgesehen. 65 Einheiten sind bisher bestellt, darunter von Aircastle, Alis Aerolinie, Etihad, Guggenheim, Icelandair Cargo. Die Ursprungsausführung 330-200 (siehe Foto) flog erstmals am 13. August 1997. Von der A330-Reihe liegen bisher Aufträge für über 1000 Maschinen vor, darunter 549 A330-200 und 398 A330-300. Fast 600 Maschinen hat Airbus bis Ende 2007 ausgeliefert.
Bemerkungen: Als vorläufig letzte Version baut Airbus auch einen reinen zivilen Frachter. Dieser verfügt über ein Frachttor am Rumpf links vor den Flügeln und über einen verstärkten Kabinenboden. Zur Passagierausführung unterscheidet sie sich zudem durch neue Fahrwerksabdeckungen. Eventuell wird mittelfristig die Produktion dieser Ausführung nach Mobile, USA, verlegt. Derzeit prüft Airbus, auch von der längeren A330-300 eine Frachtausführung abzuleiten. Ab 2010 ist von der Passagierversion A330-200 eine Weiterentwicklung mit auf 238000 kg erhöhtem Abfluggewicht erhältlich, welche Reichweiten von bis zu 12650 km ermöglicht.
Hersteller: Airbus Industrie, Blagnac, Frankreich, Werk Toulouse, Teil der EADS (European Aeronautic Defence and Space Company).

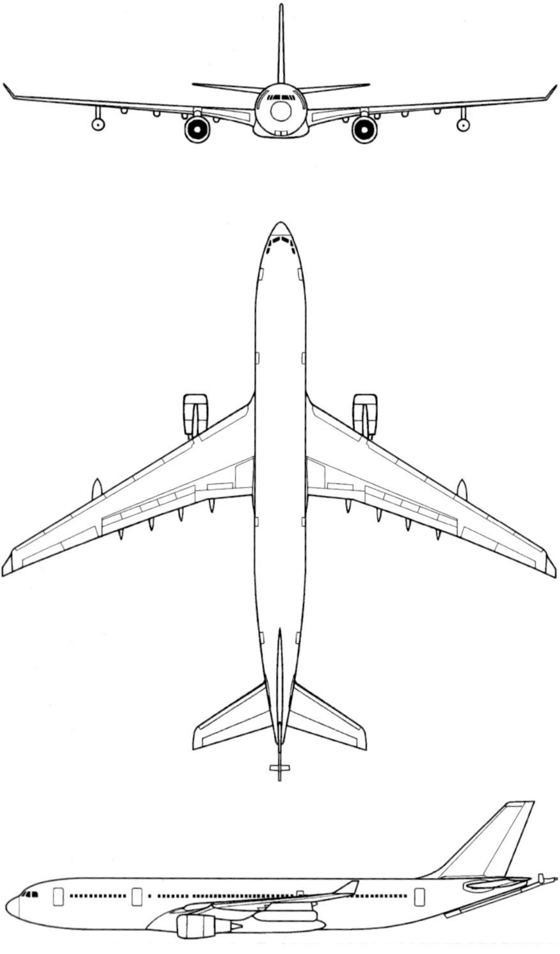

Abmessungen:
Spannweite inkl. Winglets 60,30 m
Länge ohne Luftbetankungsausleger 58,98 m
Höhe 17,89 m
Flügelfläche 363,10 m²

AIRBUS A330-200 MRTT

Ursprungsland: Europäisches Konsortium.
Kategorie: Militärischer Transporter, Tanker und Frachter.
Triebwerke: Zwei Mantelstromtriebwerke Rolls-Royce Trent 772, General Electric CF6-80E1 oder Pratt & Whitney PW4168 von zwischen 29600 und 31000 kp (302 und 316 kN) Standschub.
Leistungen: Max. Reisegeschwindigkeit 900 km/h; ökonom. Reisegeschwindigkeit 880 km/h; Dienstgipfelhöhe 12000 m; Reichweite als Frachter mit Nutzlasten von 62000 kg bzw. 50000 kg 7780/9815 km, max. Reichweite 13520 km; als Tanker Aktionsradius von 2590 km mit 40000 kg.
Gewichte: Rüstgewicht 120000 kg; max. Startgewicht 230000 kg.
Zuladung: Zwei Mann Cockpitbesatzung und auf dem Hauptdeck 380 Soldaten oder 26 Paletten für Fracht; max. Nutzlast als Frachter 62000 kg, (A330-200F) 64000 kg, als Tanker eine Zuladung von 140000 kg.
Entwicklungsstand: Die erste für militärische Einsätze vorgesehene A330-200 MRTT begann die Flugerprobung am 24. Juni 2006. Aktueller Auftragsbestand: Australien (5), Großbritannien (14), Saudi Arabien (3), UAE (3). Sistiert wurde dagegen die Beschaffung einer MRTT-Ausführung für die USAF.
Bemerkungen: Airbus entwickelte aus der A330-Familie eine militärische Variante MRTT als Luftbetanker, die bis zu 140000 l Treibstoff mitführen kann. Die Tanks befinden sich in den Flügeln sowie im Frachtraum. So bleibt das Hauptdeck frei für Passagiere und Fracht. Die Treibstoffabgabe erfolgt entweder über zwei Stationen unter den Flügeln oder mittels einem Ausleger am Heck, der auf zwischen 11,6 und 17,8 m ausgefahren werden kann. Die Bedienung erfolgt an einer Konsole im Cockpitbereich.
Hersteller: Airbus Industrie, Blagnac, Frankreich, Werk Toulouse, Teil der EADS (European Aeronautic Defence and Space Company).

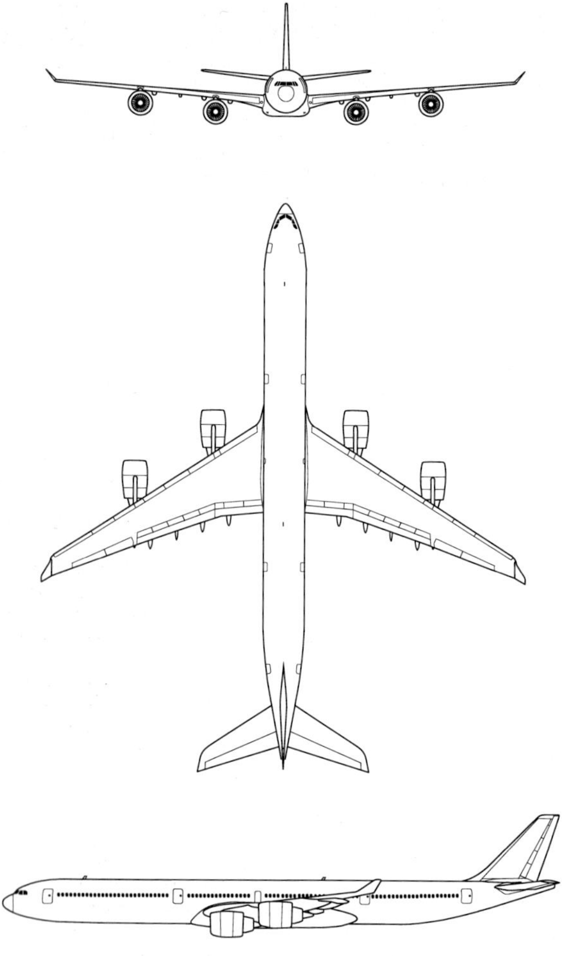

Abmessungen:
Spannweite inkl. Winglets 63,45 m
Länge (-600) 75,30 m, (-500) 67,90 m
Höhe 17,29 m
Flügelfläche 439,40 m²

AIRBUS A340-600/-500

Ursprungsland: Europäisches Konsortium.
Kategorie: Langstrecken-Verkehrsflugzeug.
Triebwerke: Vier Mantelstromtriebwerke Rolls-Royce (-600) Trent 556 von je 25400 kp (249 kN) oder (-500) Trent 553 von je 24050 kp (236 kN) Standschub.
Leistungen: Max. Reisegeschwindigkeit 910 km/h (Mach 0,86); ökonom. Reisegeschwindigkeit 890 km/h (Mach 0,83); Dienstgipfelhöhe 12500 m; Reichweite (-600/-500) mit normaler Passagierzahl 14140/16020 km bzw. A340-600HGW 14600 km.
Gewichte (-600/-500): Leergewicht 177000/170400 kg; max. Startgewicht 368000 kg, als Option 372000/380000 kg.
Zuladung: Zwei Mann Cockpitbesatzung und in einer Dreiklassenbestuhlung (-600/-500) 12 Erstklasse-, 54/42 Businessklasse- und 314/259 Touristenklassepassagiere, insgesamt also 380 bzw. 313 Passagiere; bei Einklassenbestuhlung in Neunerreihen 485/440, max. Nutzlast (-600) 67200 kg, (-500) 54100 kg.
Entwicklungsstand: Als aktuellste Ausführung hat die A340-600 ab 23. April 2001 die Flugerprobung aufgenommen, gefolgt von der ersten A340-500 am 11. Februar 2002 und der A340-600HGW am 18. November 2005. Die Auslieferung der -600 begann Mitte 2002, die -500 folgte Anfang 2003. Von beiden Ausführungen waren bis Ende 2008 139 Maschinen von 15 Gesellschaften bestellt (35 -500, 104 -600, darunter eine als VIP-Ausführung) und deren 116 abgeliefert.
Bemerkungen: Mit den Ausführungen A340-600 (siehe Dreiseitenriss) bzw. -500 (siehe Foto) erfuhr die A340-Familie eine wesentliche Weiterentwicklung. Die -500 setzt, bei nur wenig größerer Rumpflänge als die A340-300, auf große Reichweitenleistungen. Beide Modelle sind mit einem neuen Flügel sowie wesentlich leistungsfähigeren Triebwerken ausgestattet. Das Höhenleitwerk ist neu komplett aus Kohlefaser gefertigt. Im übrigen sind weite Teile von Struktur und Systemen mit der A330 identisch. Eine Ausführung der -600HGW mit auf 376000 kg erhöhtem Startgewicht ist seit 2006 erhältlich. Nebst leistungsfähigeren Triebwerken verstärkt man einzelne Teile des Rumpfes und des Fahrwerks. Von der -500 fliegt seit Oktober 2006 eine neue Variante mit 380000 kg Abfluggewicht und höherer Reichweite von 16670 km (bisher sechs bestellt).
Hersteller: Airbus Industrie, Blagnac, Frankreich, Werk Toulouse, Teil der EADS (European Aeronautic Defence and Space Company).

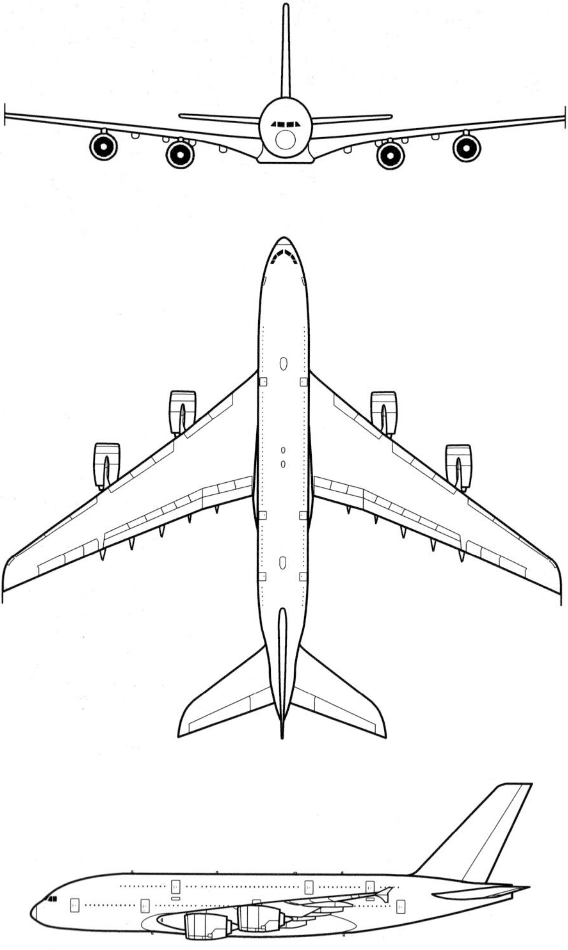

Abmessungen:
Spannweite inkl. Winglets 79,80 m
Länge 73,00 m
Höhe 24,10 m
Flügelfläche 845 m²

AIRBUS A380-800

Ursprungsland: Europäisches Konsortium.
Kategorie: Langstrecken-Verkehrsflugzeug.
Triebwerke: Vier Mantelstromtriebwerke Rolls Royce Trent 900 bzw. General Electric/Pratt & Whitney Engine Alliance GP7200 von je 31750 kp (312 kN) Standschub.
Leistungen: Max. Reisegeschwindigkeit Mach 0,89; ökonom. Reisegeschwindigkeit Mach 0,85; Dienstgipfelhöhe 13100 m; Reichweite mit normaler Passagierzahl 15000 km.
Gewichte: Rüstgewicht (-800) 276000 kg; max. Startgewicht (-800) 560000 kg, als Option 569000 kg.
Zuladung: Zwei Mann Cockpitbesatzung und in typischer Dreiklassenbestuhlung 555 Passagiere, mit Einheitsklasse bis zu 853 Passagiere.
Entwicklungsstand: Das erste von vier Erprobungsmustern startete am 27. April 2005 zum Erstflug, gefolgt vom zweiten am 18. Oktober und vom dritten am 4. November 2005. Nach technisch bedingten Verzögerungen konnte der Erstkunde SIA die A380 erst im Oktober 2007 in Dienst nehmen. Bis Ende 2008 waren 198 von 16 Gesellschaften und eine VIP-Ausführung bestellt, 12 davon wurden abgeliefert. Die geplante Frachtausführung wird nicht mehr angeboten.
Bemerkungen: Mit der A380 dringt die Zivilluftfahrt in eine neue Dimension vor, was Größe aber auch Kabinenkomfort angeht. Das weltgrößte Verkehrsflugzeug wird vorerst in zwei Versionen angeboten: Die Passagiervariante A380-800 sowie eine VIP-Ausführung. Später sind noch Varianten mit verlängertem Rumpf geplant. Der Rumpf umfasst zwei Etagen durchgehend für Passagiere sowie einen Gepäck- und Frachtraum. Im Querschnitt ist dieser gegenüber der Boeing 747 (siehe Seiten 72/73) im unteren Passagierraum um rund 0,50 m und im oberen um 1,85 m breiter. Die ganze Konstruktion der A380 ist auf große Wirtschaftlichkeit ausgelegt. Es wurden die neuesten Technologien angewendet, um die Betriebskosten tief zu halten. So bestehen beispielsweise große Teile des Rumpfes aus Verbundwerkstoffen. Airbus wird durch verschiedene Maßnahmen bis 2010 das Leergewicht auf den vom Hersteller zugesicherten Wert reduzieren.
Hersteller: Airbus Industrie, Blagnac, Frankreich, Werk Toulouse, Teil der EADS (European Aeronautic Defence and Space Company).

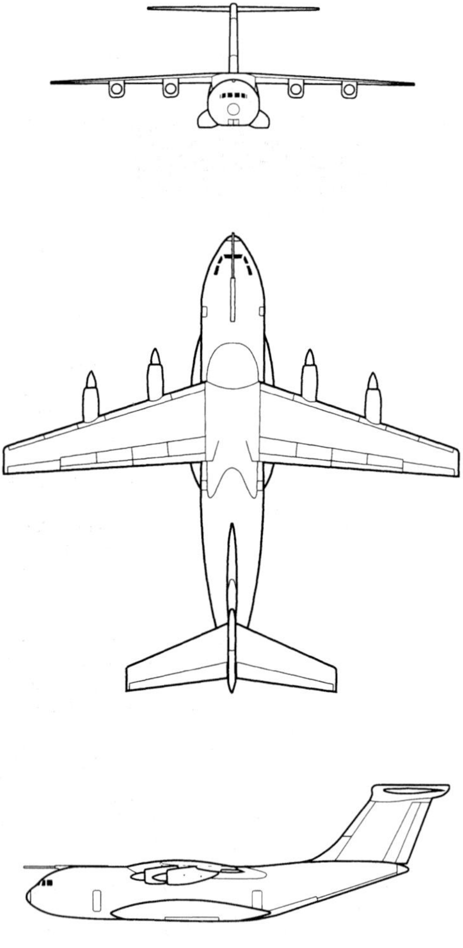

Abmessungen:
Spannweite 42,36 m
Länge 45,10 m
Höhe 14,70 m
Flügelfläche 221,50 m²

AIRBUS A400M

Ursprungsland: Europäisches Konsortium
Kategorie: Taktischer und strategischer Militärtransporter.
Triebwerke: Vier Propellerturbinen EuroProp International (EPI) TP400-D6 von je 13000 WPS, reduziert auf 11000 WPS (8200 kW) Leistung.
Leistungen: Max. Reisegeschwindigkeit zwischen Mach 0,68 und 0,72, auf niedriger Höhe 555 km/h; Dienstgipfelhöhe 11300 m; Reichweite mit einer Nutzlast von 20 t 6389 km, mit 30 t 4440 km; Überführungsreichweite 8790 km.
Gewichte: Leergewicht 66500 kg; max. Startgewicht 136500 kg.
Zuladung: Zwei Mann Cockpitbesatzung und z.B. zwei Tiger-Kampfhubschrauber, ein Roland-SAM-System oder ein 12 m-Standard-Container; max. Nutzlast 31500 kg, mit Überlast 37000 kg.
Entwicklungsstand: Nach technisch bedingten Verspätungen soll der erste Prototyp die Flugerprobung 2009 aufnehmen. Die Ablieferungen beginnen nach erneuten Verspätungen ca. 2011. Reservationen für vorläufig 192 Exemplare sind von folgenden Luftwaffen erfolgt: Belgien (7), Deutschland (60), Frankreich (50), Großbritannien (25), Luxemburg (1), Malaysia (4), Spanien (27), Südafrika (8), Türkei (10).
Bemerkungen: Die Entwicklungsgeschichte des Militärtransporters A400M dauert nun schon einige Jahre. Nach langer Unsicherheit ist 2003 der Entscheid zur definitiven Entwicklung endlich gefallen. Erstmals werden für einen Militärtransporter sowohl im Entwicklungs- wie auch im Fertigungsprozess kommerzielle Praktiken angewendet. Viele Elemente stammen von zivilen Modellen ab, so z.B. das Cockpit, welches weitgehend jenem der heutigen Airbus-Verkehrsflugzeuge entspricht. Die A400M soll vorab die C-160 Transall sowie die C-130 Hercules ablösen. Gegenüber diesen Mustern weist sie bei weitgehend gleich hohen Betriebskosten eine doppelte Nutzlast-/Volumenkapazität auf. Der Frachtraum wird 17,71 m lang (inkl. Rampe 23,11 m), 4,00 m breit sowie 3,85 m hoch sein. Nebst der Transportausführung ist auch eine Tankervariante geplant. Zudem soll die A400M dank im Frachtraum zu platzierenden modularen Ausrüstungselementen als Plattform für eine Vielzahl weiterer Aufgaben dienen.
Hersteller: Airbus Military, Teil der EADS (European Aeronautic Defence and Space Company), Werk (Endmontage) San Pablo, Sevilla, Spanien.

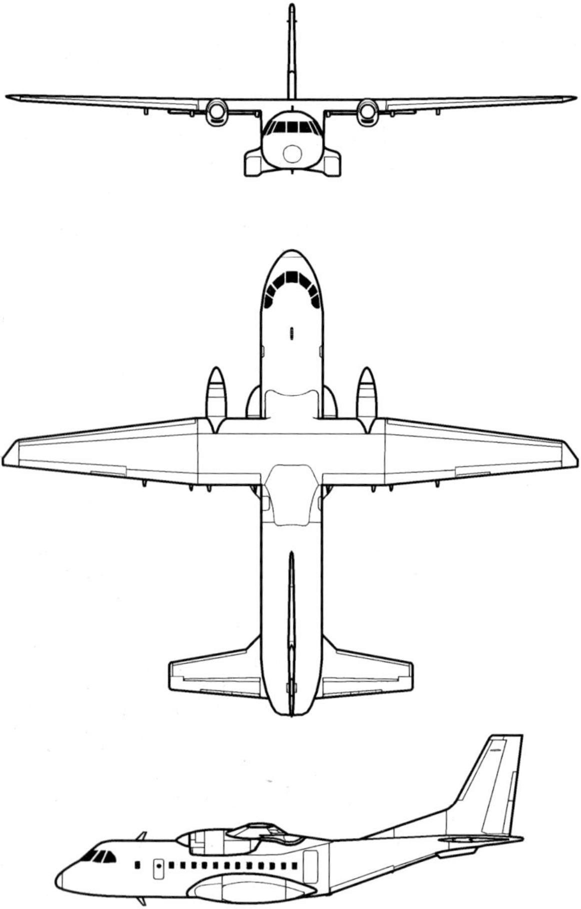

Abmessungen:
Spannweite 25,81 m
Länge 21,40 m
Höhe 8,18 m
Flügelfläche 59,10 m²

AIRTECH (CASA/IPTN) CN-235-200

Ursprungsland: Spanien und Indonesien.
Kategorie: Regionalverkehrsflugzeug und Mehrzwecktransporter, bzw. Militärfrachter (CN-235M) und Marine-Patrouillenflugzeug (CN-235MP bzw. MPA).
Triebwerke: Zwei Propellerturbinen General Electric CT7-9C3s von je 1750 WPS (1305 kW) Leistung.
Leistungen: Max. Reisegeschwindigkeit 460 km/h auf 4575 m; max. Anfangssteiggeschwindigkeit 7,75 m/Sek; Dienstgipfelhöhe 7620 m; Reichweite mit max. Nutzlast und 45 Min. Reserven 1773 km, mit 2400 kg und max. Treibstoffzuladung 3658 km.
Gewichte: Normales Rüstgewicht 9800 kg (CN-235M: 8600 kg); max. Startgewicht 15800 kg (CN-235M: 16500 kg).
Zuladung: Zwei Piloten und Standard-Innenausstattung für 40 oder 44 Passagiere in Viererreihen bzw. Nutzlast von 4300 kg, in der Kombiversion CN-235QC 18 Passagiere und zwei LD-3-Container. Als Militärtransporter (CN-235M) 51 Soldaten bzw. bis zu 6000 kg Fracht.
Entwicklungsstand: Der erste Prototyp flog erstmals am 11. November 1983, Beginn der Kundenablieferungen am 15. Dezember 1986. Bis Dezember 2008 waren von den zivilen und militärischen Varianten zusammen rund 300 Einheiten bestellt, etwa 280 davon ausgeliefert. Größter Einzelkunde ist die Türkei mit 61 CN-235M (Lizenzbau). Frankreich beschaffte insgesamt 20. Weitere 20 Länder erwarben dieses Muster für ihre Streitkräfte. Neueste Bestellung der MP- bzw. MPA-Ausführung: Chile 8, Indonesien 3, Mexiko 2, spanische Polizei 2, Südkorea 8. 36 als HC-235A bezeichnete CN-235ER will die US Coast Guard im Rahmen ihres »Deepwater«-Programms beschaffen, 8 davon sind bereits bestellt.
Bemerkungen: Die CN-235 wird in Gemeinschaftsarbeit zwischen der spanischen CASA und der indonesischen IPTN gebaut. Unter der Bezeichnung CN-235MPA ist seit 1991 eine ASW-/Marine-Patrouillenversion CN-235MPA mit einem 360°-Suchradar im Einsatz. Sie besitzt die Möglichkeit, bis zu zwei Antischiffs-Lenkwaffen AM-39 Exocet oder zwei Torpedos Mk. 46 mitzuführen. Eine etwas vereinfachte unbewaffnete Ausführung CN-235MP wurde u.a. von Spanien beschafft. Die neueste Version ist die CN235-300 mit stärkeren CT7-9C3-Triebwerken von 1900 WPS (1400 kW) Leistung, Honeywell-Avionik und ARL-2002 EW-Selbstverteidigungssystem.
Hersteller: Airtech, Aircraft Technology Industries, Madrid, Spanien, Werke in Sevilla, Spanien und Bandung, Indonesien.

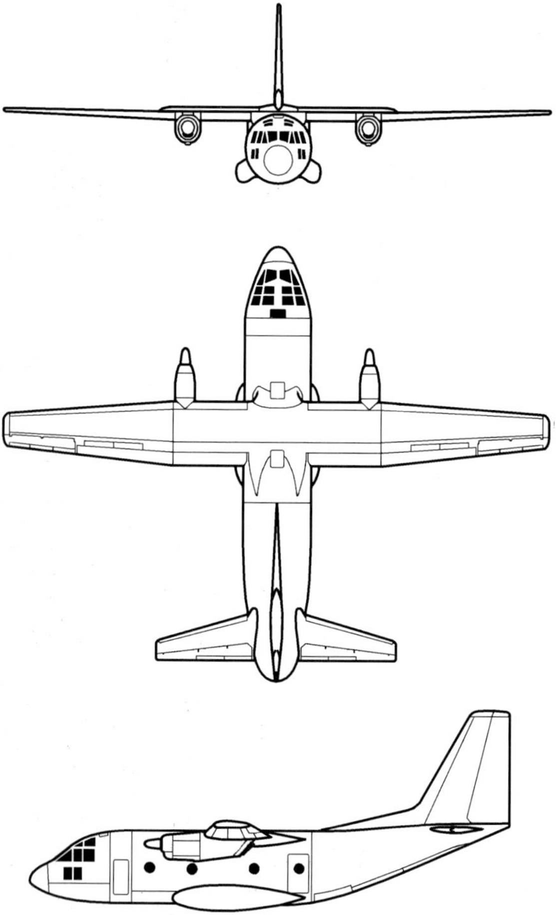

Abmessungen:
Spannweite 28,70 m
Länge 22,70 m
Höhe 9,64 m
Flügelfläche 82,00 m²

ALENIA C-27J SPARTAN

Ursprungsland: Italien und USA.
Kategorie: Militärischer Mehrzweck- und STOL-Transporter.
Triebwerke: Zwei Propellerturbinen Allison AE2100-D2 von je 4637 WPS (3460 kW) Leistung.
Leistungen: Max. Reisegeschwindigkeit 602 km/h, Langstrecken-Reisegeschwindigkeit 500 km/h auf 6000 m; Anfangssteiggeschwindigkeit 10+ m/Sek; Dienstgipfelhöhe 9150 m; Reichweite mit einer Nutzlast von 10000 kg 1852 km, mit 6000 kg 4260 km; Überführungsreichweite 5926 km.
Gewichte: Leergewicht 16500 kg; max. Startgewicht 31800 kg.
Zuladung: Zwei Mann Cockpitbesatzung und als Truppentransporter 53 voll ausgerüstete Soldaten, 46 Fallschirmjäger oder 36 Verwundete bzw. bis zu 11500 kg Fracht.
Entwicklungsstand: Der erste Prototyp der C-27J fliegt seit 25. September 1999, gefolgt vom ersten Serienmuster am 12. Mai 2000. 121 Bestellungen sind bisher eingegangen: Bulgarien 5 (+ 3 Optionen), Griechenland 12, italienische Luftwaffe 12, Litauen 3, Rumänien 7; neuester Besteller: Marocco 4, Slowakei 2. Ende 2008 befanden sich rund 30 Maschinen im Einsatz. USAF und US Army erhalten vorerst 24 bzw. 54 Exemplare. Die meisten werden von L-3 in Jacksonville, Florida, USA, endmontiert.
Bemerkungen: Die C-27J ist eine wesentlich weiterentwickelte Ausführung des Ursprungmodells G.222 (siehe Ausgabe 1995). In einem Joint-Venture von 50 : 50 mit Lockheed Martin entwickelt, weist sie viele Gemeinsamkeiten mit dem mittelschweren Transporter C-130J Hercules II auf (siehe Seiten 224/225). So sind Triebwerk, Sechsblattpropeller und Avionik weitgehend identisch. Damit verspricht man sich bei einem gemeinsamen Beschaffen beider Muster einen wesentlich wirtschaftlicheren Betrieb. Die C-27J wurde nach zivilen Grundsätzen im Juni 2001 zugelassen. Erste Auslieferungen erfolgten ab 2003. Für das USAF Special Operations Command wird ein Prototyp einer bewaffneten Version AC-27J Stinger II-Gunship beschafft. Er soll entweder über eine 30- oder 40mm-Kanone verfügen. Bis zu 16 Einheiten will die USAF bauen lassen.
Hersteller: Alenia, Rom, Werk Torino-Caselle, Italien.

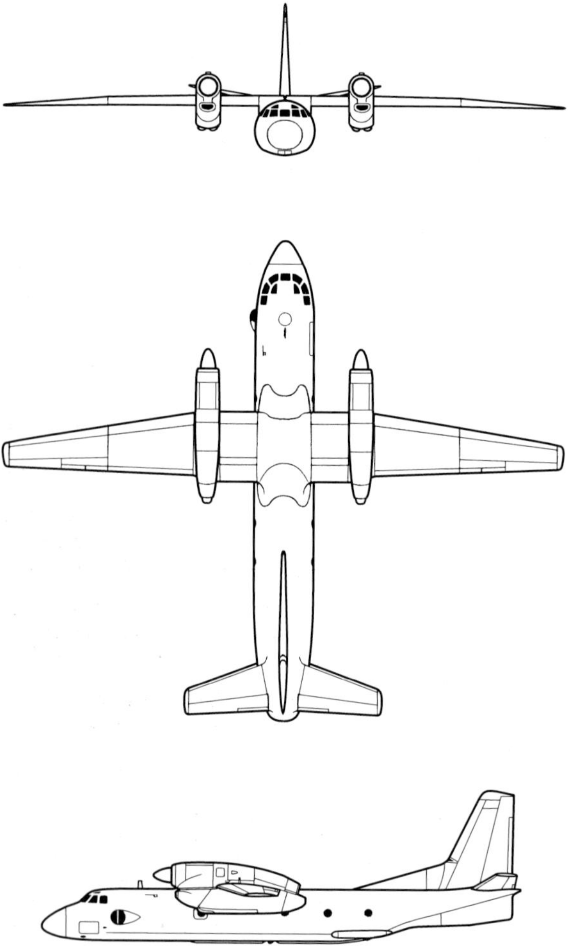

Abmessungen:
Spannweite 29,20 m
Länge 24,26 m
Höhe 8,58 m
Flügelfläche 74,98 m^2

ANTONOW AN-32

Ursprungsland: Ukraine/Russland (ex UdSSR).
Kategorie: Militärischer Kurz- und Mittelstrecken-Transporter (An-32B) bzw. Feuerlöschflugzeug (An-32P).
Triebwerke: Zwei Propellerturbinen Iwtschenko AI-20DM Series 5 von je 5180 WPS (3863 kW) Leistung.
Leistungen: Normale Reisegeschwindigkeit 530 km/h; Dienstgipfelhöhe 8300 m; Reichweite mit max. Nutzlast 800 km, max. Reichweite 2050 km.
Gewichte: Leergewicht 16800 kg; max. Startgewicht (An-32B) 27000 kg, (An-32P) 29700 kg.
Zuladung: Drei Mann Cockpitbesatzung und bis zu 50 Soldaten, als Frachter im 12,48 langen, 2,48 m breiten und 1,84 m hohen Laderaum (An-32B) 6700 kg bzw. An-32-100 7500 kg. Die An-32P kann Löschwasser bis zu einem Gewicht von 8000 kg mitführen.
Entwicklungsstand: Der Prototyp der An-32 flog erstmalig am 9. Juli 1976 und wurde 1984 in Dienst gestellt. Bis Produktionsende 2004 wurden 364 Exemplare gebaut und u.a. an folgende Luftwaffen geliefert: Indien (118), Angola (9), Mexico (10), Peru (19). Die An-32P beschafften die Ukraine (4) und Libyen (4).
Bemerkungen: Mit der An-32 fand die lange Reihe von Antonow An-24/26-Mustern ihren Höhepunkt. Ursprünglich wurde sie für die Bedürfnisse der indischen Luftwaffe geplant, welche ein Transportflugzeug mit besonders guten Leistungen in hoch gelegenen und heißen Gegenden benötigte. Schließlich exportierte man diese robuste und leistungsstarke Ausführung in viele Länder. Derzeit werden die indischen Maschinen einem Modernisierungsprogramm unterzogen. Die ganze Avionik wird ausgetauscht, ein heute übliches Cockpit mit Flachbildschirmen für zwei Piloten eingebaut sowie das Abfluggewicht auf 28500 kg erhöht. Dadurch kann die Nutzlast auf 7500 kg gesteigert werden. Antonow kann bei Bedarf jederzeit neue Maschinen bauen und projektiert derzeit eine Version An-32-300 mit AE2100 Turboprops mit Sechsblattpropeller. Sämtliche Leistungsparameter würden deutlich verbessert.
Hersteller: Antonow Design Bureau, Kiew, Ukraine (ex. UdSSR).

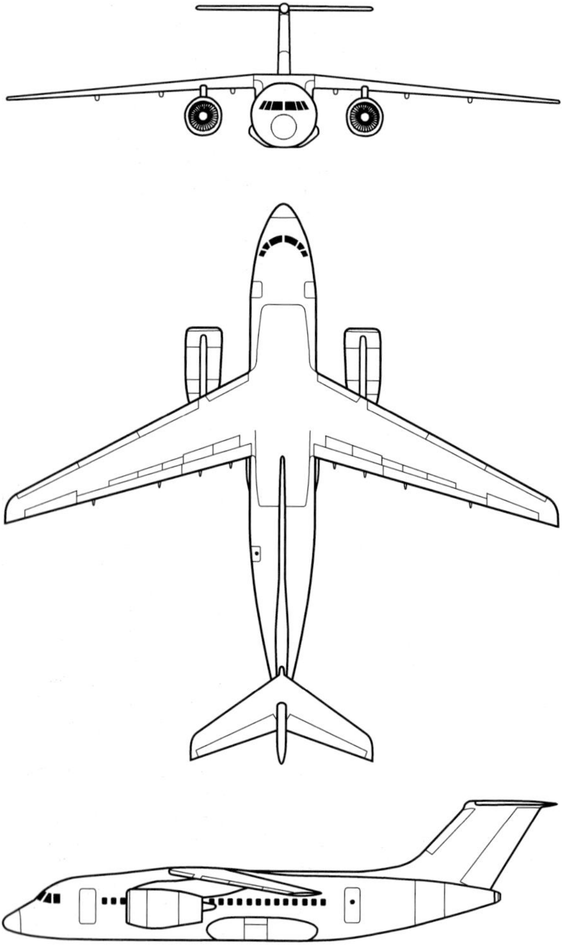

Abmessungen:
Spannweite 28,91m
Länge 29,13 m
Höhe 8,02 m
Flügelfläche 87,30 m²

ANTONOW AN-148-100

Ursprungsland: Ukraine.
Kategorie: Ziviler Transporter für Kurz- bis Mittelstrecken.
Triebwerke: Zwei Mantelstromtriebwerke Progess D-436-148 von je 6920 kp (67,8 kN) Standschub.
Leistungen: Max. Reisegeschwindigkeit 870 km/h; normale Reisegeschwindigkeit 820 km/h; Dienstgipfelhöhe 12500 m; normale Reichweite 3600 km, maximal 5100 km.
Gewichte: Leergewicht 22490 kg; max. Startgewicht 42600 kg.
Zuladung: Zwei Mann Besatzung im Cockpit und bei Einheitsbestuhlung in Fünferreihen bis zu 80 Passagiere; max. Nutzlast 9000 kg.
Entwicklungsstand: Nach einigen Verzögerungen hat der erste Prototyp am 17. Dezember 2004 die Flugerprobung begonnen. Das erste Serienflugzeug wurde Ende 2008 fertig gestellt. Mit den Ablieferungen an Kunden wird 2009 begonnen. Je nach Quelle sollen bis zu 200 Einheiten bereits bestellt sein. 20 davon beschafft die russische Polet, 18 die Pulkovo, 64 die Ilyushin-Finance. Für weitere Maschinen bestehen Letter of Intents. Zwei An-148 in VIP-Ausführung hat die Regierung von Kazakhstan bestellt. In Iran sollen bei HESA bis zu 50 Einheiten in Lizenz hergestellt werden.
Bemerkungen: Die An-148 ist eine konsequente Weiterentwicklung der An-74 (siehe Ausgabe 2007). Der Rumpf wurde von ihr übernommen, jedoch verlängert. Dagegen sind die Flügel völlig neu konstruiert. Die Steuerung erfolgt mittels Fly-by-Wire-System. Mit diesem Typ will man vorab die im russischen Binnenverkehr eingesetzten, völlig veralteten Typen wie die An-26 und Yak-40 ablösen. Die An-148 soll sich durch hohe Wirtschaftlichkeit und leichte Wartbarkeit auszeichnen. Später will der Hersteller eine verlängerte Ausführung An-148-200 für 100 Passagiere bauen, ausgerüstet mit westlicher Avionik und CF-34-Triebwerken von General Electric. Auch eine Geschäftsreiseversion für 19 bzw. 38 Passagiere ist vorgesehen. Antonow plant schließlich auch eine Frachtversion An-148TD für Militäreinsätze mit einer Heckladerampe und einer Nutzlast von rund 20000 kg.
Hersteller: Antonow Aeronautical Scientific Complex, Kiew, u.a. Werk Aviant, Kiew, Ukraine.

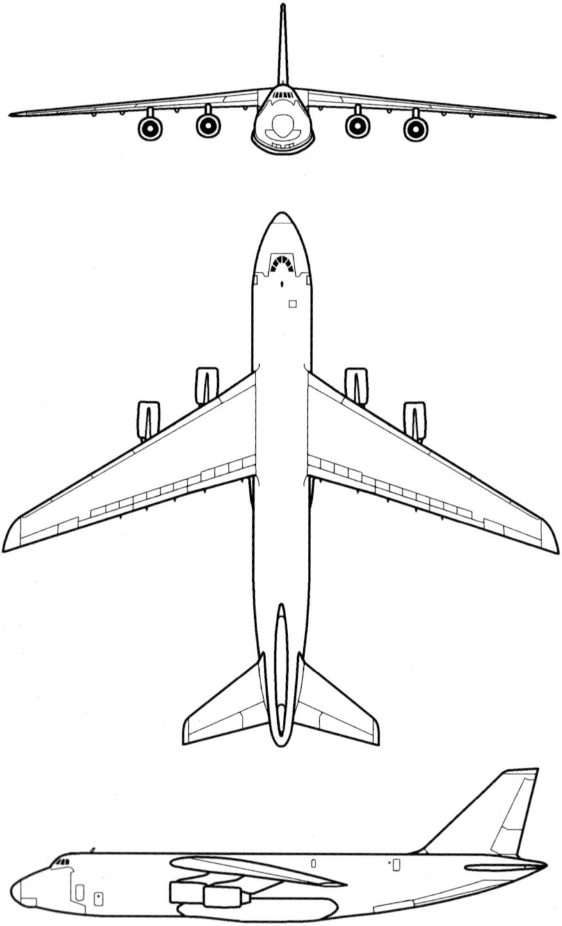

Abmessungen:
Spannweite 73,30 m
Länge 69,10 m
Höhe 20,78 m
Flügelfläche 628 m^2

ANTONOW AN-124

Ursprungsland: Ukraine.
Kategorie: Schwerer strategischer Transporter und ziviler Frachter.
Triebwerke: Vier Mantelstromtriebwerke ZMKB Progress D-18T von je 23430 kp (230 kN) Standschub.
Leistungen: Max. Reisegeschwindigkeit 865 km/h; Reisegeschwindigkeit 800 bis 850 km/h auf 10000 m; Reichweite mit einer Nutzlast von 150000 kg 4500 km; max. Reichweite 16500 km.
Gewichte: Rüstgewicht 175000 kg; max. Startgewicht 405000 kg.
Zuladung: Besatzung von sechs bzw. (An-124-100M/-150) vier Personen. Hinter dem Cockpit befindet sich eine Kabine für 88 Personen, einschließlich der Ersatzmannschaft. Der eigentliche Frachtraum (36,00 m lang, 6,40 m breit und 4,40 m hoch) vermag besonders sperrige und schwere zivile wie militärische Güter zu befördern. Max. Nutzlast normal 120000 kg, mit Überlast 150000 kg.
Entwicklungsstand: Erstflug des ersten Prototypen am 26. Dezember 1982; Beginn der Serienherstellung im Laufe von 1984. Bis Ende 1997 sind 56 Einheiten hergestellt worden. Davon ging rund die Hälfte an die ex. sowjetische Luftwaffe. Weitere Betreiber: Volga-Dnepr Airlines/Heavylift 10, Antonow Design Bureau/Air Foyle 8, Poliot 6. Die Produktion der verbesserten Variante An-124M-150 soll wieder aufgenommen werden. Mindestens 15 Einheiten sind geplant.
Bemerkungen: Angesichts der Nachfrage nach großen Transportern hat sich ein Konsortium unter der Leitung von Antonow entschlossen, eine neue Version AN-124M-150 (bisher zehn bestellt) zu lancieren. Dank neuen Triebwerken werden sowohl Nutzlast wie Reichweite verbessert. Zudem gelangt ein digitales Cockpit zum Einbau. Verschiedene Maschinen wurden mittlerweile etwas modernisiert und u.a. mit neuer russischer wie auch amerikanischer Avionik ausgerüstet. Zudem ist das Passagierabteil anders gestaltet. Sie werden als An-124-100M bezeichnet. Antonow hat 2008 die Weiterentwicklung An-124-102 vorgestellt. Bei etwa gleicher Rumpflänge soll dieser um rund 2 m erhöht werden. Damit steigt die Innenhöhe des Hauptfrachtraumes von gegenwärtig 4,40 m auf 6,70 m. Sowohl Neubauten als auch Umbauten von bestehenden An-124 sind angedacht. Bisher konnten aber noch keine Bestellungen für diese Ausführung entgegengenommen werden.
Hersteller: Antonow Aeronautical Scientific Complex, Kiew, Werk Uljanowsk, Ukraine.

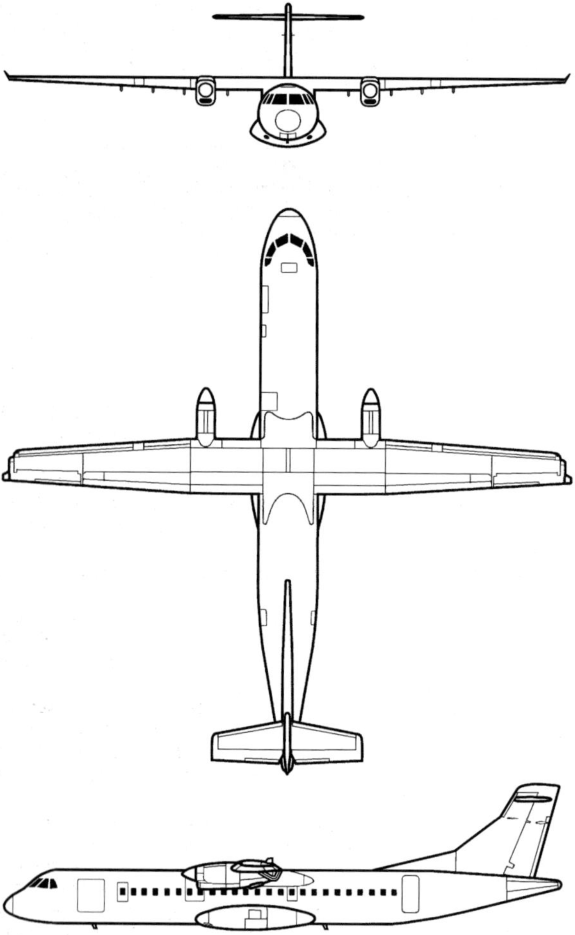

Abmessungen (ATR 42-500/ATR 72-500):
Spannweite 24,57/27,05 m
Länge 22,67/27,17 m
Höhe 7,59/7,65 m
Flügelfläche 54,50/61,00 m^2

ATR 42-500/ATR 72-500

Ursprungsland: Frankreich und Italien.
Kategorie: Regionalverkehrsflugzeug.
Triebwerke (ATR 42-500/ATR 72-500): Zwei Propellerturbinen Pratt & Whitney Canada PW127E von je 2400 WPS (1790 kW) bzw. PW127F von je 2750 WPS (2050 kW) Leistung.
Leistungen (ATR 42-500/ATR 72-500): Max. Reisegeschwindigkeit 555/511 km/h auf 7620 m; ökonom. Reisegeschwindigkeit 450 km/h auf 7620 m; Reichweite mit 48/68 Passagieren und max. Gepäckzuladung 1550/1650 km und ohne Nutzlast über 4000 km.
Gewichte (ATR 42-500/ATR 72-500): Rüstgewicht 11250/12950 kg; max. Startgewicht 18600/22500 kg.
Zuladung: Zwei Mann Cockpitbesatzung und verschiedene Innenausstattungen für (ATR 42-500) max. 48 bzw. (ATR 72-500) 64 bis 74 Passagiere in Viererreihen mit Mittelgang; Nutzlast (ATR 42-500) 5450 kg, als Frachter 5800 kg bzw. (ATR 72-500) 7350 kg.
Entwicklungsstand: Erstflug der neuesten Ausführung ATR 42-500 am 16. September 1994. Von allen Varianten waren bis Ende 2008 979 Einheiten (ATR-42 421, ATR-72 558) bestellt und rund 800 davon ausgeliefert. Angesichts der steigenden Nachfrage erhöhte man die Jahresproduktion 2008 auf gegen 65 Einheiten.
Bemerkungen: Die 42/72-500 stellt bei gleichen Abmessungen wie die früheren ATR-42-Versionen, eine leistungsstärkere Variante mit Sechsblatt-Propeller dar. Um den Lärmpegel weiter zu verringern, wurde das Kabineninterieur überarbeitet und mit einem »Active-Noise-Control-System« ausgerüstet. Bis auf Länge, Höhe und Flügelspannweite ist die ATR 72-500 genau gleich wie die ATR 42-500. Unter der Bezeichnung ATR 42-400MP bzw. ATR-72-400MP existiert eine Seeüberwachungsversion der ATR, versehen mit einem Raytheon SV2022-Radar unter dem Rumpf, FLIR und ESM-Ausrüstung; bestellt u.a. von Italien, Türkei und neu Libyen. 2008 kündigte der Hersteller die ATR 42/72-600 mit stärkeren PW127 M-Triebwerken, neuer Avionik und höherem Startgewicht an. Sie wird ab 2010 abgeliefert. Aber auch eine weitergehend überarbeitete Ausführung wird derzeit geprüft.
Hersteller: Avions de Transport Regional (ATR): Aérospatiale Matra, Toulouse-Blagnac, Frankreich und Alenia, Neapel, Italien.

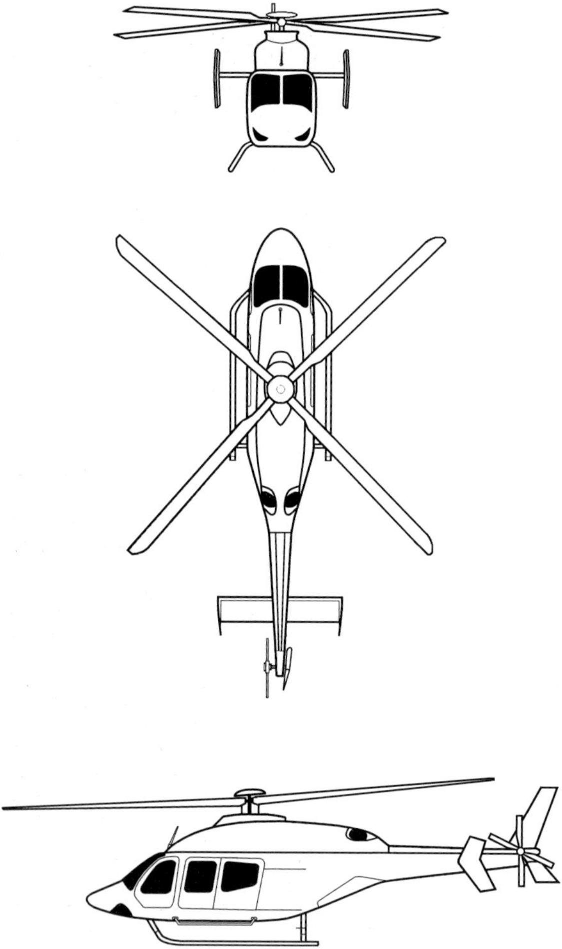

Abmessungen:
Rotordurchmesser 11,28 m
Rumpflänge 12,17 m
Höhe über Rotor 4,04 m

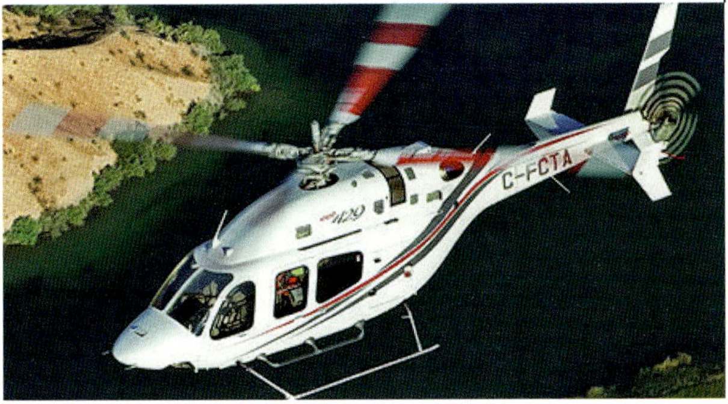

BELL 429 GLOBAL RANGER

Ursprungsland: USA (Kanada, Südkorea).
Kategorie: Leichter Mehrzweckhubschrauber.
Triebwerke: Zwei Gasturbinen Pratt & Whitney PW207D von je 710 WPS (529 kW) Leistung.
Leistungen: Max. Reisegeschwindigkeit 264 km/h; Schwebehöhe ohne Bodeneffekt 2835 m, mit Bodeneffekt 3658 m; Reichweite 648 km, max. Flugzeit 2,25 Std.
Gewichte: Leergewicht 1950 kg; max. Startgewicht 3175 kg.
Zuladung: Pilot und bis zu acht Passagiere oder Frachtzuladung intern von 1225 kg, als Außenlast 1271 kg. Als Ambulanzhubschrauber zwei liegende Verletzte.
Entwicklungsstand: Der erste von zwei 429-Prototypen fliegt seit 27. Februar 2007, gefolgt vom zweiten am 27. August 2007. Bisher sind über 270 Exemplare bestellt. Mit den Auslieferungen begann Bell Anfang 2009. Nach einer gewissen Anlaufzeit sollen jährlich 80 Exemplare hergestellt werden.
Bemerkungen: Die Bell 429 basiert auf der 427 bzw. 427VFR (siehe Ausgabe 2007). Sie weist aber verschiedene Verbesserungen auf. Die Kabine ist um rund 70% größer mit durchgehend flachem Boden. Sie lässt sich für verschiedenste Zwecke umgestalten. Die großen Türen (auf Wunsch als Schiebetüren) erleichtern dabei den Ein- und Auslad von Fracht. Im Cockpit wurde die BasiX-Avionik integriert. Dadurch kann die 429 durch einen Piloten alleine bedient werden. Das dynamische System (Rotorkopf, Getriebe und Rotoren) stammt von der 407 (siehe Ausgabe 2005), die Rotorblätter sind aber rund 40 cm länger und 25 mm breiter. Der Heckrotor ist X-förmig angeordnet. Sämtliche Sitze sind »crash-resistent« konstruiert. Korea Aerospace stellt die Kabine und den Heckteil aller 429 her, während das Rotorsystem durch Bell, Fort Worth, beigesteuert wird. Die ganze Konstruktion hat man auf Kostengünstigkeit und wirtschaftlichen Betrieb hin optimiert. Mit der sog. MAPL-Technologie (Module Affordable Product Line) wurde erreicht, dass diverse Module auch für zukünftige Modelle verwendet werden können. Bell gibt für die Basisausführung einen Preis von US$ 4,86 Mio. an.
Hersteller: Bell Helicopter Textron Inc., Canadian Division, Werke Mirabel, Montreal, Kanada und Korea Aerospace, Sachon, Süd-Korea.

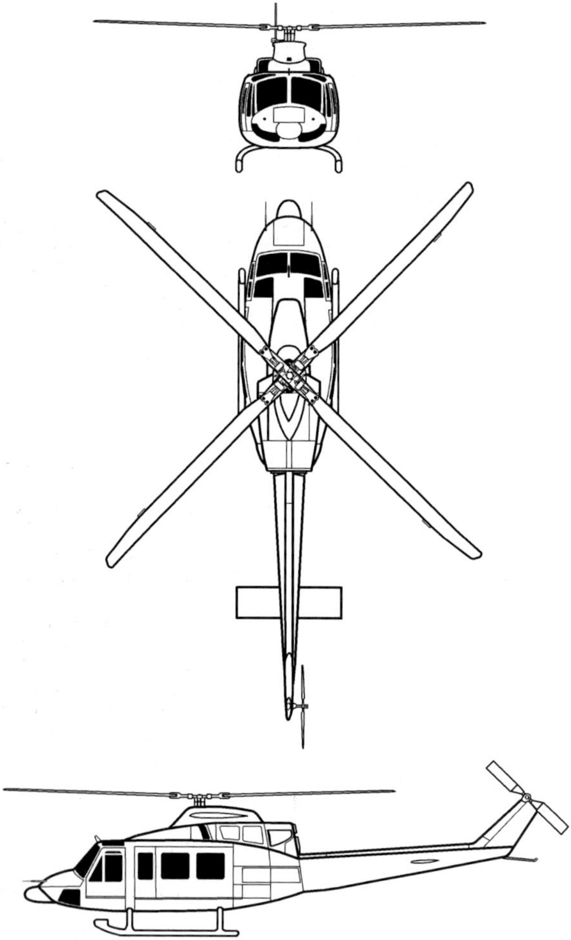

Abmessungen:
Rotordurchmesser (412) 14,02 m, (UH-1Y) 14,63 m
Rumpflänge inkl. drehendem Heckrotor (412) 14,15 m, (UH-1Y) 14,73 m
Höhe inkl. drehendem Heckrotor (412) 4,54 m (UH-1Y) 4,45 m

BELL 412EP/UH-1Y

Ursprungsland: USA (Kanada).
Kategorie: Mehrzweck- und Transporthubschrauber.
Triebwerke (412EP): Eine Gasturbine Pratt & Whitney Canada PT6T-3D-Turbo Twin Pac von 1800 WPS (1342 kW) Leistung.
Leistungen (UH-1Y): Höchstgeschwindigkeit 293 km/h; Reisegeschwindigkeit 250 km/h; max. Schrägsteiggeschwindigkeit 12,8 m/Sek; Dienstgipfelhöhe 6100 m; Schwebehöhe mit Bodeneffekt 3110 m bei 4762 kg, ohne Bodeneffekt 1585 m; max. Reichweite ohne Zusatztanks auf 1525 m 745 km.
Gewichte (UH-1Y): Rüstgewicht 5369 kg; max. Startgewicht 8390 kg.
Zuladung (412EP/UH-1Y): Ein bis zwei Piloten und 13 bis 14 Passagiere bzw. zehn voll ausgerüstete Soldaten; max. Nutzlast 2086 bzw. 1460 kg.
Entwicklungsstand: Die derzeit produzierte Ausführung -EP erhielt die Zulassung im Februar 1991. Militärische Ausführungen der 412 von Bell bzw. Agusta haben 24 Länder erhalten. Darüber hinaus sind zivile 412 hergestellt worden, zusammen rund 540. Jährlich werden rund 40 Einheiten hergestellt. Neuester größerer Besteller: Luftwaffe Chiles 12. Die erste umgebaute UH-1Y nahm die Flugerprobung am 20. Dezember 2001 auf. 100, ev. sogar 123 (37 davon bestellt) als UH-1Y bezeichnete Hubschrauber erhält das USMC seit Ende 2008. Bei neun handelt es sich um Umbauten früherer UH-1N, alle übrigen sind Neubauten.
Bemerkungen: Die Bell 412EP (siehe Dreiseitenriss und Foto) ist die derzeit produzierte Ausführung des Modells 412 und verfügt über stärkere Triebwerke mit entsprechend angepasster Transmission und ein erhöhtes Abfluggewicht. Sie wird, abgesehen vom Bell-Werk in Mirabel, auch bei AgustaWestland, Italien, gebaut. Die UH-1Y des USMC weisen folgende Verbesserungen auf: Zwei GE T700-GE-401C-Triebwerke von je 1828 WPS (1363 kW) Leistung, neuer Flexbeam-Rotorkopf mit lagerloser Befestigung und vierblättrigen Kunststoffrotoren, um ca. 50 cm verlängerter Rumpf, längerer Heckausleger mit neuem Vierblatt-Heckrotor usw. Sie kann auch mit leichten Waffen an Trägern seitlich am Rumpf ausgerüstet werden.
Hersteller: Bell Helicopter Textron Inc., Canadian Division, Mirabel, Montreal, Kanada.

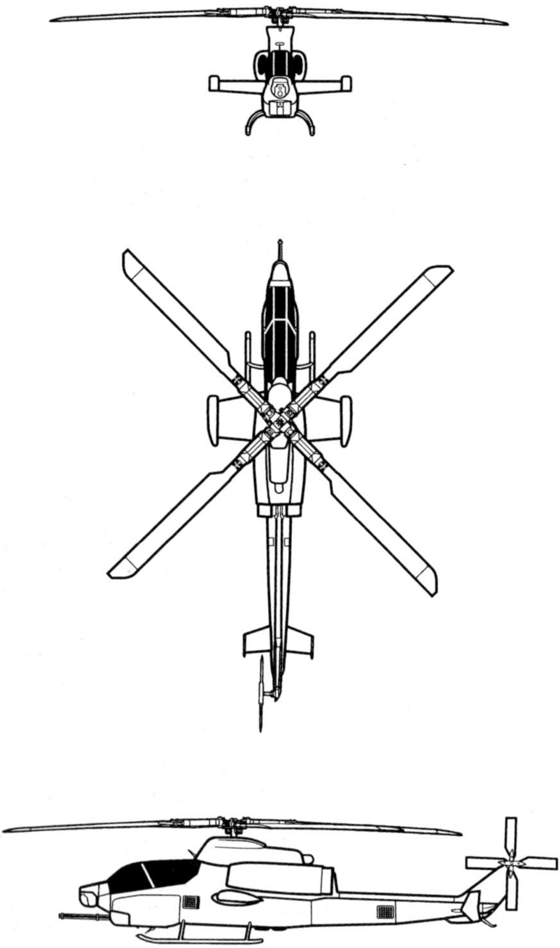

Abmessungen:
Rotordurchmesser 17,73 m
Rumpflänge 13,87 m
Höhe über Heckrotor 3,78 m

BELL AH-1Z

Ursprungsland: USA.
Kategorie: Zweisitziger Kampfhubschrauber.
Triebwerke: Zwei Gasturbinen General Electric T700-401 von je 1773 WPS (1285 kW) Leistung.
Leistungen: Höchstgeschwindigkeit 298 km/h; typische Einsatzgeschwindigkeit bei 265 km/h; Aktionsradius mit einer Bewaffnung von 1134 kg 234 km; Reichweite mit max. interner Treibstoffzuladung und Bewaffnung 705 km, max. Flugdauer 3,7 Std.
Gewichte: Leergewicht 5580 kg; max. Startgewicht 8391 kg.
Bewaffnung: Eine dreiläufige 20-mm-Kanone General Electric M197 und an den Flügelstummeln z.B. vier Behälter für ungelenkte Raketen, acht bis sechzehn Panzerabwehrlenkwaffen AGM-114 Hellfire oder zwei Luft-Luft-Lenkwaffen AIM-9L Sidewinder.
Entwicklungsstand: Erstflug des Prototyps (eine umgebaute AH-1W) am 7. Dezember 2000. Mittlerweile fliegen drei Erprobungsträger sowie das erste Serienflugzeug. Das USMC soll insgesamt 180, ev. sogar 226 (zwölf davon fest bestellt) Exemplare erhalten und zwar in jährlichen Tranchen von 12 bis 36 Einheiten. Neuesten Informationen zufolge dürfte die Einsatzbereitschaft erst 2011 erfolgen.
Bemerkungen: Gegenüber der AH-1W ist die AH-1Z in wesentlichen Punkten völlig neu und deutlich leistungsfähiger. Beispielsweise erhält diese Ausführung einen gelenklosen Rotorkopf mit einem vierblättrigen Rotor aus Verbundwerkstoffen. Nebst einem Glas-Cockpit gelangt ein völlig neues integriertes Navigationssystem von Northrop Grumman/Litton zum Einbau. Die AH-1Z ist zudem mit einem multifunktionellen Zielakquisitions-System Hawkeye in der Rumpfspitze ausgerüstet, welches u.a. FLIR-, TV- und Laser-Zielbezeichnungs-Funktionen umfasst. Sie ist in der Lage, wesentlich mehr Waffen als die AH-1W mitzuführen. Ob neue Hubschrauber hergestellt oder bisherige AH-1W umgebaut werden, ist derzeit noch nicht entschieden.
Hersteller: Bell Helicopter Textron Inc., Fort Worth, Texas, USA.

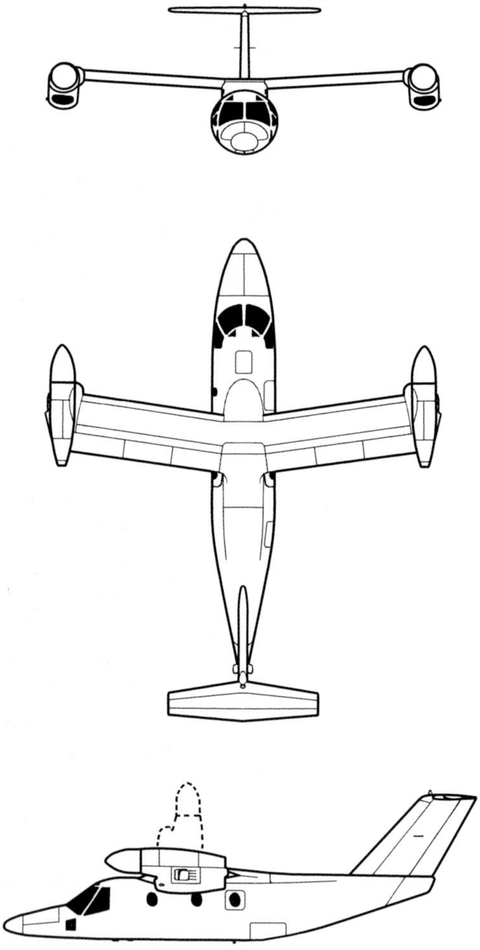

Abmessungen:
Spannweite inkl. drehenden Rotoren 18,29 m
Flügelspannweite 10,00 m
Rotorendurchmesser 7,93 m
Länge 13,31 m
Höhe über Seitenleitwerk 4,50 m

BELL/AGUSTA WESTLAND BA 609

Ursprungsland: USA und Italien.
Kategorie: Ziviles Mehrzweck-Kipprotorflugzeug.
Triebwerke: Zwei Propellerturbinen Pratt & Whitney Canada PT6C-67A von je 1940 WPS (1447 kW) Leistung.
Leistungen: Max. Reisegeschwindigkeit 510 km/h; Langstrecken-Reisegeschwindigkeit 465 km/h; max. Steigrate 7,6 m/Sek; Dienstgipfelhöhe 7625 m; Schwebehöhe ohne Bodeneffekt 1525 m; Reichweite 1390 km, mit Zusatztanks 1880 km.
Gewichte: Rüstgewicht 4770 kg; max. Abfluggewicht 7260 kg.
Zuladung: Ein bis zwei Piloten und in einer Exekutivausführung sechs Passagiere, in engerer Bestuhlung bis zu neun Personen; bei SAR-Aufgaben zwei liegende Verletzte und drei Hilfspersonen; max. Nutzlast 2300 kg.
Entwicklungsstand: Der erste von vier Prototypen hat nach einigen technisch bedingten Verzögerungen die Flugerprobung am 7. März 2003 aufgenommen, der zweite folgte am 9. November 2006. Neuesten Informationen zufolge verspätet sich die Erstablieferung auf 2011. Bisher sind Aufträge für 77 BA 609 eingegangen. Sie wird vorerst bei Bell, später aber auch bei AgustaWestland hergestellt.
Bemerkungen: Die BA 609 ist das erste zivile Kipprotorflugzeug, welches in kommerziellen Betrieb geht. Dabei wird Technologie angewendet, welche von der V-22 Osprey (siehe Seiten 60/61) stammt. Von ihr hingegen nicht übernommen werden die nach hinten an den Rumpf klappbaren Flügel mit faltbaren Rotoren. Nebst der zivilen Nutzung als Verbindungs- und VIP-Transporter sind auch Einsätze als Versorger für Ölbohrplattformen und Überwachungs- und Rettungsaufgaben für Küstenwachen vorgesehen. Die Arbeitsaufteilung zwischen Bell und AgustaWestland beträgt 75 zu 25. Die BA 609 verfügt über eine Aluminium-Struktur, die mit Verbundwerkstoffen verkleidet ist, während der Flügel vollständig aus Kunststoffen besteht. Die Cockpitinstrumente ProLine 21 und das Flight Management System stammen von Rockwell Collins. Das USMC prüft die Beschaffung einer bewaffneten Variante der BA 609, die Guardia Gostiera eine SAR-Ausführung.
Hersteller: Bell Helicopter Textron Inc., Fort Worth, Texas, Werk Amarillo, USA und AgustaWestland, Cascina Costa, Gallarate, Italien.

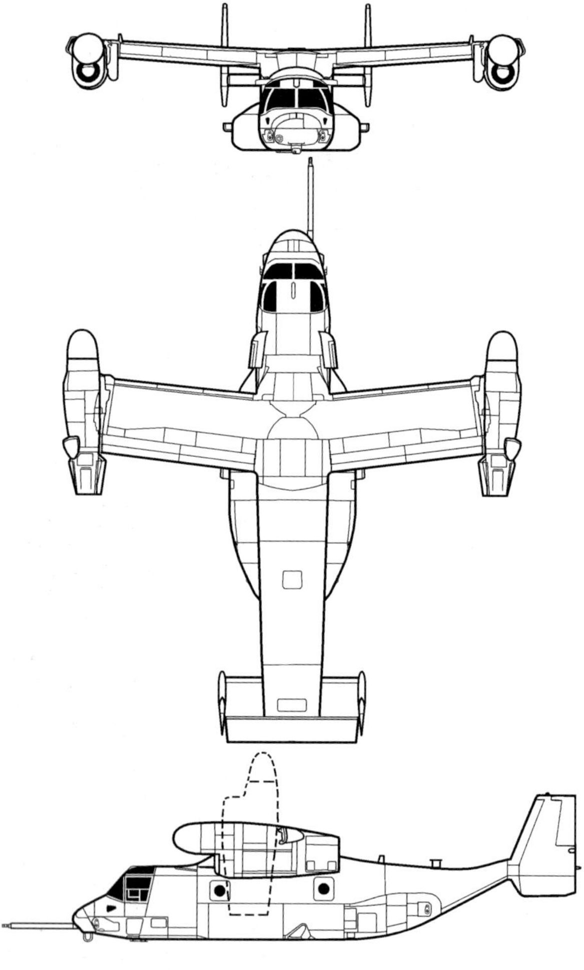

Abmessungen:
Spannweite inkl. Rotoren 25,77 m, ohne 15,52 m
Länge mit gefalteten Rotoren 19,20 m, ohne 17,47 m
Höhe über alles 6,73 m

BELL-BOEING V-22B OSPREY

Ursprungsland: USA.
Kategorie: Schwenkrotorflugzeug (MV-22B) als Kampfzonentransporter und (CV-22B) für militärische Spezialeinsätze.
Triebwerke: Zwei Propellerturbinen Rolls Royce AE1107C von je 6150 WPS (4590 kW) Leistung.
Leistungen: Max. Reisegeschwindigkeit als Flächenflugzeug 550 km/h auf optimaler Höhe, in Helikopterkonfiguration 185 km/h auf Meereshöhe; max. Geschwindigkeit mit einer Außenlast von 6804 kg 370 km/h; max. Schrägsteiggeschwindigkeit 5,53 m/Sek; Dienstgipfelhöhe 7925 m; Reichweite bei Senkrechtstart und einer Nutzlast von 5443 kg 2224 km, bei Kurzstart und einer Nutzlast von 9072 kg 3336 km; Überführungsreichweite 3892 km.
Gewichte (CV-22B): Rüstgewicht 15032 kg; normales Startgewicht unter VTO-Bedingungen 23855 kg, max. unter STO-Bedingungen 27442 kg.
Zuladung: Drei Mann Besatzung und bis zu 24 ausgerüstete Soldaten oder 12 Tragen für Verletzte plus Sanitäter, max. Nutzlast 9072 kg.
Entwicklungsstand: Der erste von sechs V-22-Prototypen nahm die Flugerprobung am 9. März 1989 auf. Vier weitere, weitgehend dem Serienstandard entsprechende Ospreys folgten ab Ende 1996. Bis Ende 2008 sind rund 110 Einheiten hergestellt worden. Die US-Streitkräfte beschaffen 458 V-22: USMC 360 MV-22B, USN 48 HV-22B, USAF 50 CV-22B für Spezialmissionen. Davon sind bisher insgesamt 304 bestellt. Die erste Einsatzstaffel des USMC mit der definitiven Ausführung wurde Mitte 2006 gebildet.
Bemerkungen: Die Osprey gibt es vorerst in zwei Ausführungen, den Kampfzonentransporter MV-22B sowie die für Spezialeinsätze vorgesehene CV-22B (siehe Dreiseitenriss). Von der CV-22 (siehe Foto) unterscheidet sie sich hauptsächlich durch zusätzliche Avionik und Kommunikationssysteme. So wurde neu das Terrainfolgeradar Raytheon APQ-186 sowie ein Elektronikabwehrsystem ITT ALQ-211 eingebaut. Zur Erhöhung des Aktionsradius auf 925 km sind in den Flügeln acht zusätzliche Tanks und seitlich am Rumpf zwei Treibstoffbehälter vorhanden. Die Combat-SAR-Ausführung HV-22B für die US Navy ist noch nicht spezifiziert worden.
Hersteller: Bell Helicopter Textron Inc., Fort Worth, Texas, USA, und Boeing Helicopter Company, Philadelphia, USA, Werk Amarillo, Texas, USA.

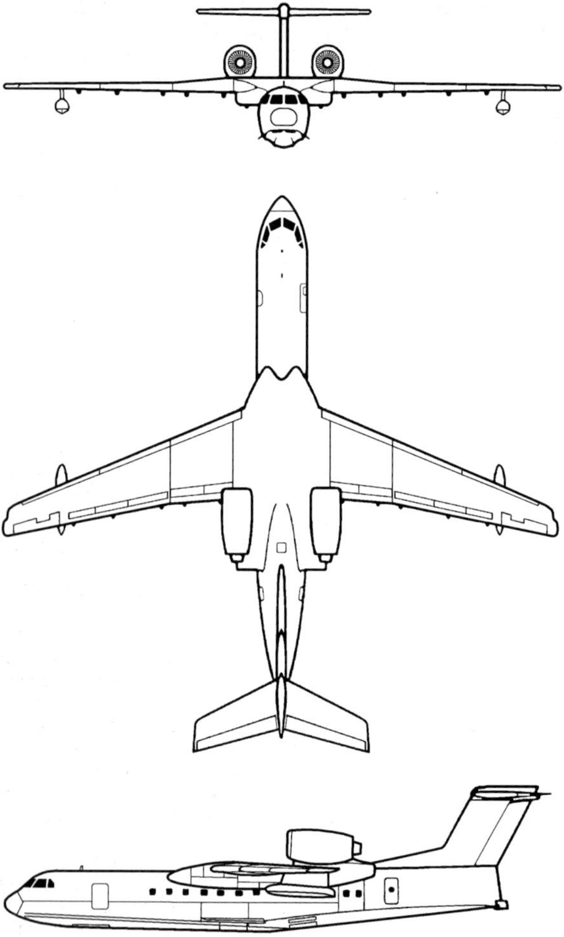

Abmessungen:
Spannweite 32,78 m
Länge 31,43 m
Höhe 8,90 m
Flügelfläche 117,44 m²

BERIEW BE-200

Ursprungsland: Russland.
Kategorie: Mehrzweck-Amphibienflugzeug und Löschflugzeug.
Triebwerke: Zwei Mantelstromtriebwerke ZMKB Progress D-436TP von je 7500 kp (73,60 kN) Standschub.
Leistungen: Höchstgeschwindigkeit auf 7000 m 710 km/h; ökonomische Reisegeschwindigkeit auf 8000 m 600 km/h; Anfangssteiggeschwindigkeit 14 m/Sek; Dienstgipfelhöhe 11000 m; Reichweite mit einer Nutzlast von 3000 kg 2500 km, max. 3850 km.
Gewichte: Rüstgewicht 25120 kg; max. Startgewicht 36000 kg bzw. für Löscheinsätze bis zu 43000 kg.
Zuladung: Zwei Piloten und bis zu 72 Passagiere in der Touristenklasse oder bis 7500 kg Nutzlast als Frachter.
Entwicklungsstand: Der erste Prototyp nahm die Flugerprobung am 24. September 1998 auf, der zweite folgte am 27. August 2002. Mitte 2002 erhielt die Be-200 die russische Zulassung. Bisher ist die Bestellung von sieben Exemplaren (+ 8 Optionen) für das russische Zivilschutz-Ministerium für Rettungs- und Waldbrandeinsätze sowie eine von Azerbaijan bekannt gegeben worden; Auslieferung seit 2004. Die in der letztjährigen Ausgabe angekündigten Verkäufe an Frankreich, Italien, Kroatien, Portugal usw. haben sich bisher nicht materialisiert. Neuesten Meldungen zufolge will Griechenland bis zu 14 Maschinen erwerben. Die russische Marine beschafft vorläufig 4 A-42.
Bemerkungen: Mehrere Ausführungen werden angeboten: Eine Feuerwehrversion mit einer abwerfbaren Wasserlast von 12000 kg, Varianten als reiner Passagiertransporter oder Frachter sowie eine Version für Such-, Rettungs- und Evakuationseinsätze. Als Frachter verfügt die Be-200 über einen Laderaum von 17,00 m Länge, 2,60 m Breite und 1,90 m Höhe, der durch ein seitlich angebrachtes Frachttor beladen werden kann. Für eine Exportausführung Be-200RR prüft man, Triebwerke vom Typ BMW Rolls-Royce BR715 anzubieten. Die für die russische Marine von der Be-200 abgeleitete Version A-42 ist für Seeaufklärungs-, SAR- und U-Bootjagd-Aufgaben vorgesehen. Welche Ausrüstung diese erhält und ob sie bewaffnet sein wird, ist noch nicht bekannt.
Hersteller: OKB Georgi Beriew, Werk Tavia, Taganrog, Russland.

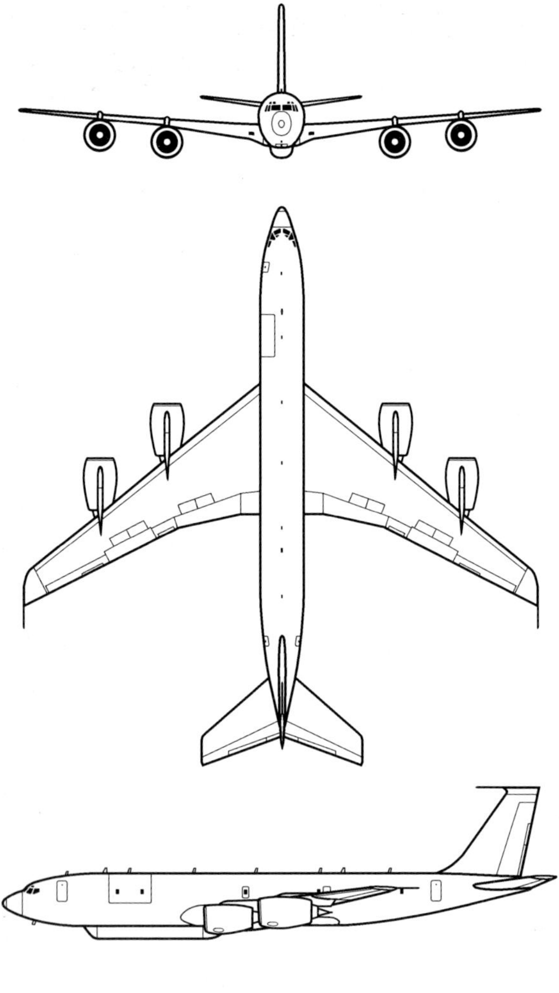

Abmessungen:
Spannweite 45,16 m
Länge 46,61 m
Höhe 12,93 m
Flügelfläche 279,64 m^2

BOEING E-8C J-STARS

Ursprungsland: USA.
Kategorie: Elektronisches Überwachungsflugzeug.
Triebwerke: Vier Mantelstromtriebwerke Pratt & Whitney JT3D-3B von je 8165 kp (8009 kN) Standschub.
Leistungen: Höchstgeschwindigkeit 1009 km/h; max. Reisegeschwindigkeit 966 km/h; Anfangssteiggeschwindigkeit 11,7 m/Sek; Dienstgipfelhöhe 10900 m; max. Reichweite 12000 km.
Gewichte: Max. Startgewicht 152000 kg.
Zuladung: Drei Mann Cockpitbesatzung und 18 Systemoperateure.
Entwicklungsstand: Erstflug des Erprobungsträgers (eine umgebaute Boeing 707-320B) E-8A am 1. April 1988, der ersten Serienausführung 1996. Bis 2002 erhielt die USAF 17 Einheiten. Erstflug der umgebauten E-3C am 20.Dezember 2008
Bemerkungen: Mit der J-Stars (= Joint Surveillance and Target Attack Radar System) können aus sicherer Entfernung ruhende als auch sich bewegende Objekte bis zur Größe eines Fahrzeugs dauernd beobachtet werden. Hochentwickelte Leistungsrechner ermöglichen an den 18 Bedienerkonsolen Bodenkarten mit fast fotographischer Qualität darzustellen. Damit erhält die Operationsleitung detaillierte Lagebilder eines großen Einsatzgebietes, welche on-line unmittelbar an durch Motorola entwickelte Bodenstationen weitergeleitet werden. Diese Höchstleistung wird durch ein von Norden entwickeltes, hochempfindlicher Radar mit synthetischer Öffnung ermöglicht. »Auge« des Systems ist eine unter dem Vorderrumpf befindliche 7,31 m lange Seitensichtantenne. Seit 2008 laufen diverse Modifikationsprogramme. So werden die Triebwerke durch neue JT8D-219 von je 9525 kp (94,50 kN) Leistung ausgetauscht, welche eine größere Einsatzhöhe zulassen und einen wesentlich wirtschaftlicheren Betrieb zulassen. Die 707 wird weiterhin für die unterschiedlichsten militärischen Aufgaben eingesetzt: Tanker, AEW (siehe Ausgabe 1992/93), TACAMO (siehe Ausgabe 1991/92).
Hersteller: The Boeing Company, Defense & Space Group, Seattle, Washington und Northrop Grumman, Melbourne System Division, USA.

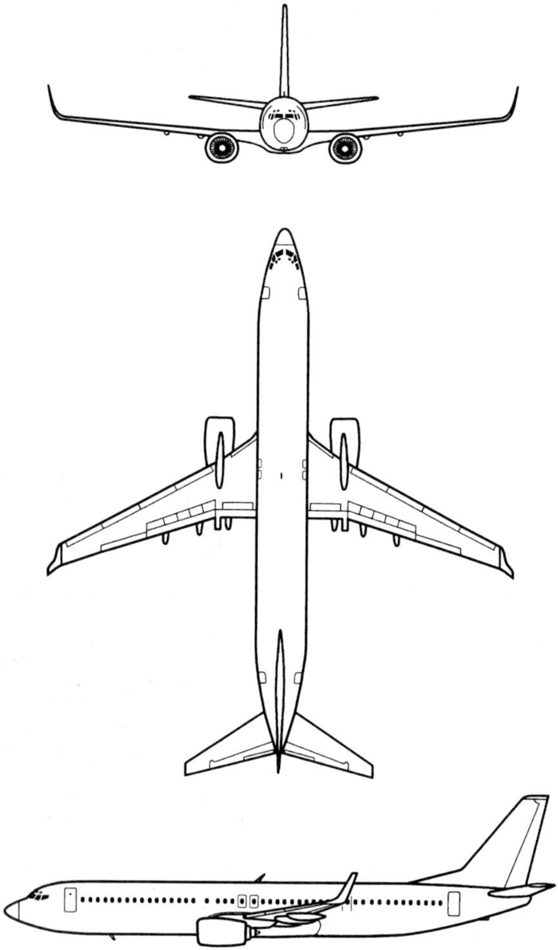

Abmessungen:
Spannweite inkl. Winglets 35,70 m
Länge (BBJ) 33,60 m, (BBJ2) 39,50 m, (BBJ3) 42,10 m
Höhe 12,50 m
Flügelfläche 124,60 m^2

BOEING 737BBJ/BBJ2/BBJ3

Ursprungsland: USA.
Kategorie: Langstrecken-Geschäftsflugzeug.
Triebwerke: Zwei Mantelstromtriebwerke CFM International (BBJ/BBJ2) CFM56-7B24 von je 10886 kp (106,75 kN) bzw. (BBJ3) CFM56-7 von je 12380 kp (121,40 kN) Standschub.
Leistungen: Max. Reisegeschwindigkeit 876 km/h (Mach 0,82), norm. Reisegeschwindigkeit 835 km/h; Dienstgipfelhöhe 12500 m; max. Reichweite (BBJ) 11400 km.
Gewichte: Rüstgewicht ca. 40000 kg; max. Startgewicht (BBJ) 77560 kg, (BBJ3) 85130 kg.
Zuladung: Zwei Mann Cockpitbesatzung und je nach Innenausstattung zwischen 8 und 100 Personen.
Entwicklungsstand: Das Erprobungsmuster BBJ fliegt seit 4. September 1998. Bisher sind rund 150 BBJ und BBJ2 bestellt und fast alle ausgeliefert worden, darunter auch eine für Boeing selber. Die neueste Ausführung BBJ3 (siehe Foto und Dreiseitenriss) nahm die Flugerprobung im Juni 2008 auf. Aktuell sind acht Einheiten bestellt, die ab 2009 abgeliefert werden.
Bemerkungen: Mit der BBJ entwickelte Boeing erstmals eine ausschließlich für Geschäftsreisen konzipierte Ausführung der B737. Sie verbindet die Rumpflänge der Version -700 mit dem Flügel und dem Fahrwerk der schwereren -800. Um eine höhere Reichweite zu erzielen, sind alle mit Winglets mit einer Höhe von 2,60 m ausgerüstet. Die BBJ2 übernimmt den um 5,80 m längeren Rumpf der B737-800 und bietet entsprechend mehr Passagierraum und fast das doppelte Frachtvolumen. Boeing liefert jeweils das Flugzeug im »Rohzustand« an spezialisierte Inneneinrichter (z.B. Jet Aviation, Basel; Lufthansa Technik, Hamburg). Diese bauen das Interieur nach den unterschiedlichsten Wünschen der Besteller aus. Die vorläufig letzte Ausführung ist die von der 737-900ER abgeleitete BBJ3. Dank acht Zusatztanks im Frachtraum schafft sie Reichweiten bis zu 10066 km. Der Passagierraum ist mit 104 m2 gegenüber der BBJ mit 75 m² und BBJ mit 93 m² nochmals wesentlich größer. Der Basispreis einer BBJ beträgt rund US$ 74 Mio.
Hersteller: The Boeing Company, Commercial Airplane Group, Seattle, Werk Renton, Washington, USA.

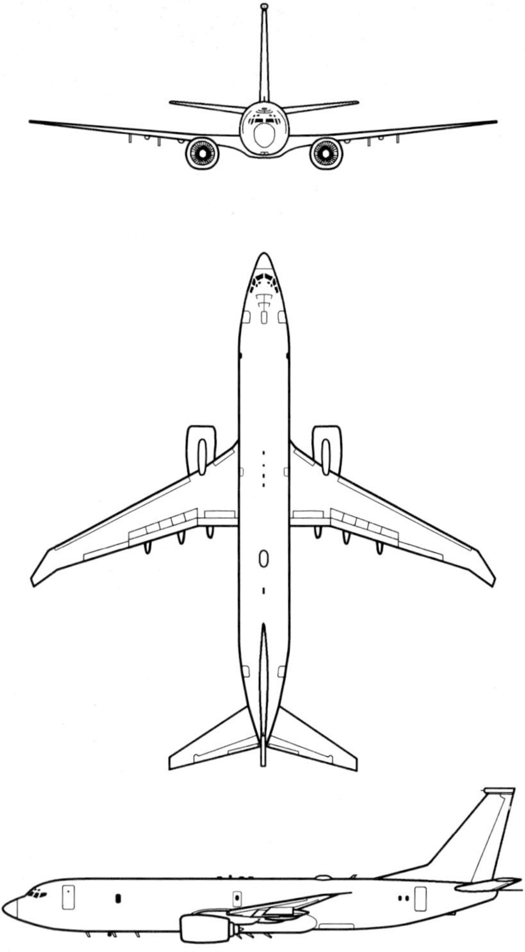

Abmessungen:
Spannweite 37,64 m
Länge 39,47 m
Höhe 12,83 m
Flügelfläche 124,60 m^2

BOEING P-8A POSEIDON

Ursprungsland: USA.
Kategorie: Langstrecken-Seeaufklärungs- und Angriffsflugzeug.
Triebwerke: Zwei Mantelstromtriebwerke CFM International CFM56-7 von je 12469 kp (120,0 kN) Standschub.
Leistungen: Höchstgeschwindigkeit 907 km/h; norm. Reisegeschwindigkeit 789 km/h, Dienstgipfelhöhe 12500 m; max. Aufenthaltsdauer im Zielgebiet 4 Std. 2200 km vom Stützpunkt entfernt.
Gewichte: Rüstgewicht 62700 kg; max. Startgewicht 85130 kg.
Zuladung: Insgesamt eine Besatzung von neun Personen, drei davon im Cockpit, ein Avionik-Engineer sowie fünf System-Operateure.
Bewaffnung: In einem Waffenschacht sowie unter dem Rumpf und unter den Flügeln kann eine Vielzahl von Waffen mitgeführt werden, so u.a. Bomben, Torpedos, Minen und Lenkwaffen aller Art.
Entwicklungsstand: Der erste von insgesamt fünf Prototypen soll die Flugerprobung im vierten Quartal 2009 beginnen. Die US Navy plant ab 2013 insgesamt 108 P-8A zu beschaffen. Die indische Marine erwirbt bei einem Gesamtbedarf von 12 bis 16 Maschinen vorerst acht P-8i.
Bemerkungen: Mit der P-8A Poseidon wird die US Navy die veralteten P-3 Orions ersetzen. Als Ausgangsmuster dient die Boeing 737-800ERX. Die P-8A werden auf der gleichen Produktionsstraße wie die zivilen Muster gefertigt und dann entsprechend umgebaut und ausgerüstet. Die Flügel dagegen stammen von der 737-900, sind aber leicht modifiziert. Der Rumpf ist verstärkt, um die höheren Belastungen aufzufangen. Zur Erfüllung der Aufgaben, u.a. die U-Boot-Jagd, Schiffsbekämpfung und allgemeine Überwachungsmissionen wird die Poseidon über modernste Systeme verfügen. Sichtbar davon sind die rund 100 Antennen an Rumpf und Flügeln. Als wichtigstes Element ist das synthetische Breitbandradar APY-10 zu erwähnen. Geprüft werden auch weitere Varianten, so eine für sog. SIGINT-Aufgaben als Ersatz der Lockheed EP-3E Orion. Die US Navy hat einen Bedarf zwischen 19 und 26 Maschinen.
Hersteller: The Boeing Company, Defense & Space Group, St. Louis, Werk Renton, Washington, Washington, USA.

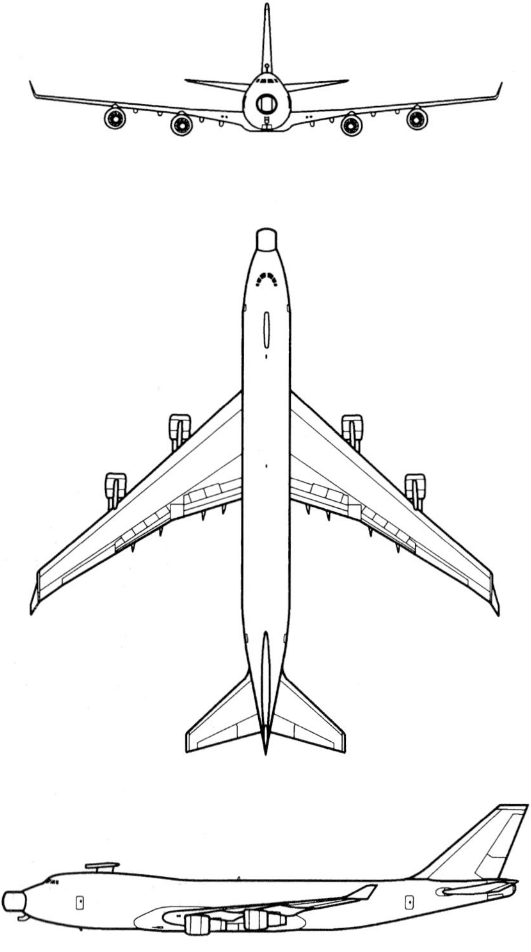

Abmessungen:
Spannweite 64,44 m
Länge 70,70 m
Höhe 19,41 m
Flügelfläche 541,16 m²

BOEING YAL-1A AIRBORNE LASER

Ursprungsland: USA.
Kategorie: Strategisches Raketenabwehrsystem.
Triebwerke: Vier Mantelstromtriebwerke General Electric CF60-80C2 von je 28644 kp (280,97 kN) Standschub.
Leistungen (prov. Daten): Normale Patrouillengeschwindigkeit 939 km/h; max. Reichweite 15570 km.
Gewichte: Rüstgewicht 181120 kg; max. Startgewicht 396900 kg.
Zuladung: Sechs Mann Besatzung, zwei Piloten und vier Operators und »Betriebsstoff« für 20 Laser-Schüsse. Das gesamte Lasersystem einschießlich der mitgeführten Chemikalien wiegt etwa 81000 kg.
Bewaffnung: Ein auf chemischer Basis operierender Oxygen-Iodine-Laser im hinteren Teil des Rumpfes mit Austritt durch eine bewegliche Optik in der Rumpfnase.
Entwicklungsstand: Der erste teilweise ausgerüstete Prototyp YAL-1A begann die Flugerprobung am 18. Juli 2002. Bis Mitte 2003 waren alle Systeme eingebaut. Nach längerer Verzögerung begannen 2008 die Schießversuche mit dem Laser. Sieben Einheiten will die USAF beschaffen. Der Zeitpunkt der Indienststellung ist aber aus Budgetgründen noch offen.
Bemerkungen: Die YAL-1A ist ein Element des Raketenabwehrsystems der USA. Als Basis dient eine wesentlich modifizierte 747-400F. Das Kernstück ist ein im Rumpf eingebauter chemischer Oxygen-Iodine-Laser der Megawatt-Klasse. Durch eine in der Rumpfspitze eingebaute »Kanone« lassen sich vor allem feindliche Mittel- und Langstreckenraketen bis zu 600 km weit bekämpfen. Gleichzeitig sollen bis zu 30 Ziele angegriffen werden können. Gegenüber dem Ausgangsmuster 747-400F weist die YAL-1A einige wesentliche Veränderungen auf. So ist beispielsweise das normal im Rumpfbug platzierte Wetterradar in einem Behälter unter dem Rumpf angebracht. Angesichts des hohen Gewichts des Gesamtsystems und der heißen Abgase der Waffe sind Teile der Struktur mit Titanium verstärkt sowie im Innenraum der Kommandostand vom Laser durch einen Druckspant getrennt. Hinter dem Cockpit oben am Rumpf ist ein Laser-Entfernungsmesser zur Zielverfolgung installiert.
Hersteller: The Boeing Company, Defense & Space Group, Seattle, Washington, USA.

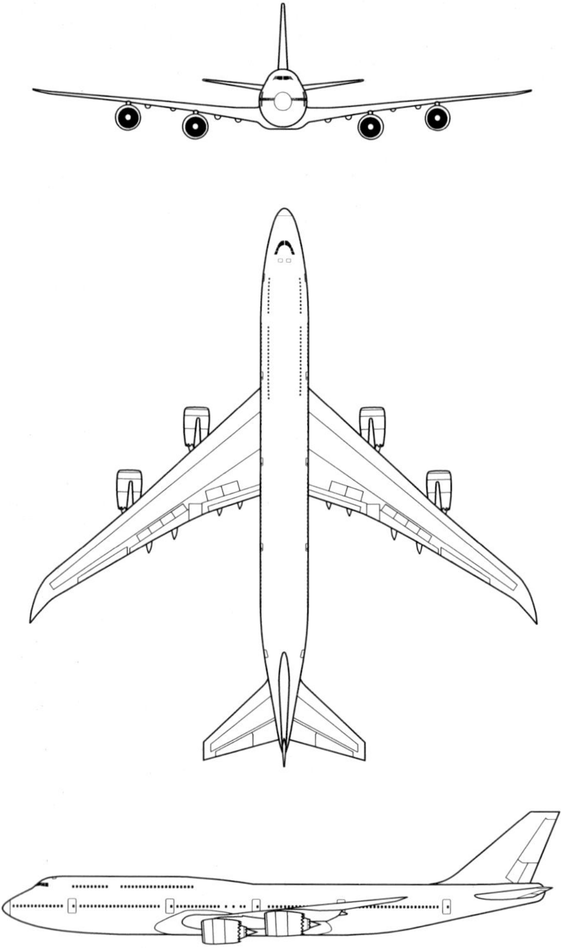

Abmessungen:
Spannweite 68,50 m
Länge (-8/-8F) 76,30 m
Höhe 19,41 m
Flügelfläche 554,00 m²

BOEING 747-8/-8F

Ursprungsland: USA.
Kategorie: Langstrecken-Passagierflugzeug und Frachter.
Triebwerke: Vier Mantelstromtriebwerke General Electric GEnx-2B67 von je 30163 kp (295,80 kN) Standschub.
Leistungen (nach Angaben des Herstellers): Langstrecken-Reisegeschwindigkeit (-8) Mach 0,85, (-8F) Mach 0,845; Reichweite mit max. Nutzlast als Frachter 8185 km; Reichweite der 747-8 mit max. Treibstoffzuladung 14815 km.
Gewichte: Leergewicht 198600 kg; max. Startgewicht 442200 kg.
Zuladung: Zwei Mann Cockpitbesatzung und (-8) beispielsweise 467 Passagiere in drei Klassen. Als Frachter (-8F) 140000 kg Nutzlast.
Entwicklungsstand: Die erste 747-8 startet im Frühjahr 2009 zum Erstflug. Von der Frachtausführung sind bisher 78 Einheiten bestellt. Für die Passagiervariante liegt bisher ausschließlich ein Auftrag für 20 Einheiten von der Lufthansa vor. Fünf weitere Maschinen werden in VIP-Ausrüstung gebaut. Die Auslieferung des Frachters ist nun für Anfang 2010, jene der Passagierausführung für Anfang 2011 vorgesehen. Von den früheren 747-Versionen wurden bis Ende 2008 über 1411 hergestellt.
Bemerkungen: Boeing lancierte im November 2005 die verlängerte Ausführung 747-8 bzw. 747-8F. Der Rumpf der -8/-8F wird gegenüber der 747-400 um 5,09 m länger, das Abfluggewicht um ca. 40000 kg höher sein. Die überarbeiteten Tragflächen erhalten anstatt der Winglets neu geformte Flügelspitzen. Zudem erfolgen Verbesserungen primär durch aerodynamische Verfeinerungen an Flügeln und Triebwerkgondeln mit dem Ziel, den Außenlärm zu reduzieren. Nebst bewährten Komponenten der 747-Reihe werden auch eine ganze Anzahl Elemente von der neuen 787 verwendet, so u.a. die Triebwerke. Boeing verspricht, dass die 747-8 bzw. 8F über wesentlich bessere Leistungsdaten verfügen wird als die Vorgängerversion.
Hersteller: The Boeing Company, Commercial Airplane Group, Seattle, Werk Everett, Washington, USA.

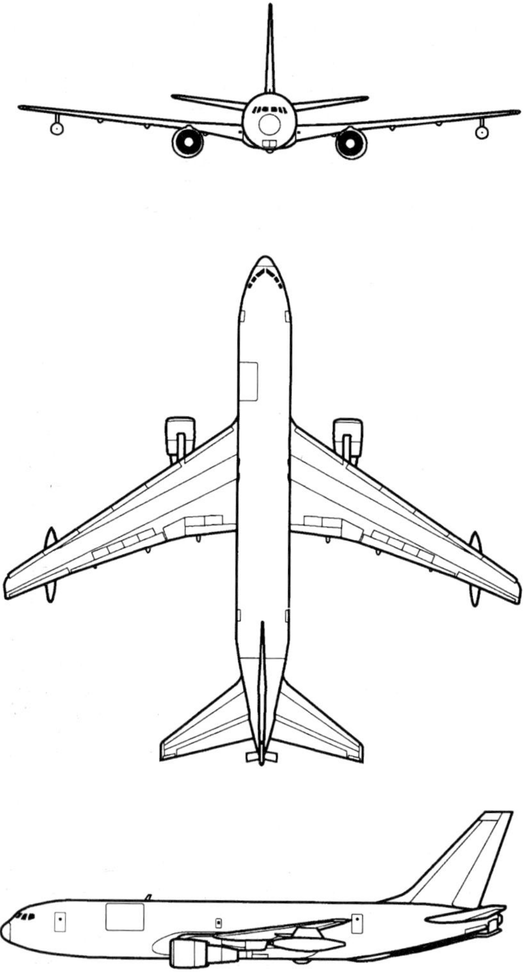

Abmessungen:
Spannweite 47,57 m
Länge 48,51 m
Höhe 15,85 m
Flügelfläche 283,30 m²

BOEING KC-767

Ursprungsland: USA.
Kategorie: Militärischer Transporter, Tanker und Führungsflugzeug.
Triebwerke: Zwei Mantelstromtriebwerke, beispielsweise Pratt & Whitney PW4060 von je 27100 kp (267 kN) oder zwei General Electric CF6-80C2 von je 27830 kp (273 kN) Standschub.
Leistungen (767-200ER): Reisegeschwindigkeit 850 km/h (Mach 0,80); Dienstgipfelhöhe 13145 m; max. Reichweite 10450 km.
Gewichte: Max. Startgewicht 175540 kg.
Zuladung: Zwei Piloten und ein Betankungsoperateur; als Frachter 19 Standardpaletten mit max. 50000 kg, als Tanker eine Zuladung von 124205 l.
Entwicklungsstand: Eine erste E-767T-T/KC-767 noch ohne Tankerausrüstung nahm am 16. Juli 2003 die Flugerprobung auf. Erstbesteller ist die italienische Luftwaffe mit vier + zwei Optionen; Ablieferung ab 2005. Japan beschaffte vorläufig deren vier, später ev. acht. Die zivile 767, insbesondere deren Frachtausführung, wird in kleinen Stückzahlen weiterhin gebaut. Von allen Ausführungen waren bis Ende 2008 1031 bestellt und rund 970 davon ausgeliefert.
Bemerkungen: Aus der zivilen 767 wurde die KC-767 für eine Mehrzahl von militärischen Aufgaben entsprechend weiterentwickelt. Im Vordergrund steht dabei der kombinierte Militärtransporter und Tanker E-767T-T bzw. KC-767, der auf der 767-200ER basiert. Er ist mit einem Flying Boom unten am Heck und zwei Betankungspods unter den Flügeln ausgerüstet. Die Kabine kann sowohl für Passagier- als auch Frachteinsätze ausgelegt werden. Vorne links am Rumpf befindet sich eine große Frachttüre. Eine weitere Ausführung ist das Radarfrühwarn- und Kommandoflugzeug E-767T/AWACS (siehe Ausgabe 1997). Nachdem in letzter Zeit die Nachfrage auch nach der zivilen 767 wieder etwas zugenommen hat, prüft Boeing nun die Lancierung einer von der KC-767 abgeleiteten neuen zivilen Frachtausführung 767-200LRF. Bei Abmessungen der -200 würde sie die Cockpitauslegung der 767-400 übernehmen.
Hersteller: The Boeing Company, Boeing Integrated Defense Systems, St. Louis, Missouri, Werke Everett und Wichita, USA.

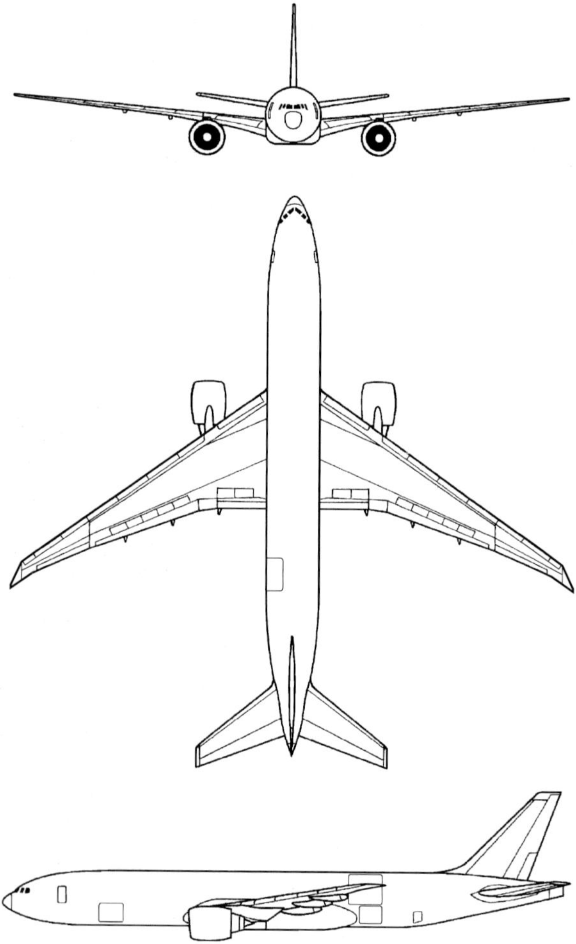

Abmessungen:
Spannweite 64,80 m
Länge (200LR/F) 63,70 m, (300, -ER) 73,90 m
Höhe 18,44 m
Flügelfläche 436,80 m²

BOEING 777-200LR/F

Ursprungsland: USA.
Kategorie: Ultra-Langstecken-Verkehrsflugzeug und Frachter.
Triebwerke: Zwei Mantelstromtriebwerke General Electric GE90-110B1 von je 49865 kp (489,0 kN) Standschub.
Leistungen: Max. Reisegeschwindigkeit 950 km/h (Mach 0,87); Langstrecken-Reisegeschwindigkeit 895 km/h (Mach 0,84); Dienstgipfelhöhe 13106 m; Reichweite mit 301 Passagieren bis zu 17445 km, als Frachter mit voller Nutzlast 9200 km.
Gewichte: Rüstgewicht 155580 kg; max. Startgewicht 322055 kg, als Option 347800 kg.
Zuladung: Zwei Piloten und in normaler Dreiklassenbestuhlung 301, max. mit Economy-Einrichtung 440 Passagiere. Max. Nutzlast (-200LR) 50850 kg, (-200F) 103900 kg.
Entwicklungsstand: Die erste 777-200LR nahm die Flugerprobung am 8. März 2005 auf. Der Frachter 777-200F flog erstmals am 14. Juli 2008. Von der -200LR sind bisher 49 Einheiten (+ Optionen) bestellt worden. Der Auftragsbestand aller 777-Versionen belief sich Ende 2008 auf 1098 Maschinen, darunter 60 -300, 397 -300ER. Dazu kommen noch 73 777F Freighters die ab 2008 zur Auslieferung gelangten. Bei einer derzeitigen Monatsproduktion von drei 777 sind bis Ende 2008 rund 760 Einheiten gebaut worden.
Bemerkungen: Die für Ultra-Langstrecken von Boeing konzipierte 777-200LR ist derzeit das Verkehrsflugzeug mit der längsten Reichweitenleistung. Dazu wurden gegenüber der -200ER mehrere Veränderungen vorgenommen: Leistungsstärkere Triebwerke, Verstärkungen an Rumpf, Tragflächen und Heck, zurückgepfeilte Flügelspitzen sowie vergrößerte Treibstoffkapazität durch Zusatztanks in den Flügeln und im Frachtraum. Als Option ist ein Schlafraum für bis zu 40 Personen im Frachtraum und einer für die Besatzung oberhalb des Passagierraumes erhältlich. Das neueste Modell ist die auf der -200LR basierende Frachtervariante -200F (siehe Dreiseitenriss und Foto), mit seitlicher Frachttüre. Zur Aufnahme der höheren Gewichte wurden sowohl Flügelmittelstück wie auch der Frachtboden verstärkt. Als Antwort zum in Entwicklung stehenden Airbus A350 prüft Boeing die Weiterentwicklung der 777, u.a. durch Verwendung von Technologien der 787.
Hersteller: The Boeing Company, Commercial Airplane Group, Seattle, Werk Everett, Washington, USA.

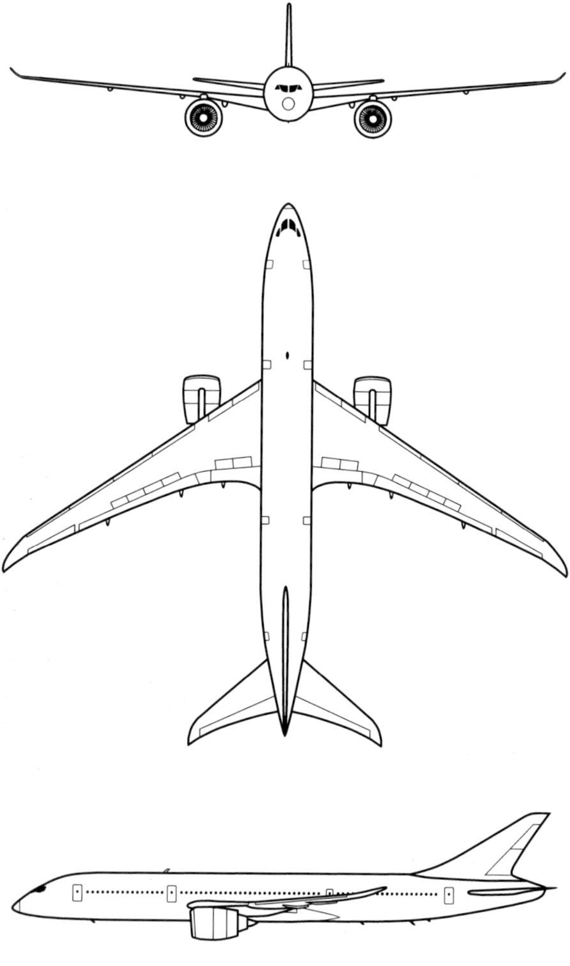

Abmessungen:
Spannweite (787-8) 58,80 m, (787-3) 51,60 m, (787-9) 59,00 m
Länge (787-8/-3) 57,00 m, (787-9) 62,00 m, (787-10X) 68,00 m
Höhe 16,50 m

BOEING 787 DREAMLINER

Ursprungsland: USA.
Kategorie: Kurz- bis Langstrecken-Verkehrsflugzeug.
Triebwerke: Zwei Mantelstromtriebwerke General Electric GEnx oder Rolls-Royce Trent 1000 von je zwischen 25000 kp und 32000 kp (244 bis 311 kN) Leistung.
Leistungen (vorläufige Angaben): Reisegeschwindigkeit Mach 0,85; Reiseflughöhe 13000 m; Reichweite bei voller Zuladung (787-8/-3) 11000/2200 km, max. Reichweite (787-8) 13000 km, (787-3) 6500 km, (787-9) 15400 km.
Gewichte: Max. Startgewicht (787-8) 217700 kg, (787-3) 163500 kg, (787-9) 226800 kg.
Zuladung: Zwei Mann Cockpitbesatzung und (787-8/-3) in Zweiklassenbestuhlung 217/289 Passagiere, bei Einheitsklasse 230/300 Passagiere, (787-9) in Dreiklassenbestuhlung 257 Passagiere.
Entwicklungsstand: Der Prototyp, eine 787-8, verließ am 8. Juli 2007 die Montagehalle. Aufgrund technischer Schwierigkeiten verzögert sich der Erstflug weiterhin und wird nun für das zweite Quartal 2009 erwartet. Frühestens im ersten Quartal 2010 kann Boeing mit den Ablieferungen beginnen. Bis Ende 2008 sind Aufträge für 878 Einheiten eingegangen.
Bemerkungen: Mit der Familie 787 Dreamliner lanciert Boeing eine neue Generation von Verkehrsflugzeugen. Zwei Neuerungen sind dabei zentral: Der erhöhte Passagierkomfort und die Wirtschaftlichkeit. So will man den Passagierraum besonders attraktiv gestalten. Nebst bequemen Stühlen mit mehr Sitzabstand fallen die großen Fenster auf. Durch ein Bündel von Maßnahmen, vor allem aber durch zukunftsweisende Technologien, sollen bezüglich Wirtschaftlichkeit und Ökologie neue Bestwerte erreicht werden. Erstmals stellt man bei einem so großen Flugzeug den Rumpf vollständig aus Verbundwerkstoffen her. Von den neuen Triebwerken verlangt Boeing vor allem hohen Wirkungsgrad, einfache Wartung und geringen Lärm. Bei einer typischen Auslastung soll der Treibstoffverbrauch pro Person, gemessen an der zurückgelegten Distanz, drei Mal geringer als bei einem Personenwagen sein. Vorerst sind vorgesehen: Die Basisausführung 787-8, danach die Kurzstreckenversion 787-3. Mittelfristig folgen die verlängerte 787-9, ev. eine 787-10X.
Hersteller: The Boeing Company, Commercial Airplane Group, Seattle/Chicago, Werk Everett, Washington, USA.

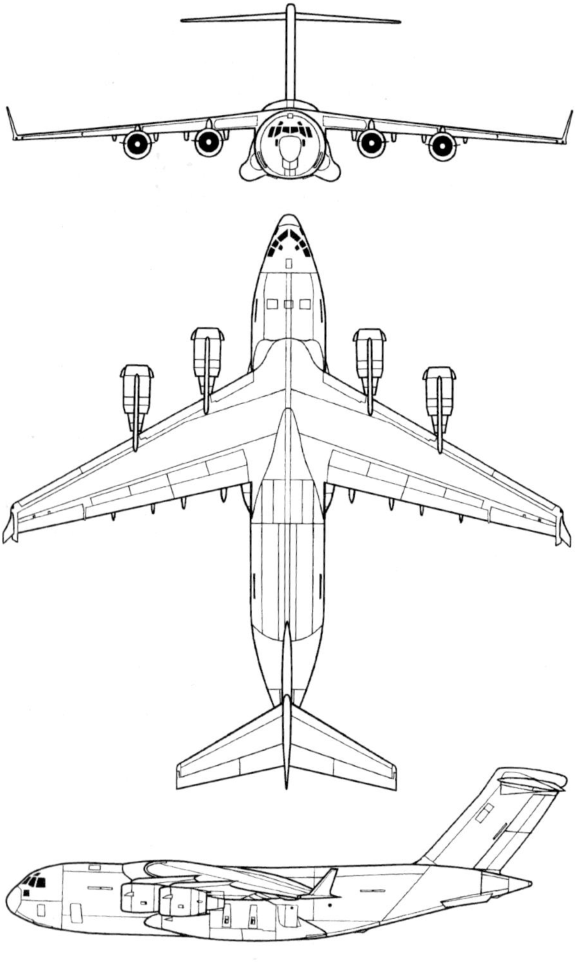

Abmessungen:
Spannweite 50,29 m
Länge 53,04 m
Höhe 16,79 m
Flügelfläche 353 m^2

BOEING (MDD) C-17A GLOBEMASTER III

Ursprungsland: USA.
Kategorie: Schwerer Militärfrachter.
Triebwerke: Vier Mantelstromtriebwerke Pratt & Whitney F117-PW-100 von je 18914 kp (185,5 kN) Standschub.
Leistungen: Max. Reisegeschwindigkeit 818 km/h auf 10975 m (Mach 0,77), 650 km/h in niedriger Höhe; Dienstgipfelhöhe 13700 m; Reichweite mit 75000 kg Nutzlast 5100 km; Überführungsreichweite 11575 km.
Gewichte: Rüstgewicht 122016 kg; max. Startgewicht 263083 kg.
Zuladung: Zwei Piloten und zwei Lademeister. Im 26,82 m langen, 5,49 m breiten und 4,11 m hohen Frachtraum können Nutzlasten bis zu 75750 kg mitgeführt werden. Typische Lasten: Drei Kampfhubschrauber AH-64 oder ein voll ausgerüsteter Kampfpanzer M-1 Abrams, bis zu 102 Fallschirmspringer. Einzellasten von 27215 kg oder mehrere Paletten von max. 49895 kg können im Flug abgeworfen werden.
Entwicklungsstand: Der Prototyp flog erstmals am 15. September 1991; erste Ablieferungen an die USAF im Juni 1993. Die USAF beschafft insgesamt 205 Einheiten, die bis 2011 abzuliefern sind. Weitere Besteller: Australien 4, Großbritannien 6, Kanada 4, NATO 3, Qatar 2 UAE 4. Bisher wurden rund 185 Einheiten gebaut.
Bemerkungen: Das Besondere an der C-17A ist die Fähigkeit, schwere Lasten auf strategischen Distanzen direkt in die Nahkampfzone fliegen zu können. Für diese Aufgabe wurde sie sehr robust ausgelegt und ist beispielsweise in der Lage, Lande- und Startbahnen mit einer Länge von nur 915 m zu benützen. Das superkritische Tragwerk mit einer Pfeilung von 250 ist mit Winglets und einem angeblasenen Klappensystem ausgerüstet. Das stabile Fahrwerk erlaubt ein Manövrieren mit eigener Kraft am Boden. Seit 2001 erhalten alle C-17 einen Zusatztank von 39000 l im Flügelkasten. Damit erhöht sich die Reichweite bei einer Nutzlast von 18145 kg von 8150 auf 9815 km. Boeing prüft derzeit die Lancierung einer Version C-17B u.a. mit stärkeren Triebwerken, überarbeiteten Klappen und mit zusätzlichem zentralen Fahrwerk zur Verbesserung der Start- und Landefähigkeit auf unvorbereiteten Pisten.
Hersteller: The Boeing Company, Defence & Space Group, Seattle, Washington, Werk Long Beach, Kalifornien, USA.

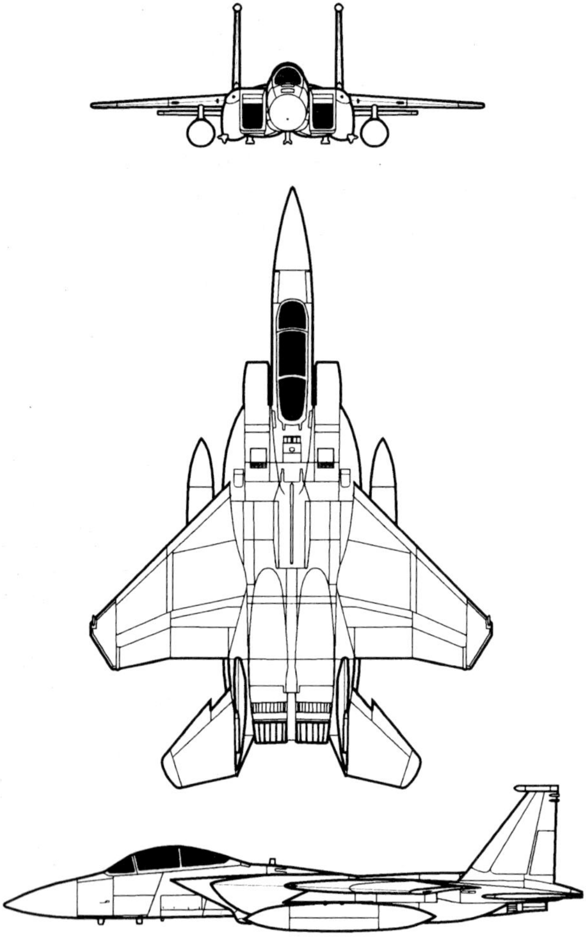

Abmessungen:
Spannweite 13,05 m
Länge 19,45 m
Höhe 5,65 m
Flügelfläche 56,50 m^2

BOEING (MDD) F-15E/K/T EAGLE

Ursprungsland: USA.
Kategorie: Zweisitziger Luftüberlegenheitsjäger und Erdkämpfer.
Triebwerke: Zwei Mantelstromtriebwerke (F-15E) Pratt & Whitney F100-PW-229 bzw. (F-15K) General Electric F-110-GE-129 von je 8073 kp (79,20 kN) Standschub ohne und 13200 kp (129,40 kN) mit Nachbrenner.
Leistungen: Kurzzeitig erreichbare Spitzengeschwindigkeit 2698 km/h oder Mach 2,54 auf 12190 m; länger dauernde Höchstgeschwindigkeit 2443 km/h oder Mach 2,4 auf 12190 m; Dienstgipfelhöhe 18300 m; max. Aktionsradius 1270 km; Überführungsreichweite mit Zusatztanks 4445 km.
Gewichte: Rüstgewicht 14379 kg; max. Startgewicht 36741 kg.
Bewaffnung: Eine sechsläufige 20-mm-Revolverkanone M61A1 und bis zu 11113 kg Außenlasten (Erdkampf) bzw. je vier Luft-Luft-Lenkwaffen AIM-7F Sparrow und AIM-9L Sidewinder oder bis zu acht AIM-120 (Luftüberlegenheitsseinsatz).
Entwicklungsstand: Die erste F-15E begann mit den Testflügen am 11. Dezember 1986. Ablieferungen in einer Stückzahl von 245 an die USAF ab 1988. Der F-15E ähnliche Ausführungen bestellten Israel 25 F-15I und Saudi Arabien 99 F-15S (Beschreibung siehe Ausgabe 2002). Seit 2005 erhält Südkorea 60 F-15K. Neuester Auftrag: Singapur 24 F-15T. Von allen F-15-Versionen sind insgesamt über 1500 Einheiten gebaut worden.
Bemerkungen: Die Ausführung F-15K für Südkorea unterscheidet sich vom Ausgangsmuster F-15E u.a. durch neue Triebwerke, neues Cockpit, verbesserte Sensoren und Avionik. Das ebenfalls neue APG-63V1 oder V-2-Radar erlaubt, bewegte Ziele auf dem Land wie auch im Meer zu verfolgen. Die Ablieferungen begannen 2005. Neu wird die auf der F-15K basierende Variante F-15T gebaut, die mit einer neuen Version des AESA-APG-63-Radars ausgerüstet ist. Im Rahmen eines Modernisierungsprogramms erhalten vorerst 16 F-15C der USAF ebenfalls dieses neue ASEA-Radar, nachdem bereits die F-15E damit ausgerüstet wird.
Hersteller: The Boeing Company, Defence & Space Group, Seattle, Washington, Werk St. Louis, Missouri, USA.

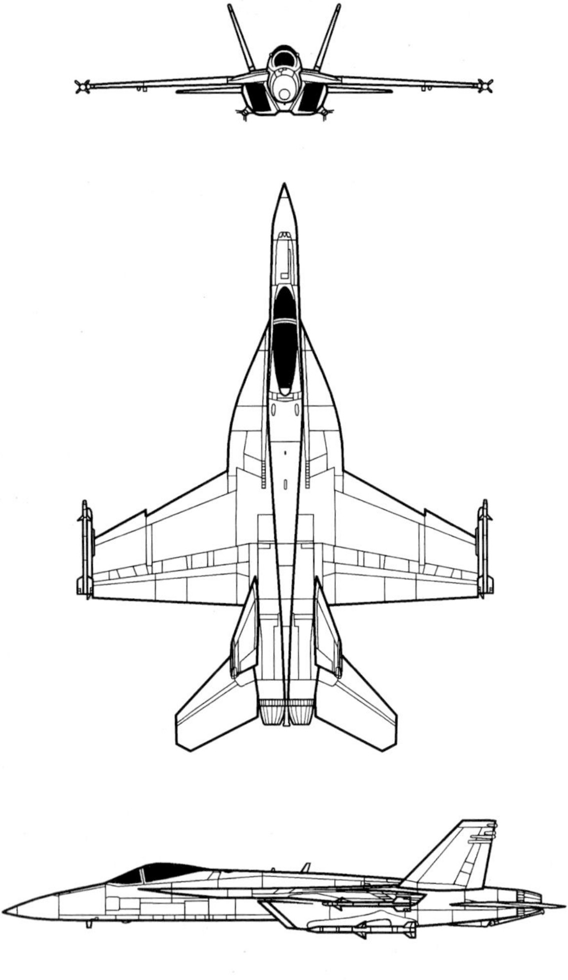

Abmessungen:
Spannweite 13,70 m
Länge 18,40 m
Höhe 4,88 m
Flügelfläche 46,45 m²

BOEING (MDD) F/A-18E/F SUPER HORNET

Ursprungsland: USA.
Kategorie: Einsitziges und zweisitziges bord- und landgestütztes Mehrzweckkampfflugzeug.
Triebwerke: Zwei Mantelstromtriebwerke General Electric F414-GE-400 von je 6470 kp (63,4 kN) Standschub ohne und 9978 kp (97,86 kN) mit Nachverbrennung.
Leistungen: Höchstgeschwindigkeit auf optimaler Höhe Mach 1,8 +; Dienstgipfelhöhe 15240 m; Radius als Abfangjäger mit je zwei Luft-Luft-Lenkwaffen Sidewinder und AMRAAM 760 km, bei Tiefangriffseinsätzen mit vier 450-kg-Bomben, zwei Sidewinders und zwei 1818-l-Außentanks (hoch-tief-tief-hoch) 722 km.
Gewichte: Leergewicht 13876 kg; norm. Startgewicht 23541 kg, max. 29964 kg.
Bewaffnung: Eine 20-mm-Revolverkanone M61A2 und eine Waffenlast verschiedenster Auslegung von 8050 kg.
Entwicklungsstand: Der erste von sieben Prototypen flog erstmals am 29. November 1995. Die USN hat 482 F/A-18E/F bestellt. Rund 380 davon waren Ende 2008 der USN übergeben. Eine Nachbeschaffung wird derzeit in Erwägung gezogen. Australien erhält ab 2010 24 F/A-18F Block II Super Hornets.
Bemerkungen: Die F/A-18E/F Super Hornet ist eine leistungsfähigere Weiterentwicklung der F/A-18C/D Hornet. Die Hauptflügel sind größer, der Rumpf wurde um eine zusätzliche Sektion von 86 cm verlängert. Rund ein Drittel der Zelle besteht aus Verbundwerkstoffen, vorwiegend Karbonfaser. Die Triebwerkeinläufe sind rechteckig gestaltet. Gegenüber dem Ausgangsmuster ist die Super Hornet um rund 25 % größer. Im Übrigen sind alle Konturen möglichst reflektionsarm ausgelegt, um die Radarsignatur klein zu gestalten. Dank um rund 35 % stärkeren Triebwerken und einer um einen Drittel erhöhten Treibstoffkapazität resultieren in allen Bereichen wesentlich bessere Flugleistungen und insbesondere eine deutlich erhöhte Reichweite. Alle ab 2005 gebauten Super Hornets erhalten in einer neu konfigurierten Rumpfnase das wesentlich leistungsfähigere Radar vom Typ APG-79 AESA.
Hersteller: The Boeing Company, Defence & Space Group, Seattle, Washington, Werk St. Louis, Missouri, USA.

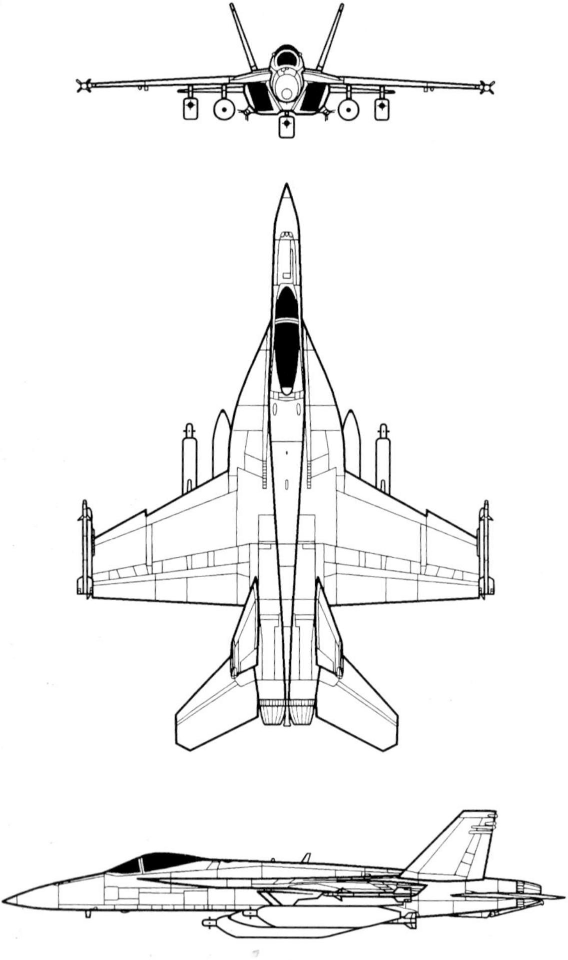

Abmessungen:
Spannweite 13,70 m
Länge 18,40 m
Höhe 4,88 m
Flügelfläche 46,45 m²

BOEING (MDD) EA-18G Growler

Ursprungsland: USA.
Kategorie: Zweisitziges bord- und landgestütztes Elektronikkampfflugzeug.
Triebwerke: Zwei Mantelstromtriebwerke General Electric F414-GE-400 von je 6470 kp (63,4 kN) Standschub ohne und 9978 kp (97,86 kN) mit Nachverbrennung.
Leistungen: Höchstgeschwindigkeit auf optimaler Höhe Mach 1,8 +; Dienstgipfelhöhe 15240 m; Radius als Abfangjäger mit je zwei Luft-Luft-Lenkwaffen Sidewinder und AMRAAM 760 km, bei Tiefangriffseinsätzen mit vier 450-kg-Bomben, zwei Sidewinders und zwei 1818-l-Außentanks (hoch-tief-tief-hoch) 722 km.
Gewichte: Leergewicht 15010 kg; max. Startgewicht 29964 kg.
Bewaffnung: Eine 20-mm-Revolverkanone M61A2 und an insgesamt neun Aufhängepunkten unter den Flügeln und unter dem Rumpf bis zu fünf ALQ-99/-218/-227-Störbehälter, Zusatztanks oder AGM-88-HARM-Radarabwehr-Lenkwaffen.
Entwicklungsstand: Der erste von zwei Prototypen der EA-18G nahm die Flugerprobung am 16. August 2006 auf, gefolgt vom ersten Serienflugzeug im September 2007. Die USN beschafft rund 90 Einheiten. Insgesamt werden ab 2009 10 Staffeln gebildet.
Bemerkungen: Die EA-18G basiert auf der zweisitzigen Variante der F/A-18F (siehe Seiten 84/85). Ihre Hauptaufgabe ist die Bekämpfung von Radar-/Flabanlagen und anderen Verteidungseinrichtungen in einem modernen Kampfumfeld mit elektronischen Störmitteln (sog. SEAD-Kapazität, **S**uppression of **E**nemy **A**ir **D**efence). Die ersten Maschinen des Blocks I werden mit folgenden Behältern ausgerüstet: Empfänger-System ALQ-218(V2), ALQ-227 zur Bekämpfung der Kommunikations-Einrichtungen sowie Störsystem im Nieder- und Hochfrequenzbereich ALQ-99. Im Übrigen behält die EA-18G die gleiche Einsatz- und Waffenkapazität wie die E/A-18F bei. Spätere Beschaffungsblocks erhalten weiter entwickelte Systeme, so u.a. eines zur Egalisierung gegnerischer Gegenmaßnahmen, so dass die Freund-Feind-Erkennung und die Kommunikation in der Angriffsphase jederzeit aufrechterhalten bleiben kann.
Hersteller: The Boeing Company, Defence & Space Group, Seattle, Washington, Werk St. Louis, Missouri, USA.

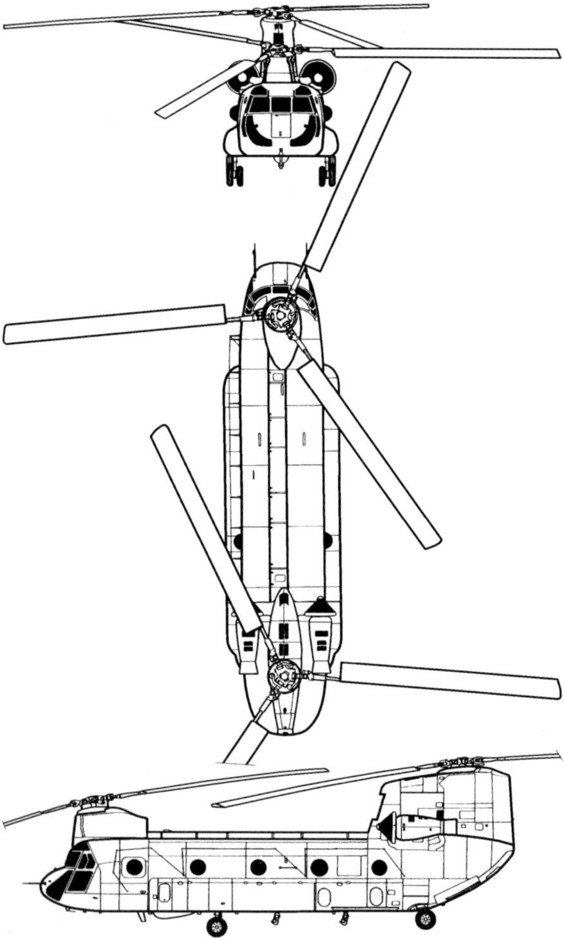

Abmessungen:
Durchmesser jedes der beiden Rotoren 18,29 m
Rumpflänge 15,84 m
Rumpfhöhe ohne Rotor 5,20 m

BOEING CH-47SD/F CHINOOK

Ursprungsland: USA.
Kategorie: Schwerer Transporthubschrauber.
Triebwerke: Zwei Gasturbinen AlliedSignal T55-714A von je 4733 WPS (3529 kW) Leistung.
Leistungen: Höchstgeschwindigkeit 298 km/h auf Meereshöhe; Durchschnittsgeschwindigkeit 245 km/h; max. Schrägsteiggeschwindigkeit 9,38 m/Sek; Schwebehöhe mit Bodeneffekt 1837 m, ohne Bodeneffekt 1675 m; max. Flughöhe 6030 m; max. Einsatzradius 600 km; Überführungsreichweite 1902 km.
Gewichte: Leer 11550 kg; norm. Startgewicht 22688 kg.
Zuladung: Zwei Piloten und 45 Personen; als Ambulanzhubschrauber 24 Patienten plus zwei Sanitäter. Max. 11340 kg Außenlasten.
Entwicklungsstand: Der Erstflug der neuesten Ausführung CH-47SD fand am 25. August 1999 statt. Die erste CH-47F Chinook wurde im Mai 2004 der US Army übergeben, gefolgt vom ersten Serienhubschrauber im Juli 2006. 452 CH-47F werden beschafft. 271 (+ Optionen) davon wurden bereits in Auftrag gegeben. Bei rund der Hälfte handelt es sich um neue Hubschrauber, die restlichen sind Umbauten aus der Version CH-47D. Weitere Besteller dieser Ausführung: Italien 4 (+ 16 Optionen), Kanada 16, Niederlande sechs. 61 Einheiten einer der CH-47F angeglichenen Version MH-47G bezieht die US Special Operations der US Army durch Umbauten von bisherigen CH-47D/MH-47D/E.
Bemerkungen: Die CH-47SD (= »**S**uper« **D**) ist eine wesentlich weiterentwickelte Ausführung. Das Äquivalent der US Army heißt CH-47F und flog erstmals am 25. Juni 2001. Die wichtigsten Neuerungen sind: Stark verbesserte Avioniksysteme mit einem MIL-STD-1553-Databus und ein voll integriertes Glascockpit, welches für NVG-Einsätze geeignet ist. Die Triebwerke erzeugen eine um rund 22 % höhere Leistung. Zudem werden größere Treibstofftanks eingebaut. Zur Erhöhung der Lebensdauer und zur Senkung des Vibrationspegels ist die Zelle verstärkt und versteift. Schließlich gelangen neue Elastomerlager an den Rotorköpfen zur Anwendung. Damit steigt die Zuverlässigkeit und sinkt der Wartungsaufwand. Boeing prüft bereits eine neue Variante mit neuem, breiterem Rumpf, stärkeren Triebwerken und nochmals erhöhter Nutzlast.
Hersteller: The Boeing Company, Helicopters Division, Philadelphia, Pennsylvania, USA.

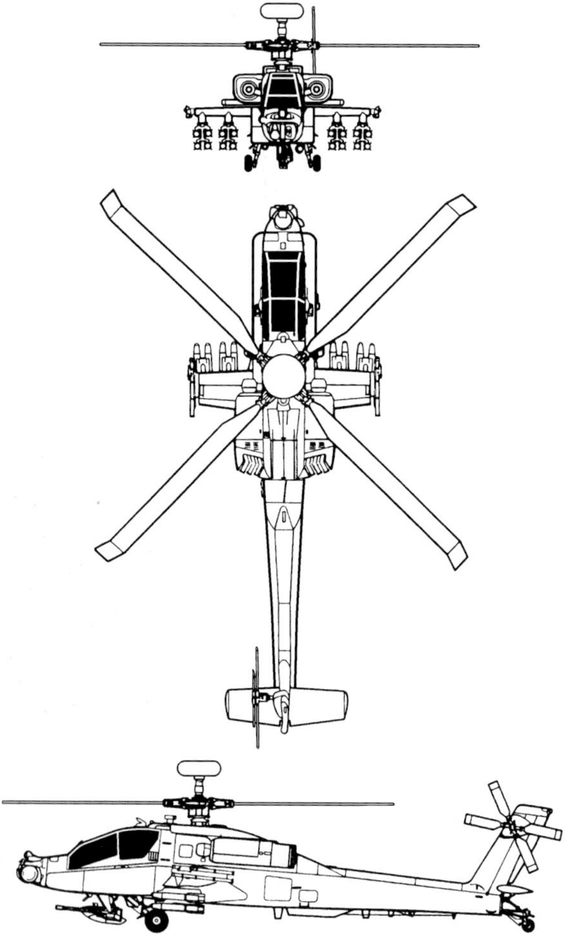

Abmessungen:
Rotordurchmesser 14,63 m
Rumpflänge 14,70 m
Höhe inkl. Mastvisier 4,90 m

BOEING (MDD) AH-64D LONGBOW APACHE

Ursprungsland: USA.
Kategorie: Zweisitziger Kampf- und Aufklärungshubschrauber.
Triebwerke: Zwei Gasturbinen General Electric T700-GE-701C von je 1890 WPS (1409 kW) Leistung.
Leistungen (bei 6552 kg): Höchstgeschwindigkeit 296 km/h; typische Einsatzgeschwindigkeit bei 7158 kg 272 km/h; max. Schrägsteiggeschwindigkeit 12,7 m/Sek; Schwebehöhe mit Bodeneffekt 5246 m, ohne Bodeneffekt 4124 m; Aktionsradius mit max. interner Treibstoffzuladung 407 km, Überführungsreichweite 1701 km.
Gewichte: Leergewicht 5352 kg; max. Startgewicht 9525 kg.
Bewaffnung: Eine einläufige 30-mm-Kanone unter dem Vorderrumpf sowie bis zu 16 lasergelenkte Hellfire-Panzerabwehrraketen oder 76 ungelenkte 70-mm-Raketen. Als Defensivbewaffnung können Luft-Luft-Lenkwaffen wie Stinger, Sidewinder oder Mistral mitgeführt werden.
Entwicklungsstand: Der erste AH-64D Longbow Apache startete am 15. April 1992 zum Erstflug. Aktuellen Plänen zufolgte bringt die US Army nun 717 AH-64A auf diesen Standard und kauft 128 neue AH-64D. Die ersten Einheiten sind seit Mitte 1998 im Einsatz. Von allen AH-64-Varianten sind derzeit ca. 1100 von 14 Luftwaffen beschafft worden. Neueste Besteller: Saudi Arabien 12, Taiwan 30. Die Ausführung AH-64D Block III flog erstmals am 9. Juli 2008. 634 Hubschrauber sollen für die US Army entsprechend umgebaut werden.
Bemerkungen: Die AH 64D verfügt über ein Mastvisier (Longbow millimetre-wave = Millimeterwellenradar) zur Rundumgefechtsfeldbeobachtung. Sie ist in der Lage, mehr als ein Dutzend Ziele gleichzeitig zu entdecken. Zur Verarbeitung der anfallenden Daten ist ein stärkerer MIL-Std-1553B-Databus eingebaut. Die AH-64D ist zudem mit leistungsfähigeren Triebwerken ausgerüstet und kann die neuesten radiogesteuerten Hellfire-Lenkwaffen mitführen. Ab 2003 werden neue Umbauten mit faltbaren Rotoren ausgerüstet. Eine weitere Umrüstung erfolgt seit 2006 mit einem neuen Infrarot-Navigations- und Zielsystem Arrowhead. Ab 2011 erhalten die AH-64D weitere Verbesserungen in Etappen zum sog. Block III-Niveau. Diese sollen nebst verbesserten Flugleistungen dank längeren Rotorblättern und verstärktem Getriebe vor allem die Überlebensfähigkeit erhöhen.
Hersteller: The Boeing Company, Helicopters Division, Philadelphia, Pennsylvania, Werk Mesa, Arizona, USA.

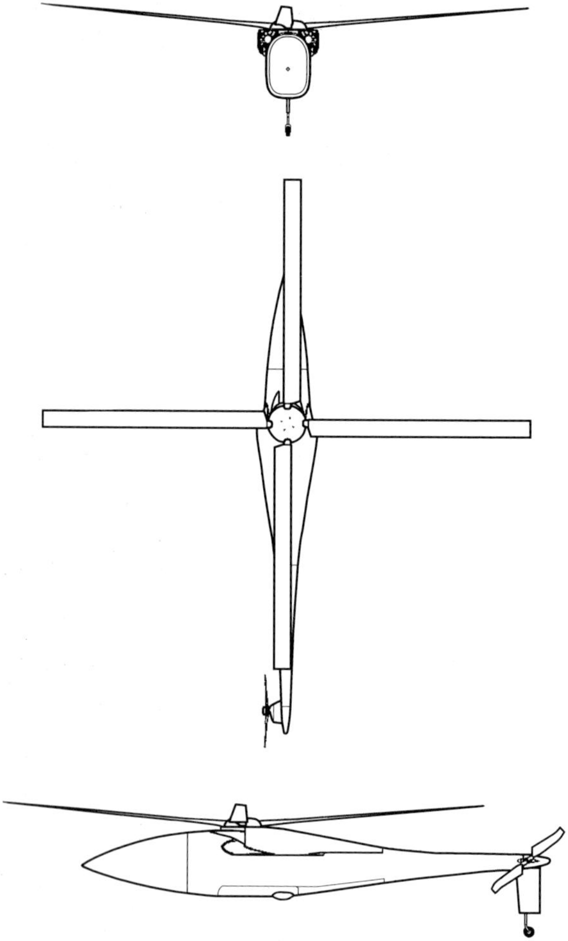

Abmessungen:
Rotordurchmesser 11,00 m
Rumpflänge inkl. drehendem Rotor 13,04 m
Höhe 2,95 m

BOEING A160T HUMMINGBIRD

Ursprungsland: USA.
Kategorie: Erprobungsträger für einen unbemannten Langstrecken-Überwachungs- und Auflärungshubschrauber.
Triebwerke: Eine Gasturbinen Pratt & Whitney Canada PW207D von 550 WPS (410 kW) Leistung.
Leistungen (nach Angaben des Hersellers): Höchstgeschwindigkeit 263+ km/h; Dienstgipfelhöhe 9144 m; Schwebehöhe ohne Bodeneffekt 6096 m; Reichweite mit max. Treibstoffzuladung von 1040 kg rund 4050 km; Flugdauer mehr als 20 Std.
Gewichte: Leergewicht 1050 kg; max. Startgewicht 2950 kg.
Zuladung: Nutzlast intern 800 kg.
Bewaffnung: Eine Serienausführung soll eine Waffenlast von beispielsweise sechs Hellfire-Lenkwaffen an Trägern seitlich am Rumpf mitführen können.
Entwicklungsstand: Der noch mit einem Kolbenmotor ausgerüstete Erprobungsträger A160T Hummingbird flog erstmals im Januar 2002. Drei weitere teilweise stark modifizierte Modelle haben zwischen 2005 und 2007 die Flugerprobung aufgenommen. Weitere fünf folgten anschließend. Eine Serienausführung soll 2009 erstmals fliegen. Zwölf davon wurden vorläufig bestellt.
Bemerkungen: Nach einer langen, teilweise mit Rückschlägen verbundenen Entwicklungszeit ist mit der A160T eine recht revolutionäre Konstruktion eines unbemannten Hubschraubers entstanden. Aus diesem Erprobungsträger soll eine Serienvariante entwickelt werden. Das Bemerkenswerte an der Hummingbrid sind die Reichweiten- und Höhenleistungen. Während eines Erprobungsfluges erzielte der Erprobungsträger mit einer ununterbrochenen Flugzeit von 18 Std. und 42 Min. einen Weltrekord. Zur Erreichung einer für Hubschrauber hohen Fluggeschwindigkeit wurde der Rumpf sehr aerodynamisch ausgelegt. Er weist zudem »Stealth«-Eigenschaften auf. Das Fahrwerk ist einziehbar. Der aus Verbundwerkstoffen hergestellte Vierblatt-Rotor ist starr ausgelegt und verfügt über einen gelenklosen Rotorkopf. Die Hummingbird soll nur rund die Hälfte des Lärms eines anderen Hubschraubers in dieser Klasse verursachen. Alle diese Maßnahmen tragen dazu bei, ihn möglichst schwer erkennbar zu machen. Je nach Nutzlast soll die A160T für vielfältige, teilweise noch zu definierende Aufgaben eingesetzt werden.
Hersteller: The Boeing Company/Frontier Aircraft Systems, Integrated Defense Systems, Irwine, Kalifornien, USA.

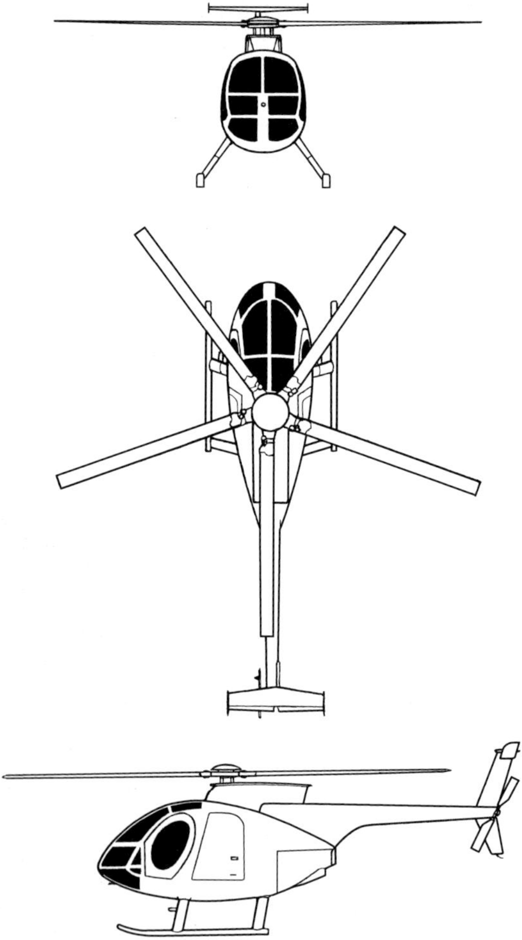

Abmessungen (MD 530F):
Rotordurchmesser 8,34 m
Rumpflänge ohne Rotor 7,04 m
Höhe über Rotorkopf 2,62 m

BOEING AH-6M/ULB

Ursprungsland: USA.
Kategorie: Bewaffneter bemannter (AH-6M) oder unbemannter Aufklärungshubschrauber (ULB).
Triebwerke (MD 530F): Eine Gasturbine Allison 250-C30 von 650 WPS (485 kW) Leistung.
Leistungen (MD530F): Höchstgeschwindigkeit 282 km/h; normale Reisegeschwindigkeit 249 km/h auf 1500 m; max. Schrägsteiggeschwindigkeit 10,5 m/Sek; Dienstgipfelhöhe 6096 m; Schwebehöhe mit Bodeneffekt 4877 m, ohne 4389 m, Reichweite mit max. interner Treibstoffzuladung rund 430 km.
Gewichte (MD 530F): Leergewicht 722 kg; max. Startgewicht 1701 kg.
Zuladung: Ein Pilot und fünf Personen; Nutzlast extern 908 kg.
Bewaffnung: Ein Maschinengewehr Minigun, ungelenkte oder gelenkte Hellfire-Lenkwaffen an zwei Auslegern seitlich am Rumpf.
Entwicklungsstand: Ein Erprobungsträger der AH-6M fliegt seit Anfang 2007. Der Beschaffungsentscheid der US Army steht noch aus. Sofern dieses Muster die Rolle der ARH-70 einnimmt, ist mit einer Bestellung von über 500 Hubschraubern zu rechnen. Die erste unbemannte ULB fliegt seit 30. Juni 2006.
Bemerkungen: Die AH/MH-6 basiert auf einer relativ alten und bewährten Konstruktion Hughes 500/AH-6A/MD500, welche am 7. März 1963 erstmals flog. Seitdem wurde dieses Muster konsequent weiter entwickelt, wobei durch Fusionen der Hersteller immer wieder wechselte. Nach Hughes war es MDD, dann MD Helicopters und nun Boeing. Nachdem die Produktion des Bell ARH-70A (siehe Ausgabe 2008) aus technisch-finanziellen Schwierigkeiten gestoppt wurde, prüft die US Army die Beschaffung der AH-6M als Ersatz. Zur Erfüllung des militärischen Auftrags ist sie mit einer Vielzahl von Zusatzsystemen ausgerüstet, u.a. FLIR, Laser-Zielsucher und eine umfassende Navigations- und Kommunikationseinrichtung. Eine weitere Ausführung der AH/MH-6X ist der umbenannte Erprobungsträger ULB, welcher sowohl mit wie auch ohne Pilot geflogen werden kann.
Hersteller: The Boeing Company, Helicopters Division, Philadelphia, Pennsylvania, Werk Mesa, Arizona, USA.

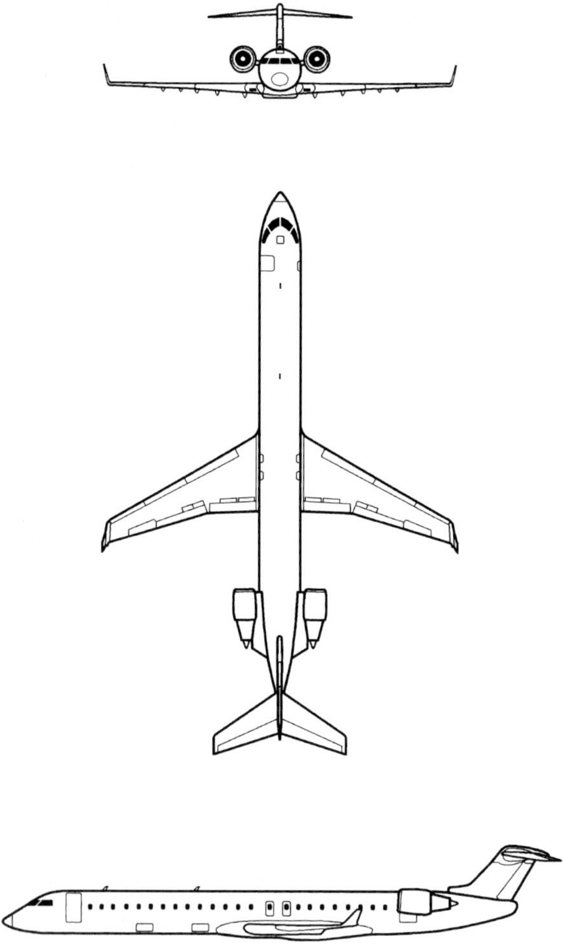

Abmessungen:
Spannweite 24,85 m
Länge 36,40 m
Höhe 7,51 m
Flügelfläche 70,61 m²

BOMBARDIER REGIONAL JET CRJ900 NEXTGEN

Ursprungsland: Kanada.
Kategorie: Regionalverkehrsflugzeug.
Triebwerke: Zwei Mantelstromtriebwerke General Electric CF34-8C5 von je 5945 kp (58,40 kN) Standschub.
Leistungen: Max. Reisegeschwindigkeit 881 km/h (Mach 0,83); normale Reisegeschwindigkeit 850 km/h (Mach 0,80); Dienstgipfelhöhe 12496 m; Reichweite mit 86 Passagieren 2950 km, (LR) 3385 km.
Gewichte: Rüstgewicht 21432 kg; max. Startgewicht (900) 36514 kg, (ER) 37421 kg (LR) 38329 kg.
Zuladung: Zwei Piloten und bis zu 86 Passagiere in Viererreihen; max. Nutzlast (ER) 10319 kg, (LR) 10591 kg.
Entwicklungsstand: Das erste Erprobungsmuster (Umbau des CRJ700-Prototyps) flog erstmals am 21. Februar 2001. Ein zweiter, völlig neu erstellter Prototyp folgte Mitte 2002. Die ersten Serienmuster gelangten ab Februar 2003 in Einsatz. Bisher sind Festbestellungen für 233 Einheiten (+ Optionen) eingegangen, 135 wurden abgeliefert. Die Produktion erfolgt zusammen mit der CRJ700 (bisher 337 bestellt) auf der gleichen Montagestraße.
Bemerkungen: Obwohl Bombardier die Weiterentwicklung CRJ900 möglichst nahe an das Ausgangsmuster CRJ700 (siehe Ausgabe 2008) anlehnte, sind doch einige wesentliche Unterschiede vorhanden. Durch Einsatz von je einem Abschnitt vor und hinter dem Flügel erfuhr der Rumpf eine Verlängerung um insgesamt 3,86 m. Der Flügel mit gleicher Spannweite wird strukturell verstärkt. Ebenso ist das Fahrwerk robuster ausgelegt, um die höheren Gewichte aufzufangen. Schließlich hat man vorne eine weitere Gepäcktüre und über den Flügeln einen zweiten Notausgang eingefügt. Das Cockpit ist mit einer Avionik Collins Pro Line4 mit sechs EFIS-Bildschirmen ausgestattet. Wie bei den Ausgangsmustern sind drei Versionen erhältlich, zwei Standard- (900 und 900 ER) und die Langstreckenausführung CRJ900 LR. Ab 2008 wird nur noch die verbesserte Version NextGen angeboten. Der Hauptaugenmerk liegt beim Passagierkomfort. Fenster und Gepäckfächer sind deutlich größer, die Beleuchtung überarbeitet. Einzelne Teile der Flügel sind nun aus Verbundwerkstoff. Schließlich ist dank längerer Unterhaltsintervalle die Wirtschaftlichkeit besser.
Hersteller: Bombardier Aerospace, Montreal, Quebec, Werk Montreal-Mirabel, Quebec, Kanada.

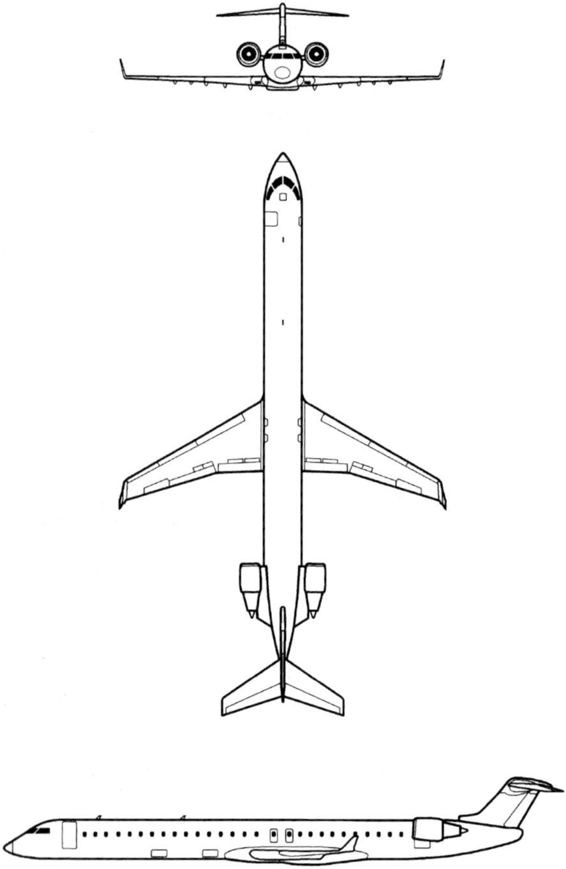

Abmessungen:
Spannweite 26,18 m
Länge 39,13 m
Höhe 7,13 m
Flügelfläche 75,81 m^2

BOMBARDIER REGIONAL JET CRJ1000 NEXTGEN

Ursprungsland: Kanada.
Kategorie: Regionalverkehrsflugzeug.
Triebwerke: Zwei Mantelstromtriebwerke General Electric CF34-8C5A oder A1 von je 6168 bis 6577 kp (60,48 bis 64,49 kN) Standschub.
Leistungen (nach Angaben des Herstellers): Max. Reisegeschwindigkeit 870 km/h (Mach 0,82); normale Reisegeschwindigkeit 827 km/h (Mach 0,78); Dienstgipfelhöhe 12600 m; Reichweite mit 100 Passagieren (1000) 2760 km, (ER) 3130 km.
Gewichte: Rüstgewicht 23179 kg; max. Startgewicht (EuroLite, EL) 38995 kg, (ER) 41640 kg.
Zuladung: Zwei Piloten und normalerweise 98 oder bis zu 104 Passagiere in Viererreihen; max. Nutzlast 11975 kg.
Entwicklungsstand: Der Erstflug der CRJ1000 fand am 3. September 2008 statt. Im ersten Quartal 2010 will man mit den Auslieferungen beginnen. Bisher sind von drei Gesellschaften 44 CRJ1000 bestellt.
Bemerkungen: Anfang 2007 hat Bombardier eine weitere Entwicklung der CRJ-Serie angekündigt. Nachdem die Nachfrage nach immer größeren Regionaljets wächst und die geplante C-Serie mindestens später als geplant gebaut wird, will man mit dieser vermutlich letzten Verlängerung CRJ1000 im Markt der 100-Plätzigen mitzuhalten versuchen. Gegenüber der CRJ900 ist der Rumpf um 1,58 m vor und 1,37 m hinter dem Flügel verlängert. Diverse strukturelle Verstärkungen waren zudem nötig. Dies betrifft vor allem das Mittelrumpfsegment und Teile des Flügels. Seine Spannweite wurde durch Zusätze an den Flügelspitzen um je 66 cm vergrößert. Das Fahrwerk und die Bremsen sind verstärkt. Schließlich mussten auch die Klappenstellungen an die neuen aerodynamischen Erfordernisse angepasst werden. Neben der Standard- und der Extend-Range-Ausführung gibt es auch eine leichtere EuroLite-Variante mit geringerem Startgewicht. Damit lassen sich Flughafengebühren senken.
Hersteller: Bombardier Aerospace, Montreal, Quebec, Werk Montreal-Mirabel, Quebec, Kanada.

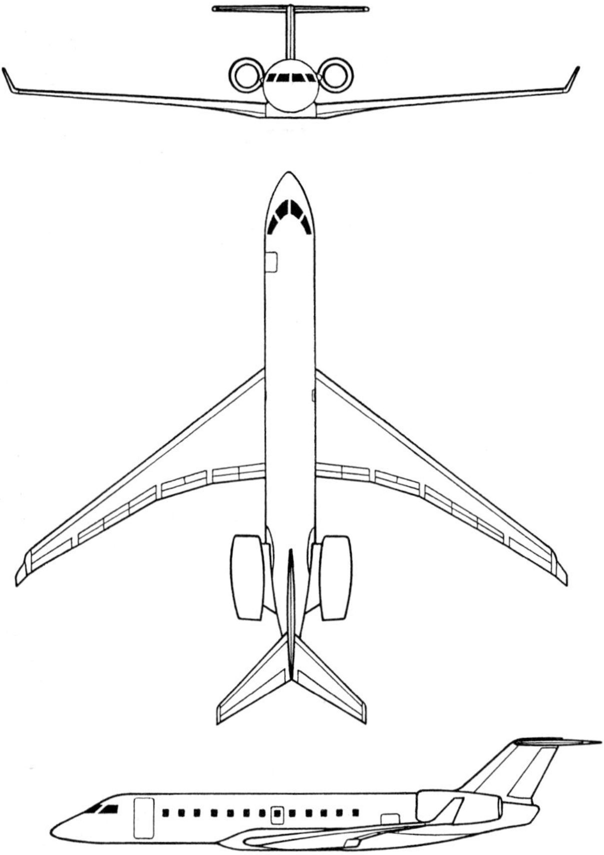

Abmessungen:
Spannweite inkl. Winglets 28,65 m
Länge (XRS) 30,30 m, (Global 5000) 29,50 m
Höhe 7,70 m
Flügelfläche 94,94 m^2

BOMBARDIER GLOBAL EXPRESS XRS/GLOBAL 5000

Ursprungsland: Kanada.
Kategorie: Firmenflugzeug.
Triebwerke: Zwei Mantelstromtriebwerke BMW/Rolls-Royce BR710-48A2-20 von je 6690 kp (65,6 kN) Standschub.
Leistungen: Max. Reisegeschwindigkeit 950 km/h (Mach 0,89); Langstrecken-Reisegeschwindigkeit 907 km/h (Mach 0,85); max. Anfangssteiggeschwindigkeit 18,3 m/Sek; Dienstgipfelhöhe 15545 m; Reichweite bei Mach 0,85 (XRS) 11390 km, (Global 5000) 9620 km.
Gewichte: Rüstgewicht (XRS) 23224 kg, (Global 5000) 23056 kg; max. Startgewicht (XRS) 44452 kg, (Global 5000) 42000 kg.
Zuladung: Zwei Piloten und je nach Innenausstattung (XRS) 8 bis 19 Passagiere, (Global 5000) bis 17 Passagiere; Innenmaße der Kabine: 14,74 m lang, (Global 5000 12,94 m), 2,49 m breit und 1,91 m hoch; max. Nutzlast 3266 kg.
Entwicklungsstand: Der erste Prototyp der Global Express begann mit der Flugerprobung am 13. Oktober 1996. Die Auslieferungen starteten Ende 1998. Die Global Express XRS fliegt seit 16. Januar 2005, die Global 5000 seit 7. März 2003. Bisher sind von der Global Express inkl. XRS rund 240, von der Global 5000 rund 65 Einheiten abgeliefert worden. Vier Global 5000 beschafft die Flugbereitschaft des deutschen Verteidigungsministeriums.
Bemerkungen: Große Kabine und hohe Zuladung, sowie bisher unübertroffene Reichweitenleistungen bei hoher Reisegeschwindigkeit sind die besonderen Merkmale der Global Express-Familie. Ein völlig neu konstruierter superkritischer Flügel mit einer Pfeilung von 350° und einem sog. Walfischprofil, zusammen mit weiteren Verfeinerungen am Rumpf, verhelfen zu besonders guter Aerodynamik. Im Cockpit ist ein voll integriertes Multifunktionssystem Honeywell Primus 2000XP eingebaut. Ab 2006 ersetzte eine unter der Bezeichnung XRS verbesserte Ausführung die Ursprungsversion auf der Montagestraße. Dank zusätzlichem Treibstofftank im Vorderrumpf erzielt die XRS besonders bei hohen Reisegeschwindigkeiten größere Reichweiten und benötigt kürzere Startstrecken. Zudem ist das Kabinen-Management-System neu. Die Global 5000 unterscheidet sich von der Global Express nur durch einen um 81 cm gekürzten Rumpf und wegen reduzierter Tankkapazität geringere Reichweitenleistungen. Alle ab 2008 gebauten Global 5000 weisen bei einem höheren Abfluggewicht eine leicht verbesserte Reichweite auf.
Hersteller: Bombardier Aerospace, Montreal, Quebec, Werk Montreal-Mirabel, Quebec, Kanada.

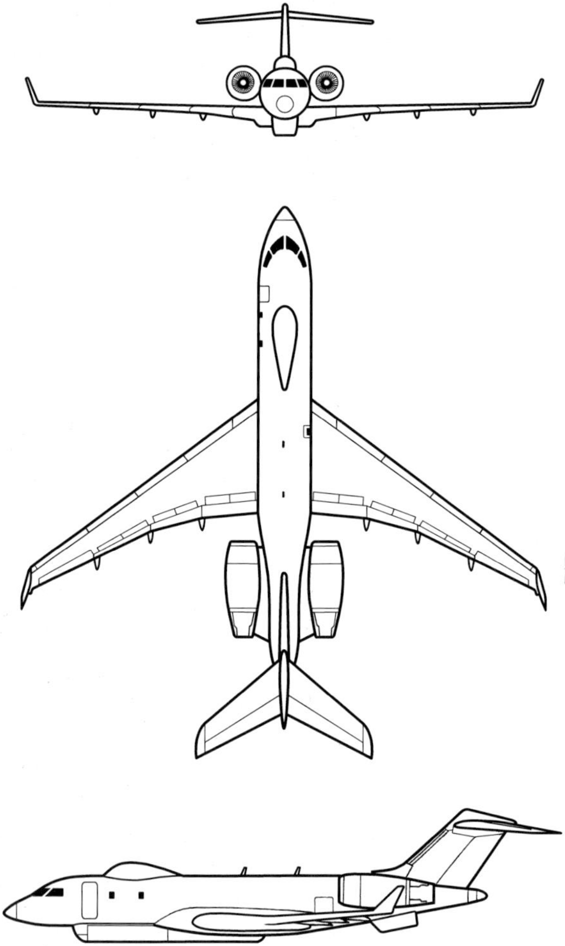

Abmessungen:
Spannweite inkl. Winglets 28,51 m
Länge 30,31 m
Höhe 7,57 m
Flügelfläche 94,94 m²

BOMBARDIER ASTOR/SENTINEL R.1

Ursprungsland: Kanada.
Kategorie: Fliegende Radarstation.
Triebwerke: Zwei Mantelstromtriebwerke BMW/Rolls-Royce BR710-48A2-20 von je 6690 kp (65,6 kN) Standschub.
Leistungen: Max. Reisegeschwindigkeit 935 km/h (Mach 0,88); Langstrecken-Reisegeschwindigkeit 880 km/h; max. Anfangssteiggeschwindigkeit 18,3 m/Sek; Dienstgipfelhöhe 15545 m; Reichweite 11700 km; norm. Einsatzdauer 9 Std.
Gewichte: Leergewicht 24500 kg; max. Startgewicht 42524 kg.
Zuladung: Zwei Piloten und drei bis sechs Systemoperateure.
Entwicklungsstand: Der erste Erprobungsträger ASTOR nahm am 3. August 2001 die Flugerprobung auf, das erste fertig ausgerüstete Modell folgte im Mai 2004. Mit der Auslieferung an den bisher einzigen Besteller, die RAF (fünf Einheiten), wurde Ende 2005 begonnen, die Einsatzfähigkeit jedoch erst im November 2008 erlangt.
Bemerkungen: Basierend auf der Global Express (siehe Seiten 100/101) entwickelt Bombardier die Militärausführung ASTOR (**A**irborne **S**tand-**O**ff **R**adar), ausgerüstet mit einem Überwachungs- und Aufklärungssystem ASARS 2 von Raytheon Systems. Dieses ermöglicht das Monitoring von festen und beweglichen Objekten am Boden aus der Luft im Echtzeitverfahren. Auf einer Einsatzhöhe von 15000 m kann ein Gebiet im Durchmesser von 300 km überwacht werden. Sichtbare Teile dieses Systems sind ein 4,6 m langes SAR-Radar (**S**ynthetic **A**perture **R**adar/Moving Traget Indicator) unten am Rumpf sowie eine Satellitenfunkantenne über dem Rumpf. Bombardier bietet auch eine Version mit Bodenbeobachtungs-Radar GSARS (**G**round **S**urveillance **A**irborne **R**adar **S**ystem) an. Für die amerikanischen Streitkräfte wurde 2008 eine Global Express für sog. BACN-Aufgaben (**B**attlefield **A**irborne **C**ommunication **N**ode) umgebaut.
Hersteller: Bombardier Aerospace, Station Centreville, Montreal, Quebec, Kanada bzw. (System) Raytheon Corp., Greenville, Texas, USA.

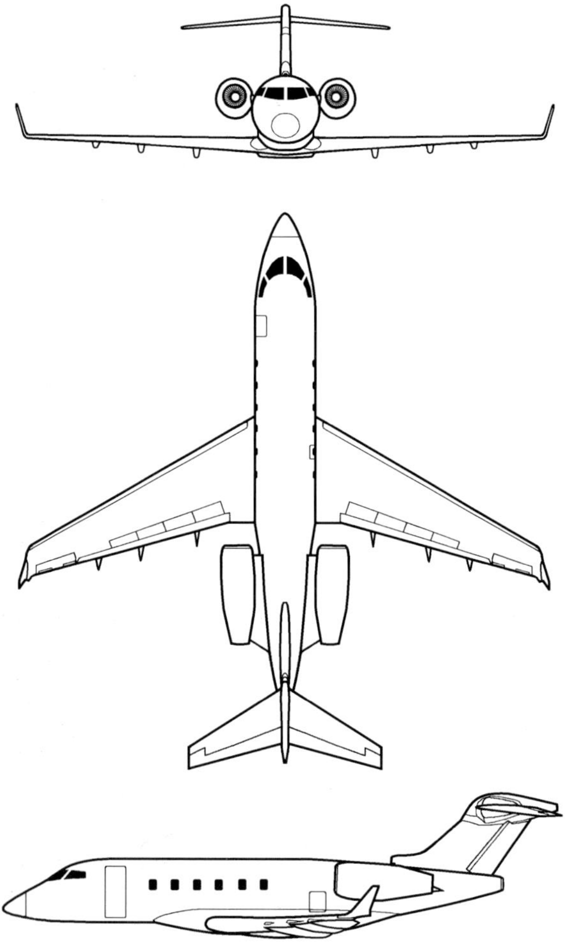

Abmessungen:
Spannweite inkl. Winglets 19,46 m
Länge 20,92 m
Höhe 6,20 m
Flügelfläche 48,50 m²

BOMBARDIER CHALLENGER 300

Ursprungsland: Kanada.
Kategorie: Firmenflugzeug.
Triebwerke: Zwei Mantelstromtriebwerke Honeywell HTF7000 von je 3100 kp (30,40 kN) Standschub.
Leistungen: Max. Reisegeschwindigkeit 870 km/h (Mach 0,82); normale Reisegeschwindigkeit 850 km/h (Mach 0,80); Dienstgipfelhöhe 13716 m; Reichweite mit acht Passagieren und IFR-Reserven 5740 km.
Gewichte: Rüstgewicht 10659 kg; max. Startgewicht 17622 kg.
Zuladung: Zwei Piloten und je nach Innenausstattung 8 bis 16 Passagiere; max. Nutzlast 1588 kg, mit vollen Treibstofftanks 612 kg.
Entwicklungsstand: Der erste noch als BD-100 Continental bezeichnete Prototyp nahm die Flugerprobung am 14. August 2001 auf, gefolgt vom zweiten von insgesamt fünf am 8. Oktober 2001. Die Zulassung erfolgte rund ein Jahr später als vorgesehen Mitte 2003. Bei einer Auftragslage von rund 250 Einheiten (+ Optionen), darunter 25 für die Bombardier-eigene FlexJet, sind die ersten Auslieferungen im letzten Quartal 2003 angelaufen. Im Juli 2008 wurde die 200. Maschine ausgeliefert. Bombardier baut gegenwärtig jährlich rund 50 Challenger 300.
Bemerkungen: Bombardier's jüngstes Mittelstrecken-Firmenflugzeug ist gedacht, die Lücke zwischen der Learjet 60 (siehe Seiten 108/109) und der Challenger 604 (siehe Ausgabe 1997) zu schließen. Technisch ist die Challenger 300 auf dem neuesten Stand. Sie weist für ihre Klasse einen sehr großen Rumpfquerschnitt auf (Innenmaße 8,72 m lang, 2,19 m breit, 1,85 m hoch), so dass durchgehend Stehhöhe ermöglicht wird. Normalerweise umfasst die Innenausstattung acht Einzelsitze, eine kleine Küche vorne und hinten eine Toilette sowie direkten Zugang zum Gepäckraum. Die Avionik Pro Line 21 stammt von Rockwell-Collins. Mit einem Preis von US$ 17,40 Mio. soll sie für ihre Klasse günstig sein und steht vor allem in Konkurrenz zur Raytheon 4000 (siehe Seiten 198/199).
Hersteller: Bombardier Aerospace, Montreal, Quebec, Werk Montreal-Dorval, Quebec, Kanada.

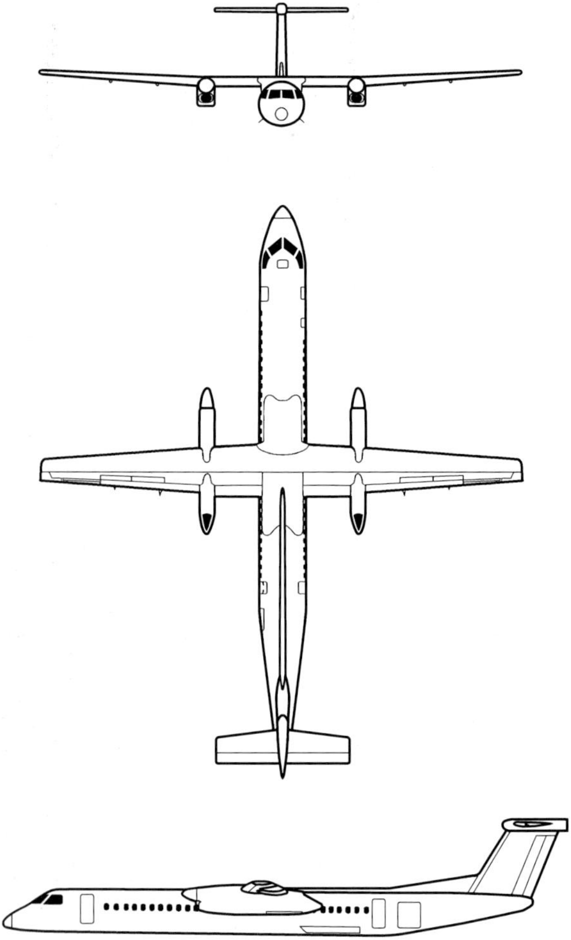

Abmessungen:
Spannweite 28,42 m
Länge 32,84 m
Höhe 8,36 m
Flügelfläche 63,08 m²

BOMBARDIER (DE HAVILLAND CANADA) DASH 8 Q400

Ursprungsland: Kanada.
Kategorie: Regionalverkehrs- und Mehrzweckflugzeug.
Triebwerke: Zwei Propellerturbinen Pratt & Whitney Canada PW150A von je 4580 WPS (3415 kW) Leistung.
Leistungen: Max. Reisegeschwindigkeit 667 km/h; ökonom. Reisegeschwindigkeit 565 km/h; Dienstgipfelhöhe 7620 m; Reichweite mit max. Nutzlast 1596 km, mit 70 Passagieren 2522 km.
Gewichte: Rüstgewicht 17108 kg; max. Startgewicht 29574 kg.
Zuladung: Zwei Piloten und Standard-Innenausstattung für 70 Passagiere in Viererreihen. Max. Nutzlast 8625 kg.
Entwicklungsstand: Die erste Dash 8-400 (neu als Dash 8 Q400 bezeichnet) startete am 31. Januar 1998 zum Erstflug, Ablieferung im Januar 2000. Ende 2007 waren rund 950 Dash 8 bestellt (+ Optionen) und etwa 830 an über 70 Kunden ausgeliefert. Von der -400 sind bis Ende 2008 331 Einheiten (+ Optionen) in Auftrag gegeben, 185 davon hergestellt worden.
Bemerkungen: Die Dash 8 Q400 ist eine nochmals vergrößerte Ausführung des Grundmusters Dash 8. Gegenüber der Dash 8-300 (siehe Ausgabe 1996) unterscheidet sie sich durch den 7,16 m längeren Rumpf, leistungsfähigere Triebwerke und ein verstärktes Flügelmittelstück. Dadurch vergrößert sich die Spannweite um rund 1 m. Neue, besonders lärmarme Sechsblattrotoren von Dowty sind rund 20 cm weiter vom Rumpf entfernt platziert worden. Zur weiteren Lärmreduktion ist ein sog. »active cabin-noise control system« (= aktives Lärmunterdrückungssystem) eingebaut, welches den in die Kabine eindringenden Lärm erheblich auf 77 dB abdämpft, weshalb der Name des Musters auf Q400 (**Q** = quiet/ruhig) abgeändert wurde. Einige ältere Maschinen werden zu Frachtern Q400PF umgebaut. Von der Dash 8-100/300 sind zudem mehrere u.a. in Australien (10), Kanada und Japan als Küstenüberwacher im Einsatz, versehen mit entsprechender Ausrüstung. Die Nachfrage nach der Q400 hat in letzter Zeit stark zugenommen. Bombardier prüft daher unter der Bezeichnung Dash 8 Q400X eine weitere Verlängerung des Musters für 90 Passagiere.
Hersteller: Bombardier (The de Havilland Aircraft of Canada Ltd.), Downsview, Ontario, Kanada.

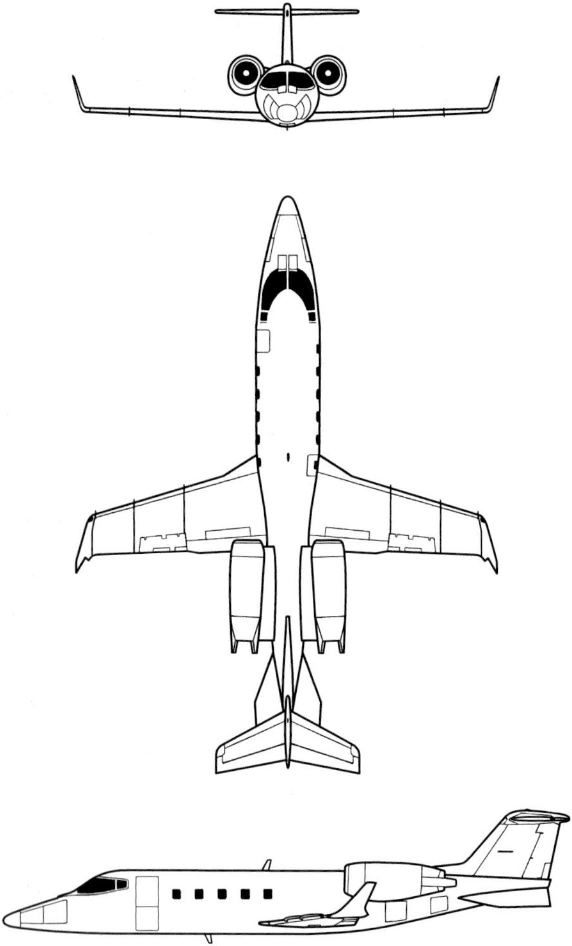

Abmessungen:
Spannweite 28,42 m
Länge 32,84 m
Höhe 8,36 m
Flügelfläche 63,08 m^2

BOMBARDIER LEARJET 60 XR/85

Ursprungsland: USA/Kanada.
Kategorie: Firmenflugzeug.
Triebwerke: Zwei Mantelstromtriebwerke Pratt & Whitney (Learjet 60 XR) PW305A von je 2086 kp (20,46 kN) bzw. (Learjet 85) PW307C von je 2677 kp (27,12 kN) Standschub.
Leistungen (Learjet 60XR): Max. Reisegeschwindigkeit 863 km/h (Mach 0,81); norm. Reisegeschwindigkeit 839 km/h (Mach 0,79); Zeit um 12500 m zu erreichen 18,5 Min; Dienstgipfelhöhe 15545 m; max. Reichweite mit vier Passagieren 4539 km.
Gewichte (Learjet 60 XR): Leergewicht 7711 kg; max. Startgewicht 10659 kg.
Zuladung (Learjet 60 XR): Zwei Piloten und in der Kabine normalerweise acht, maximal neun Passagiere; Nutzlast mit vollen Treibstofftanks 388 kg, max. 914 kg.
Entwicklungsstand: Das erste Muster startete am 3. April 2006 zum Erstflug. Bombardier lieferte die ersten Exemplare Mitte 2007 an Kunden aus. Der Bestellungsstand ist nicht bekannt. Die Learjet 60 XR (siehe Dreiseitenriss) wird parallel mit den Mustern Learjet 45 XR und 40 XR produziert. Der Erstflug der Learjet 85 (siehe Foto) ist für 2009 geplant.
Bemerkungen: Nachdem die bewährten und seit langem gebauten Modelle der Learjet 31 in die Versionen 45/XR und 40/XR weiterentwickel wurden (siehe Ausgabe 2008) ist nun die größte Ausführung dieser Reihe einer entsprechenden Verjüngung unterzogen worden. Die als Learjet 60 XR bezeichnete Variante weist folgende Neuerungen auf: Die Avionik ist völlig neu, das Cockpit weist die heute üblichen Flachbildschirme Pro Line 21 von Collins auf. Völlig überarbeitet hat man die Passagierkabine und nebst Gestaltung besonders auf verbesserte Funktionalität geachtet. Die Learjet 60 XR ist die einzige Maschine dieser Reihe, in der die Passagiere in der Kabine aufrecht stehen können. Der Kaufpreis für eine Standardausführung beläuft sich auf US$ 13,3 Mio. Im Mai 2008 stellte Bombardier die Learjet 85 vor. Obwohl äußerlich als klassischer Learjet zu erkennen, handelt es sich um eine vollständige Neukonstruktion. Sie ist der erste Businessjet, dessen Rumpf vollständig aus Faserverbundwerkstoffen besteht. Für acht Passagiere ausgelegt, soll sie eine komfortable Kabine erhalten.
Hersteller: Bombardier Aerospace, Werk Wichita, Kansas, USA, Montreal, Quebec, Kanada.

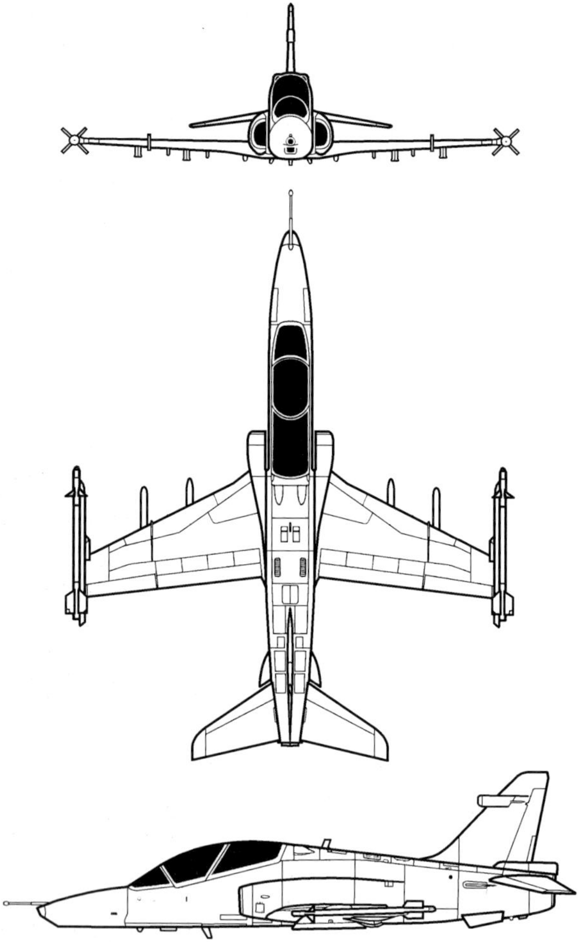

Abmessungen:
Spannweite inkl. Lenkwaffen 9,94 m
Länge 12,43 m
Höhe 3,98 m
Flügelfläche 16,69 m^2

BRITISH AEROSPACE HAWK Mk.128

Ursprungsland: Großbritannien.
Kategorie: Zweisitziger Fortgeschrittenentrainer und Erdkämpfer.
Triebwerke: Ein Mantelstromtriebwerk Rolls-Royce/Turboméca Adour 951 von 2950 kp (28,89 kN) Standschub.
Leistungen: Höchstgeschwindigkeit 1040 km/h oder Mach 0,85; max. Reisegeschwindigkeit 1019 km/h auf Meereshöhe; Dienstgipfelhöhe 13565 m; taktischer Einsatzradius je nach Bewaffnung zwischen 583 und 925 km; Überführungsreichweite mit zwei 860-l- und einem 590-l-Zusatztank 2584 km.
Gewichte: Rüstgewicht 4570 kg; max. Startgewicht 9100 kg.
Bewaffnung: Eine 25-mm-Aden- oder eine 27-mm-Mauser-Kanone und maximal 3000 kg externe Waffenlasten, verteilt auf sieben Stationen unter Flügeln und Rumpf.
Entwicklungsstand: Ein Erprobungsträger der neuesten Ausführung LIFT, welche die Basis der aktuellsten Variante Mk.128 darstellte, fliegt seit 1998. Insgesamt sind bisher (ohne T-45 der USN, siehe Ausgabe 2003) über 600 Maschinen aller Versionen für 19 Luftwaffen bestellt und zum größten Teil ausgeliefert worden. Neueste Besteller: Großbritannien 28 T.2/Mk. 128, Indien 66 Mk. 132 (z.T. Lizenzbau), ev. Nachbeschaffung von weiteren 57.
Bemerkungen: Die als LIFT (Lead-In-Fighter-Trainer) bezeichnete Ausführung der Hawk weist, besonders was die Avionik angeht, einige bedeutende Verbesserungen auf: MIL-Std-1553B-Databus, überarbeitetes Cockpit mit drei Flachbildschirmen und HUD, Nachtsichtgeräte, INS/GPS und weitere elektronische Hilfen. Die Zelle wurde für eine längere Lebensdauer verstärkt, das Bugfahrwerk kann aktiv gesteuert werden. Zudem ist ein APU (= **A**uxiliary **P**ower **U**nit = Starthilfstriebwerk) installiert. Seit Mitte August 2002 fliegt eine neue Ausführung Mk.120 mit voll digitalisiertem Cockpit und Adour 951-Triebwerken, von der schließlich die Mk. 128 für die RAF (Erstflug 27. Juli 2005) abgeleitet wurde. Diese verfügt über ein neues Avioniksystem mit offener Architektur. Eine weitere Entwicklung dieser Variante wird derzeit geprüft.
Hersteller: British Aerospace PLC, Military Aircraft Division, Warton, Preston, Lancashire, Großbritannien.

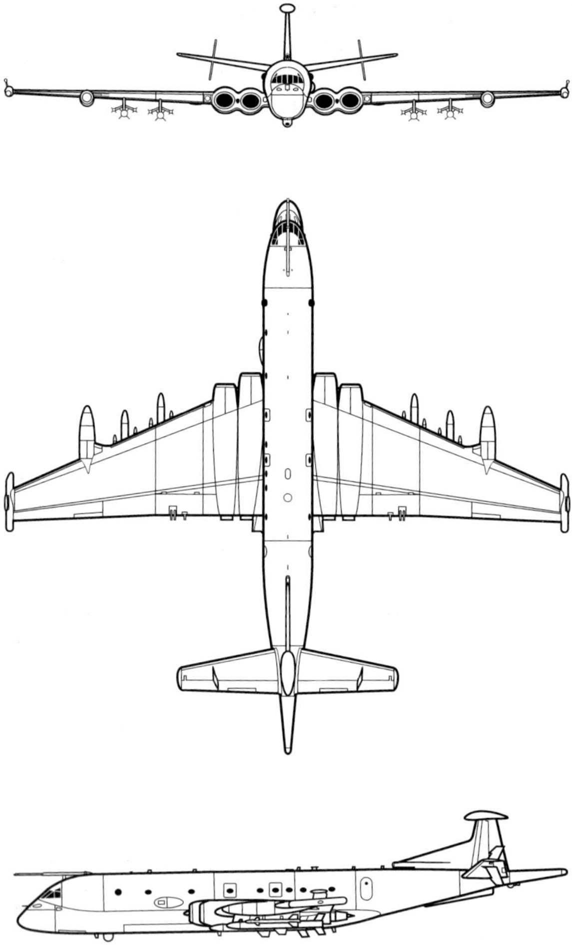

Abmessungen:
Spannweite inkl. Pods an den Flügelenden 38,71 m
Länge ohne Betankungssonde 38,63 m
Höhe 9,60 m
Flügelfläche 235,80 m²

BRITISH AEROSPACE NIMROD MRA.4 (NIMROD 2000)

Ursprungsland: Großbritannien.
Kategorie: Seeaufklärungs- und Angriffsflugzeug.
Triebwerke: Vier Mantelstromtriebwerke BMW Rolls-Royce BR710-48 von je 7030 kp (68,95 kN) Standschub.
Leistungen: Höchstgeschwindigkeit 787 km/h (Mach 0,77); Dienstgipfelhöhe 12800 m; Reichweite mit max. internem Treibstoff 11200 km; max. Flugzeit bis zu 15 Stunden.
Gewichte: Leergewicht 46500 kg; max. Startgewicht 106217 kg.
Zuladung: Zwei Piloten und sieben Systemoperateure, zwei Reservepersonen und Platz für weitere 13 Passagiere.
Bewaffnung: Luft-Luft- und Luft-Boden-Lenkwaffen, Torpedos, Minen und Bomben im internen Waffenschacht und an vier Flügelstationen von mehr als 5500 kg.
Entwicklungsstand: Der Erstflug des ersten von zwei vollständig umgebauten Erprobungsmustern ist nach Auftreten von erheblichen Konstruktionsproblemen nach mehrjähriger Verspätung am 26. August 2004 erfolgt. Angesichts der massiven Kostenüberschreitungen erhält die RAF ab 2010 nur noch 12 Einheiten, welche aus den übrig gebliebenen Beständen von ursprünglich 46 MRA. Mk.1/2 umgebaut werden. Mittlerweile fliegen vier Nimrods MRA.4.
Bemerkungen: Vom Ausgangsmuster bleibt fast nur der Rumpf übrig. Dieser wird aber strukturell überarbeitet und verstärkt, um eine Lebensdauer von weiteren 25 Jahren zu ermöglichen. Zu 80 % handelt es sich bei der MRA.4 um ein neues Flugzeug. So gelangt ein vollständig neuer Flügel größerer Spannweite zum Einbau. Die Missionsavionik ist ebenfalls neu und sehr leistungsfähig. Das Überwachungsradar Searchwater 2000MR stammt von Racal-Thorn. Neu ist auch das Cockpit für nur noch zwei Piloten, ausgerüstet mit Flachbildschirmen. Als Hauptzulieferer ist Boeing für die wichtigsten Teile der Aufklärungs- und Waffenelektronik verantwortlich. Das neue Fahrwerk wird durch Messier-Dowty hergestellt.
Hersteller: British Aerospace PLC, Military Aircraft Division, Warton, Preston, Lancashire, Großbritannien.

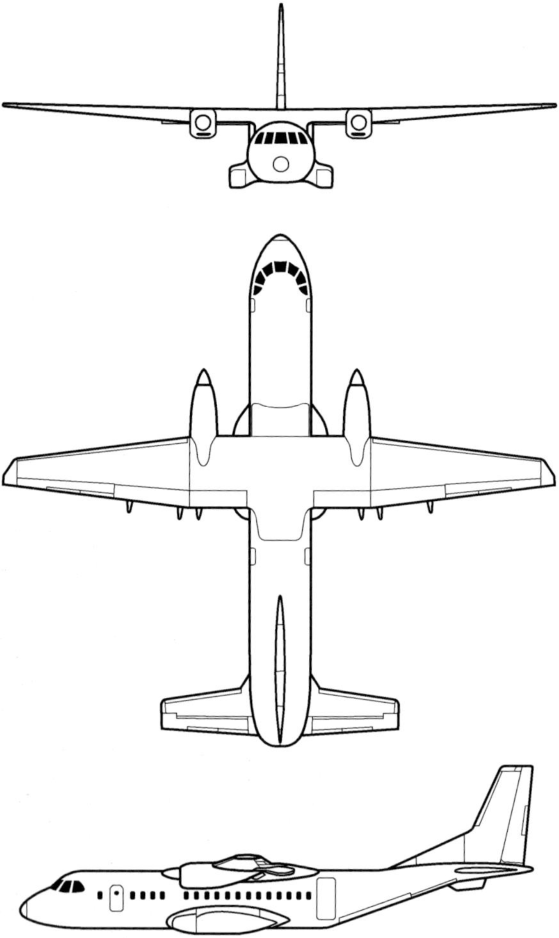

Abmessungen:
Spannweite 25,81 m
Länge 24,45 m
Höhe 8,60 m
Flügelfläche 59,10 m²

CASA C-295

Ursprungsland: Spanien.
Kategorie: Mehrzwecktransporter.
Triebwerke: Zwei Propellerturbinen Pratt & Whitney Canada PW127G von je 2645 WPS (1972 kW) Startleistung.
Leistungen: Max. Reisegeschwindigkeit 474 km/h auf 7620 m; Steigzeit auf Dienstgipfelhöhe von 7620 m 12 Min; Reichweite mit max. Nutzlast 1445 km, max. Reichweite 5278 km.
Gewichte: Leergewicht 11000 kg; max. Startgewicht 23200 kg.
Zuladung: Zwei Piloten und normalerweise 69 oder bis zu 78 voll ausgerüstete Soldaten; für Evakuationseinsätze 27 liegende Personen und vier Helfer; als Frachter fünf Standard-Containers oder drei leichte Fahrzeuge; max. Nutzlast 9250 kg.
Entwicklungsstand: Der erste, bereits dem Serienstandard entsprechende Prototyp, nahm die Flugerprobung am 22. Dezember 1998 auf. Im Oktober 2001 begann CASA mit den Auslieferungen. Folgende Luftwaffen haben bisher Bestellungen aufgegeben: Algerien 6, Brasilien 12, Finnland 2, Jordanien 2, Kolumbinen 4, Polen 12, Portugal 12, Spanien 13. Rund 50 davon waren Ende 2008 ausgeliefert.
Bemerkungen: Basierend auf der CN-235 (siehe Seiten 40/41) wurde die C-295 von CASA alleine entwickelt. Von der Größe und der Leistungsfähigkeit her ist sie eine Klasse höher und kann als direkter Konkurrent zur Alenia C-27J (siehe Seiten 42/43) angesehen werden. Durch Einfügen von Rumpfsegmenten vor und hinter dem Flügel wurde die Außenlänge um 3,10 m, die Kabinenlänge um 3,00 m vergrößert. Stärkere Triebwerke gelangen zum Einbau, verbunden mit Sechsblatt-Propellern neuester Technologie von Hamilton. Weiter mussten wegen der höheren Gewichte Flügel und Fahrwerk verstärkt werden. Dank dieser Maßnahmen steigt die Ladekapazität gegenüber dem Ausgangsmuster um rund 50%. Schließlich verfügt die C-295 über eine neue Avionik Topdeck von Sextant und ist für Luftbetankungen ausgelegt. Eine Seeüberwachungs- und U-Bootbekämpfungsversion C-295MPA »Persuader« wird ebenfalls angeboten. Die Vereinigten Arabischen Emirate haben vier, die chilenische Marine drei Einheiten bestellt. Fünf der zwölf von Portugal bestellten Maschinen haben eine ähnliche Konfiguration und werden als C-295 VIMAR bezeichnet.
Hersteller: CASA, Werk Sevilla, Madrid, Spanien.

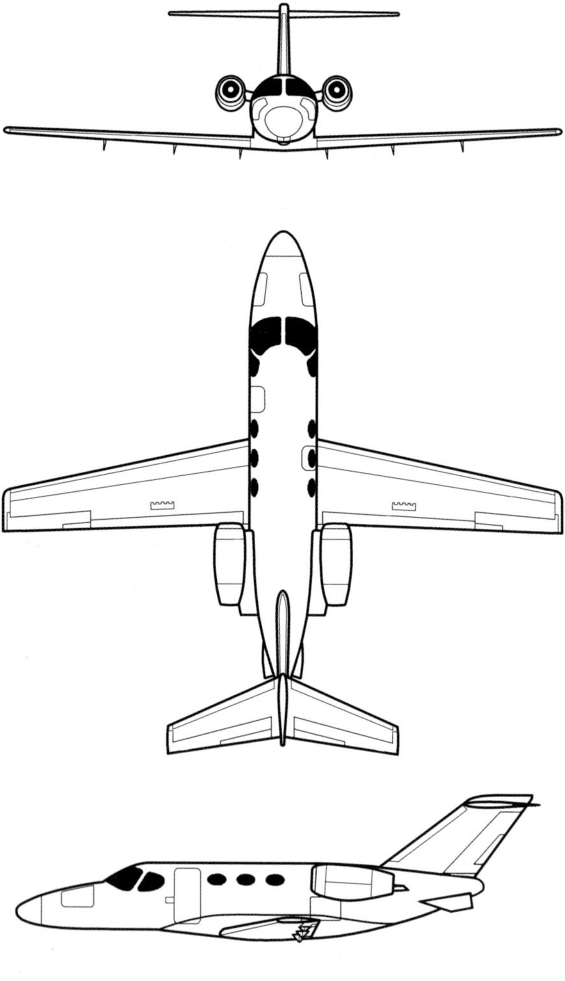

Abmessungen:
Spannweite 13,16 m
Länge 12,17 m
Höhe 4,09 m
Flügelfläche 19,50 m^2

CESSNA 510 CITATION MUSTANG

Ursprungsland: USA.
Kategorie: Taxi- und Firmenflugzeug.
Triebwerke: Zwei Mantelstromtriebwerke Pratt & Whitney PW615F von je 662 kp (6,49 kN) Standschub.
Leistungen: Typische Reisegeschwindigkeit 630 km/h auf 10688 m; Dienstgipfelhöhe 12500 m; Reichweite unter IFR-Bedingungen bei einer Nutzlast von 270 kg 2161 km.
Gewichte: Leergewicht 2480 kg; max. Startgewicht 3921 kg.
Zuladung: Pilot und bis zu fünf Passagiere; Nutzlast bei voller Treibstoffzuladung 272 kg.
Entwicklungsstand: Der Prototyp der Citation Mustang absolvierte den Erstflug am 23. April 2005, das erste Serienflugzeug folgte am 29. August 2005. Bisher sind über 500 Einheiten bestellt worden. Davon waren Ende 2008 über 130 ausgeliefert. Ab 2009 sollen jährlich 150 Mustangs gebaut werden.
Bemerkungen: Mit diesem neuesten und kleinsten Jet will sich Cessna gegenüber der neu aufkommenden Konkurrenz von sehr leichten und preisgünstigen Düsenflugzeugen am Markt behaupten. Die Citation Mustang stellt eine Brücke zwischen mit Kolbenmotoren ausgerüsteten Sport- und Reiseflugzeugen und den eigentlichen Businessjets dar. Der Basispreis soll US$ 2,7 Mio. betragen. Von der Auslegung her ist die ganz aus Aluminium hergestellte Mustang der CitationJet-Familie ähnlich, in den Außenabmessungen jedoch kleiner. Der Flügel ohne Pfeilung wurde völlig neu konzipiert. Die kleine Passagierkabine (Länge 4,42 m, Breite 1,42 m, Höhe 1,37 m) verfügt jedoch über eine Toilette. Im Cockpit gelangt die Garmin G100-Avionik zum Einbau, welche drei große Flachbildschirme und als Erleichterung für den Piloten ein umfassendes Flight Management System umfasst.
Hersteller: Cessna Aircraft Company, Werk Independence, Wichita, Kansas, USA.

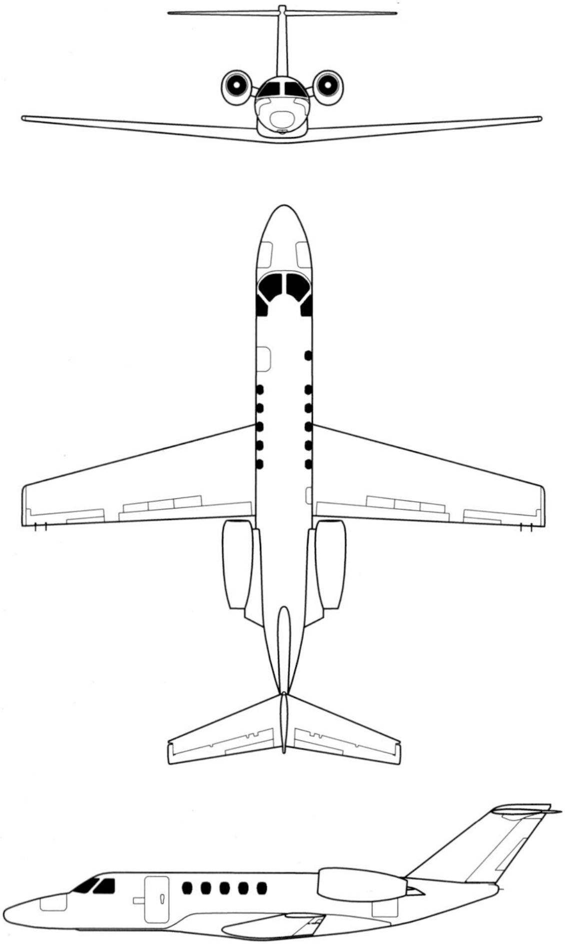

Abmessungen:
Spannweite (CJ1+) 14,30 m, (CJ2+) 15,19 m, (CJ3) 16,26 m, (CJ4) 15,49 m
Länge (CJ1+) 12,98 m, (CJ2+) 14,53 m, (CJ3) 15,29 m, (CJ4) 16,26 m
Höhe (CJ2) 4,24 m, (CJ3) 4,62 m, (CJ4) 4,67 m
Flügelfläche (CJ4) 30,66 m²

CESSNA 525B CITATION CJ4

Ursprungsland: USA.
Kategorie: Firmenflugzeug.
Triebwerke: Zwei Mantelstromtriebwerke Williams Rolls-Royce FJ44-4A von je 1542 kp (15,12 kN) Standschub.
Leistungen: Max. Reisegeschwindigkeit 806 km/h auf 10668 m; Steigzeit auf 13106 m 28 Min, Dienstgipfelhöhe 13716 m; max. Reichweite (CJ1+) 2380 km, (CJ2+) 3200 km, (CJ3) 3518 km, (CJ4) 3380 km.
Gewichte: Rüstgewicht 2517 kg; max. Startgewicht 3921 kg.
Zuladung: Pilot und Copilot/Passagier im Cockpit und sechs bis acht Passagiere; Nutzlast bei voller Treibstoffzuladung 454 kg, max. 952 kg.
Entwicklungsstand: Am 5. Mai 2008 startete der Prototyp CJ4 zum Erstflug, gefolgt vom ersten Serienmuster am 19. August 2008. Mit den Auslieferungen wird Cessna 2010 beginnen. Die aktuelle Auftragslage ist nicht bekannt. Von der CJ1, CJ2 und CJ3 hat Cessna mittlerweile über 1000 Einheiten gebaut, von allen Citations zusammen über 5000.
Bemerkungen: Die Familie der CitationJet wird kontinuierlich erweitert und modernisiert. Nach dem Ausgangsmuster CJ1 (siehe Ausgabe 2002), der verlängerten CJ2 (siehe Ausgabe 2003), der abermals gestreckten CJ3 (siehe Ausgabe 2007) lancierte Cessna nun die CJ4. Der Rumpf wurde um 0,93 m verlängert. Völlig neu ist der Flügel mit leichter Pfeilung. Die Triebwerke sind gegenüber der CJ3 wesentlich leistungsfähiger. Obwohl es sich um ein kleines Firmenflugzeug handelt, ist die Passagierkabine mit einer Länge ohne Cockpit von 5,29 m, einer Breite von 1,47 m und einer Höhe von 1,45 m recht geräumig. Wie bei den anderen CitationJet-Mustern gelangt die Collins Pro Line21-Avionik zum Einbau. Die CJ4 soll die Citation Bravo im Angebot von Cessna ersetzen. Der Hersteller gibt einen Basispreis von US$ 8,76 Mio. an.
Hersteller: Cessna Aircraft Company, Wichita, Kansas, USA.

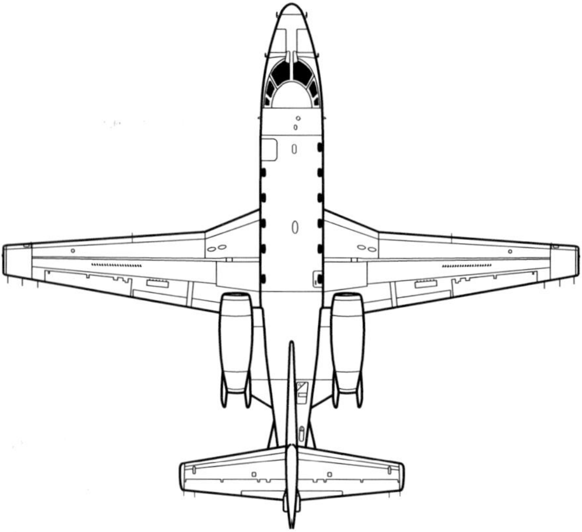

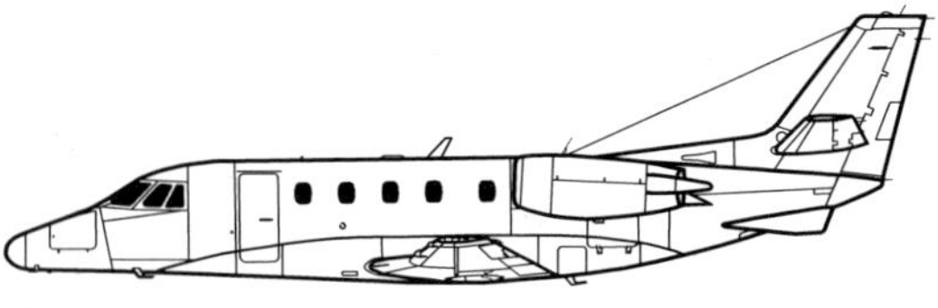

Abmessungen:
Spannweite (XLS) 16,98 m, (XLS+) 17,17 m
Länge 15,78 m
Höhe 5,24 m
Flügelfläche 34,35 m²

CESSNA 561 CITATION XLS/XLS+

Ursprungsland: USA.
Kategorie: Firmenflugzeug.
Triebwerke: Zwei Mantelstromtriebwerke Pratt & Whitney Canada (XLS) PW545B von je 1810 kp (17,75 kN), (XLS+) PW545C von je 1868 kp (18,32 kN) Standschub.
Leistungen: Max. Reisegeschwindigkeit (XLS) 802 km/h (Mach 0,75) auf 10700 m, (XLS+) 815 km/h auf 9550 m; Steigzeit auf 13715 m 25 Min; Dienstgipfelhöhe 13715 m; Reichweite mit fünf Passagieren 3441 km.
Gewichte: Leergewicht 5625 kg; max. Startgewicht 9162 kg.
Zuladung: Zwei Mann Cockpitbesatzung und normalerweise sechs Passagiere in Einzelsitzen, bei enger Bestuhlung bis zu zehn Personen. Nutzlast bei voller Tankfüllung 390 kg.
Entwicklungsstand: Der Erstflug dieser neuesten Variante Citation XLS+ fand Anfang August 2007 statt. Das erste Serienflugzeug fliegt seit Mai 2008 und wurde im Oktober 2008 an den Erstbesteller ausgeliefert. Von der Basisversion XLS (Erstflug Ende 2003) sind bisher rund 100 und von der XLS+ etwa 230 Maschinen in Auftrag gegeben worden. Vom Ausgangsmuster Cessna 561XL Excel hat Cessna bis zur Produktionseinstellung rund 350 Einheiten gebaut.
Bemerkungen: Mitte 2004 wurde die Produktion von der 561XL Excel auf die neue Citation XLS umgestellt. Diese weist dank leistungsstärkerer Triebwerke eine um ca. 60 km/h höhere Reisegeschwindigkeit auf, Dienstgipfelhöhe und Steigleistung sind ebenfalls besser. Die Nutzlast steigt um 90 kg. Auch im Cockpit hat Cessna Änderungen vorgenommen. Es wird das Primus 1000 Control Display System mit drei großen Flüssigkristallbildschirmen eingebaut. Wenn auch das Abfluggewicht etwas höher ist, weist die XLS die gleichen guten Start- und Landeeigenschaften der Excel auf. Mit der 561XL/XLS kombinierte Cessna die Struktur der kleineren Citations mit dem Rumpfquerschnitt der größeren Sovereign und Citation X. Dies ermöglicht eine durchgehende Stehhöhe von 1,73 m. Cessna lancierte unter der Bezeichnung XLS+ eine Weiterentwicklung mit Pro Line 21-Avionik, digitalem Triebwerkmanagement, neu profilierter Flugzeugnase und überarbeitetem Interieur. Der Basis-Kaufpreis beträgt US$ 11,6 Mio.
Hersteller: Cessna Aircraft Company, Wichita, Kansas, USA.

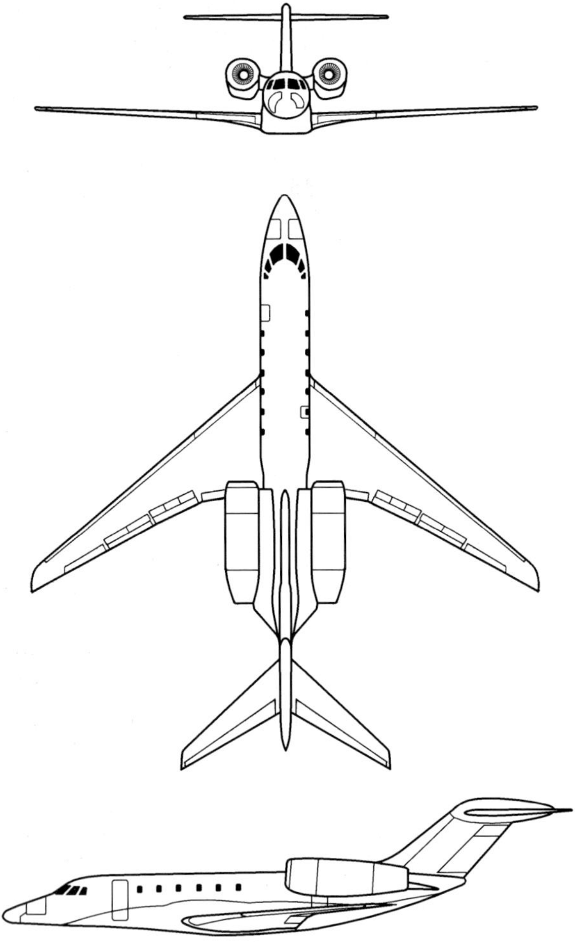

Abmessungen:
Spannweite 19,48 m
Länge 22,04 m
Höhe 5,86 m
Flügelfläche 48,96 m²

CESSNA 750 CITATION X

Ursprungsland: USA.
Kategorie: Firmenflugzeug.
Triebwerke: Zwei Mantelstromtriebwerke Rolls Royce (Allison) AE 3007C-1 von je 3068 kp (30,09 kN) Standschub.
Leistungen: Höchstgeschwindigkeit 972 km/h (Mach 0,92); max. Reisegeschwindigkeit auf 11275 m 934 km/h oder Mach 0,88; Langstrecken-Reisegeschwindigkeit 851 km/h; Anfangssteiggeschwindigkeit 22,4 m/Sek; Dienstgipfelhöhe 15545 m; VFR-Reichweite bei Mach 0,82 mit sechs Passagieren und 45 Min. Reserven 6115 km, IFR-Reichweite 5586 km.
Gewichte: Leergewicht 9843 kg; max. Startgewicht 16374 kg.
Zuladung: Zwei Mann Cockpitbesatzung und normalerweise acht, maximal aber bis zu 12 Passagiere in Einzelsitzen und einer dreiplätzigen Couch; Nutzlast mit vollen Treibstofftanks 617 kg, max. 1179 kg.
Entwicklungsstand: Das erste Erprobungsmuster nahm die Flugtests am 21. Dezember 1993 auf. Mit den Kundenauslieferungen wurde nach Erhalt der Zulassung im Juni 1996 begonnen. Ende 2008 sind über 300 Citation X gebaut worden, darunter 31 für die ExecutiveJet.
Bemerkungen: Derzeit ist die Citation X noch das schnellste Zivilflugzeug außer der Concorde, dürfte aber in dieser Disziplin 2009 durch die Gulfstream G650 abgelöst werden (siehe Seiten 188/189). Dafür erhielt sie einen neuartigen und hoch entwickelten Flügel, der eine Pfeilung von 35° aufweist. Als erstes Cessna-Flugzeug verfügt sie über eine servounterstützte Flugsteuerung. Der Rumpfquerschnitt erlaubt durchgehend Stehhöhe. Das Cockpit ist mit dem digitalen EFIS-System Honeywell Primus 2000 ausgerüstet. Citations X ab dem Modelljahr 2002 verfügen über Triebwerke mit um 180 kp größerer Startleistung und erhöhtes Maximalgewicht. Auch die Avionik von Honeywell wurde aufgerüstet. Ab der Seriennummer 225 erhielt das Topmodell von Cessna ein neu gestaltetes Interieur. Neu ist die Citation X auch mit Winglets erhältlich. Anfang 2008 lancierte Cessna mit der Columbus das bisher größte Flugzeug in der Firmengeschichte des Herstellers. Dabei handelt es sich um eine Neukonstruktion aus Aluminium mit einer gegenüber der Citation X wesentlich größeren Passagierkabine. Die Columbus soll Reichweiten von bis zu 7400 km ermöglichen und Platz für maximal zehn Passagiere bieten. Der Erstflug ist für 2011 vorgesehen.
Hersteller: Cessna Aircraft Company, Wichita, Kansas, USA.

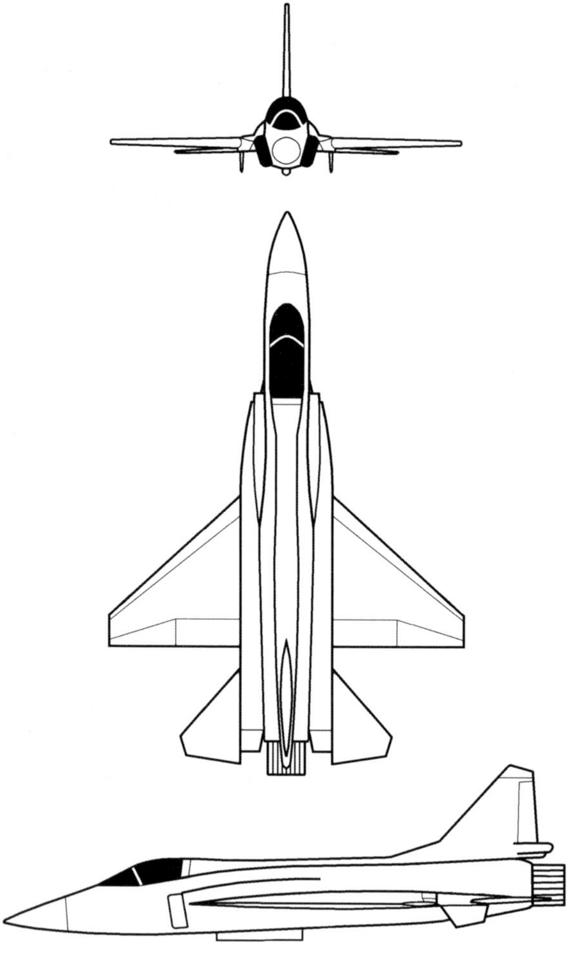

Abmessungen:
Spannweite 9,46 m
Länge 14,97 m
Höhe 4,77 m
Flügelfläche 24,40 m^2

CHENGDU FC-1/JF-17 SUPER 7

Ursprungsland: Volksrepublik China.
Kategorie: Einsitziger Luftüberlegenheitsjäger und Erdkämpfer.
Triebwerke: Ein Mantelstromtriebwerk Klimow RD-93 von 5040 kp (49,4 kN) ohne und 8300 kp (81,4 kN) Standschub mit Nachverbrennung.
Leistungen (geschätzt): Höchstgeschwindigkeit ohne Außenlasten 1800 km/h (Mach 1,8); Dienstgipfelhöhe 16700 m; Aktionsradius als Jäger 1200 km, als Erdkämpfer 700 km; Reichweite mit internem Kraftstoff 1600 km; Überführungsreichweite 3000 km.
Gewichte: Leergewicht 6350 kg; Startgewicht normal beladen ohne Außenlasten 9100 kg; max. Startgewicht 12700 kg.
Bewaffnung: Eine doppelläufige 23-mm-Kanone GSh-223-2 unter dem Rumpf und Luft-Luft- bzw. Luft-Boden-Lenkwaffen sowie Bomben an vier Stationen unter den Flügeln und zwei an den Flügelspitzen. Max. Waffenladung 3600 kg.
Entwicklungsstand: Das erste Erprobungsmuster nahm nach längerer Verzögerung die Flugerprobung am 25. August 2003 auf. Das erste Serienmuster wurde im März 2007 der pakistanischen Luftwaffe übergeben. China soll 250 FC-1 erhalten. Pakistan baut ab Anfang 2008 etwa 150 als JF-17 bezeichnete Einheiten in Lizenz und hat vorerst 16 Einheiten bestellt. Weitere Besteller: Azerbeijan 26, Zimbabwe 12.
Bemerkungen: Das chinesisch-pakistanische Gemeinschaftsprojekt FC-1 wird in enger Zusammenarbeit mit der russischen MAPO entwickelt. Dieses Muster basiert auf der nie fertig gestellten einmotorigen Variante der MiG-29, der MiG-33. Als kompakter Allwetter-Mehrzweckjäger soll er den Leistungen der F-16 nahe kommen. Die Auslegung der FC-1 ist recht konventionell. Rumpf wie Flügel bestehen aus Aluminium. Die Steuerung ist noch vollständig servogesteuert. Spätere Ausführungen sollen ein Fly-By-Wire-System erhalten. Die ersten 50 pakistanischen Exemplare verfügen über chinesische Avionik, danach sollen entweder die westlichen Mehrzweckradar-Modelle Grifo S7 oder RC400 eingebaut werden. Eine zweisitzige Ausführung ist ebenfalls vorgesehen. Aufgrund von Erkenntnissen in der Erprobung wurde ein vierter Prototyp mit überarbeiteten Triebwerkeinläufen und Flügelvorderkanten sowie erhöhtem Seitenleitwerk gebaut. Dieser soll der Serienausführung sehr nahe kommen.
Hersteller: Chengdu Aircraft Industrial Corp., Chengdu, Sichuan, VR China.

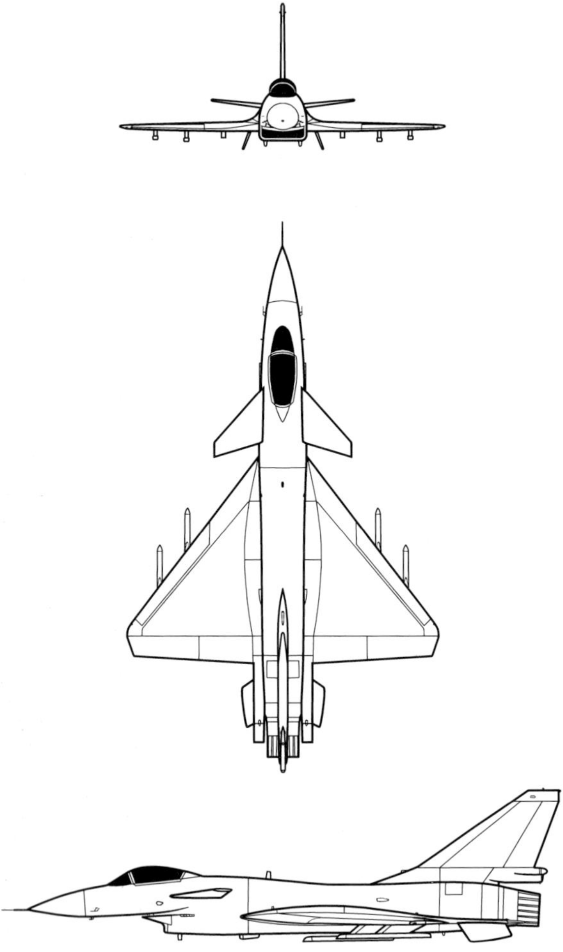

Abmessungen:
Spannweite Hauptflügel 8,78 m, Vorflügel 5,30 m
Länge 14,57 m
Höhe 4,78 m
Fläche Hauptflügel 45,50 m², Vorflügel 4,70 m²

CHENGDU J-10

Ursprungsland: Volksrepublik China.
Kategorie: Einsitziger Mehrzweckjäger und zweisitziger Einsatztrainer.
Triebwerke: Ein Mantelstromtriebwerk Saturn/Lyulka AL-31FN von 8100 kp (79,4 kN) Standschub ohne und 12800 kp (125,50 kN) mit Nachverbrennung.
Leistungen (geschätzt): Höchstgeschwindigkeit Mach 2,2 in großen Höhen, auf Meereshöhe Mach 1,2; Dienstgipfelhöhe 18000 m; Aktionsradius 550 km; Reichweite 1850 km.
Gewichte: Leergewicht 9730 kg; max. Startgewicht 24650 kg.
Bewaffnung: Eine Kombination von Kurzstrecken-Luft-Luft-Lenkwaffen PL-8, Mittelstrecken-Luft-Luft-Lenkwaffen PL-11 und Zusatztanks/Luft-Boden-Raketen/Bomben an bis zu elf Waffenstationen; max. Waffenlast rund 5500 kg. Zudem ist eine 23-mm-Kanone eingebaut.
Entwicklungsstand: Der erste von vier Prototypen führte am 24. März 1998 seinen Erstflug aus, der doppelsitzige Prototyp J-10B im 2004. Seit 2004 ist die J-10 bei der Luftwaffe der VR China im Einsatz. Insgesamt soll sie 300 Exemplare bekommen, etwa 100 davon befinden sich derzeit im Einsatz. Pakistan wird voraussichtlich 36 J-10 beschaffen. Neu soll auch der Iran 24 J-10 bestellt haben.
Bemerkungen: Der definitiv als J-10 bezeichnete Mehrzweckjäger ist das Resultat einer gemeinsamen Entwicklung von Chengdu und der israelischen IAI. Diese brachte das Know-how des früheren Abfangjägers Lavi (siehe Ausgabe 1987/88) in das Projekt ein. Deshalb gleichen sich äußerlich die beiden Muster. Ein neues Bordradar chinesischer Provenienz ist eingebaut, welches die halbaktiven Radar gesteuerten Lenkwaffen PL-12/SD-10 führt. Die J-10 verfügt über ein Fly-By-Wire-Steuerungssystem. Verursacht durch technische Schwierigkeiten, war die Entwicklung der J-10 durch lange Verzögerungen gekennzeichnet. So wurden u.a. auch Teile der Zelle umkonstruiert. Chengdu sei offenbar an einer Weiterentwicklung Super-10 der J-10. Diese soll über ein Vektor-gesteuertes Triebwerk und ein neues Radar verfügen. Die Zelle werde zudem verstärkt.
Hersteller: CAC, Chengdu Aircraft Industrial Corporation, Chengdu, Sichuan, VR China.

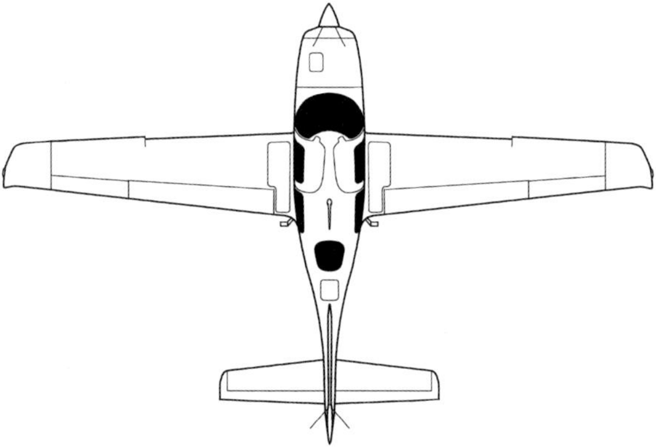

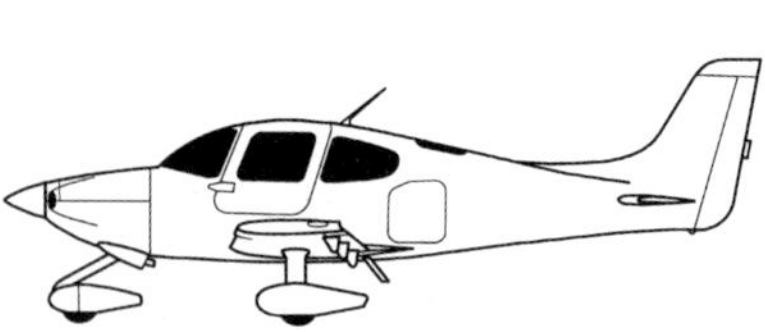

Abmessungen:
Spannweite 11,68 m
Länge 7,92 m
Höhe 2,71 m
Flügelfläche 13,46 m²

CIRRUS SR22-G3

Ursprungsland: USA.
Kategorie: Sport- und Reiseflugzeug.
Triebwerke: Ein luftgekühlter Sechszylinder-Boxermotor Teledyne Continental IO-550-N von 310 PS (230 kW) Leistung.
Leistungen: Höchstzulässige Geschwindigkeit 378 km/h; max. Reisegeschwindigkeit 335 km/h; Anfangssteiggeschwindigkeit 7,10 m/Sek; Dienstgipfelhöhe 5334 m, max. Reichweite mit IFR-Reserven 2166 km.
Gewichte: Leergewicht 1009 kg; max. Startgewicht 1542 kg.
Zuladung: Pilot und drei Passagiere, max. Nutzlast rund 500 kg.
Entwicklungsstand: Die Weiterentwicklung SR22G-3 wird seit Anfang 2007 angeboten. Von allen Varianten wurden bisher über 4000 Exemplare gebaut. Die Jahresproduktion beträgt 600 Maschinen.
Bemerkungen: In die mittlerweile recht lange Reihe von CR-Modellen fügt Cirrus als neuestes Produkt die SR22-G3 an. Laut Hersteller wurden gegenüber dem Vormodell über 300 Modifikationen und Verbesserungen vorgenommen. Neu ist der Flügel, der dank eines neuen Karbonfiber-Kernträgers leichter und robuster ist. Er fasst auch 42 l mehr Treibstoff. Die allgemeine Aerodynamik wurde im Detail verbessert, das Fahrwerk ist leicht erhöht. Als Option kann eine Klimaanlage eingebaut werden. Schließlich hat man die Bedienung durch verschiedene Maßnahmen optimiert. Seit Mitte 2008 kann als Option ein völlig neu gestaltetes Cockpit von Garmin u.a. mit zwei zentralen 12 inch-Displays, die über vielfältige neue Funktionen verfügen. Weiterhin angeboten werden die Versionen SR20/SR20-GTS, SR22/SR-22-GTS sowie die SR22 Turbo GTS.
Hersteller: Cirrus Design Corp., Duluth, Minnesota, USA.

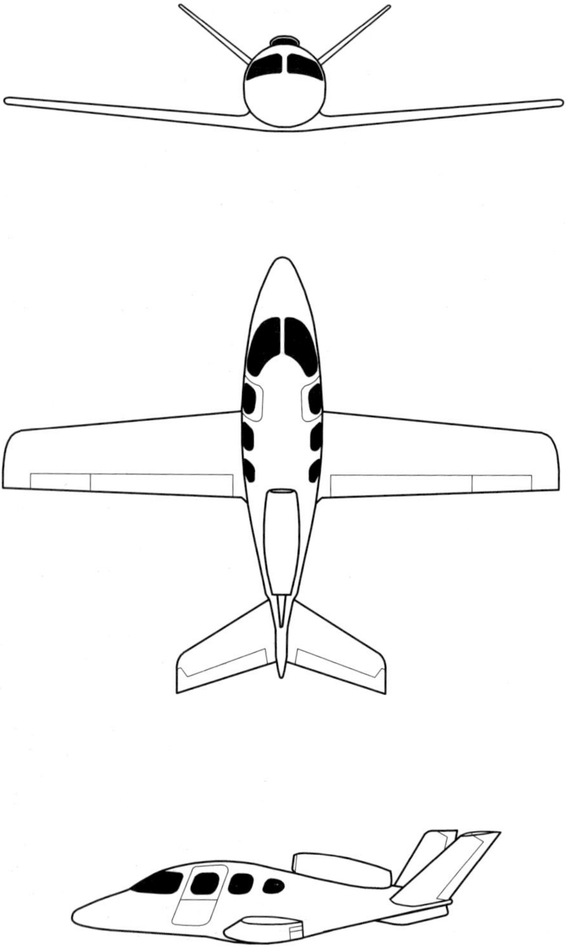

Abmessungen:
Spannweite 11,73 m
Länge (Prototyp) 9,02 m, (Serie) 8,91 m
Höhe 3,05 m

CIRRUS SJ50 VISION

Ursprungsland: USA.
Kategorie: Leichtes düsengetriebenes Sport- und Reiseflugzeug.
Triebwerke: Ein Mantelstromtriebwerk Williams International FJ33-4A-9 von 860 kp (8,45 kN) Standschub.
Leistungen (prov. Angaben für Prototyp): Maximale Reisegeschwindigkeit 590 km/h; normale Reisegeschwindigkeit 555 km/h auf 8700 m; normale Reichweite 1800 km, maximal 2590 km.
Gewichte: Rüstgewicht 1681 kg; max. Startgewicht 2727 kg.
Zuladung: Ein Pilot und normal vier, maximal bis zu sechs Passagiere; Nutzlast bei vollen Treibstofftanks 180 kg, max. Nutzlast 545 kg.
Entwicklungsstand: Der vorläufig einzige Prototyp flog erstmals am 3. Juli 2008. Ein Produktionsentscheid wurde noch nicht getroffen.
Bemerkungen: In mehreren Belangen ist das erste Flugzeug mit Strahlantrieb von Cirrus eine echte Innovation. Im Gegensatz zu den meisten übrigen ähnlichen Konstruktionen fokussiert dieses Muster nicht auf den Taxiflugmarkt, sondern auf jenem der Privatpiloten, welche ihr einmotoriges Sportflugzeug durch ein höherwertiges Düsenflugzeug ersetzen möchten. Die Vision soll besonders einfach zu fliegen sein. Die Cockpitausrüstung sieht sehr futuristisch aus. Dem Passagierkomfort wird größte Beachtung geschenkt. So soll die Kabine mehr Raum pro Person bieten als einige Konkurrenzmuster. Die Konstruktion besteht vollständig aus Verbundwerkstoffen, wobei das V-förmige Höhenruder besonders auffällt. Einmalig für Jets ist das Rettungssystem mit Fallschirm, welches von den CR20/22-Modellen übernommen wird. Markant ist auch das oben am Rumpf angebrachte Triebwerk, welches für dieses Muster diverse Vorteile bringen soll. Der Wirtschaftlichkeit wird große Beachtung geschenkt. So sollen die Betriebskosten sehr tief sein. Cirrus gibt für die ersten Exemplare einen Kaufpreis von US$ 1,25 Mio. an.
Hersteller: Cirrus Design Corp., Duluth, Minnesota, USA.

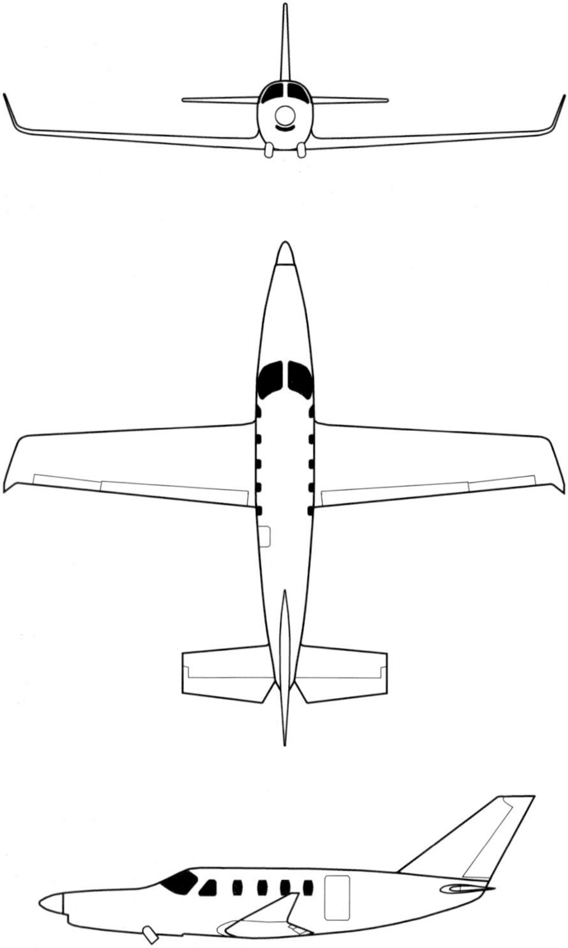

Abmessungen:
Spannweite 14,63 m,
Länge 12,62 m
Flügelfläche 27, 87 m^2

COMP AIR 12

Ursprungsland: USA.
Kategorie: Leichtes Mehrzweck- und Firmenflugzeug.
Triebwerke: Eine Propellerturbine Honeywell TPE331-14GR von 1650 WPS (1230 kW) Leistung.
Leistungen (nach Angaben des Herstellers): Max. Reisegeschwindigkeit 574 km/h; Anfangssteiggeschwindigkeit 20,30 m/Sek; Dienstgipfelhöhe 8840 m; max. Reichweite mit IFR-Reserven 4694 km.
Gewichte: Leergewicht 2667 kg; max. Startgewicht 4898 kg.
Zuladung: Ein bis zwei Piloten und bis zu acht Passagiere, max. Nutzlast 2267 kg.
Entwicklungsstand: Seit April 2007 fliegt ein Erprobungsträger. Der definitive Prototyp soll 2009 die Flugerprobung aufnehmen. Comp Air rechnet mit der Indienststellung im Jahr 2011. Bisher sind für 20 Einheiten Letter of Intents abgegeben worden.
Bemerkungen: Dieser noch junge Hersteller von Flugzeugen tritt mit der Comp Air 12 in den bereits beispielsweise durch Pilatus mit der PC-12 (siehe Seiten 260/261) gut besetzten Markt von einmotorigen Geschäftsflugzeugen ein. Die gesamte Konstruktion besteht aus Verbundwerkstoffen. Ein Vorteil gegenüber ähnlich positionierten Konkurrenzmustern ist, dass in der Kabine Stehhöhe geboten wird. Dank seiner für Propellerflugzeuge recht hohen Reisegeschwindigkeit und großer Reichweite ist laut Hersteller die Comp Air 12 auch ein Konkurrent für wesentlich teurere Firmenjets mit Düsenantrieb. So kann dieser Typ jeden Ort in den USA ohne Zwischenlandung erreichen. Der Hersteller versichert, dass die Comp Air 12 sehr wirtschaftlich im Betrieb ist und beispielsweise sehr große Wartungsintervalle aufweist. Nachdem sich das Projekt lange Zeit aus Geldmangel verzögerte, scheint nun die Finanzierung der Erprobungs- und Einführungsphase gesichert. Der Kaufpreis soll sich auf $ 2,95 Mio. belaufen.
Hersteller: Comp Air Inc., Merritt Island, Werk Melbourne, Florida, USA.

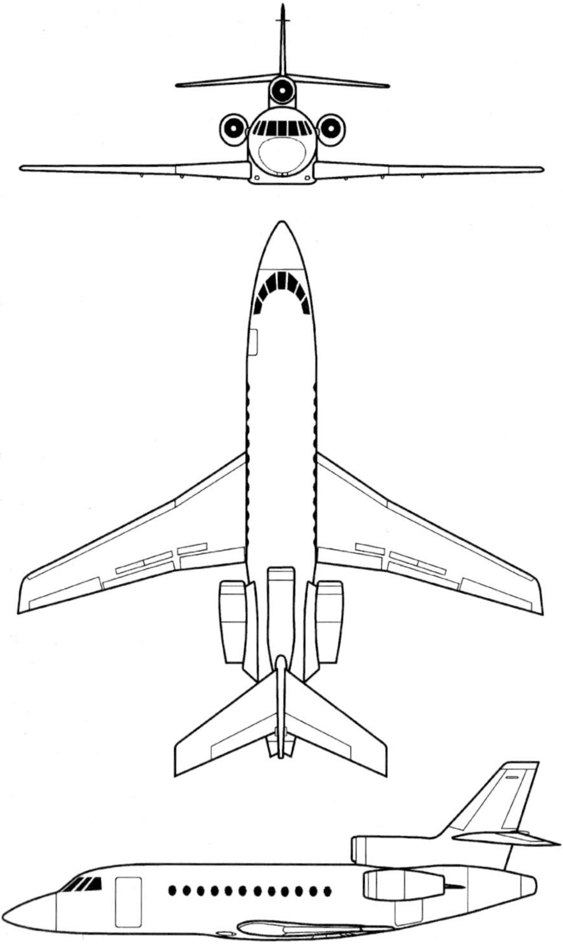

Abmessungen:
Spannweite 19,33 m
Länge 20,21 m
Höhe 7,55 m
Flügelfläche 49,03 m^2

DASSAULT FALCON 900DX

Ursprungsland: Frankreich.
Kategorie: Firmenflugzeug.
Triebwerke: Drei Mantelstromtriebwerke Honeywell TFE731-60 von je 2268 kp (22,24 kN) Standschub.
Leistungen: Höchstgeschwindigkeit 924 km/h auf 10975 m (Mach 0,87); max. Reisegeschwindigkeit 881 km/h auf 11890 m (Mach 0,84); Langstrecken-Reisegeschwindigkeit 788 km/h; Dienstgipfelhöhe 15550 m; Reichweite mit sechs Passagieren und maximaler Treibstoffzuladung und IFR-Reserven 7590 km.
Gewichte: Rüstgewicht 11100 kg; max. Startgewicht 21183 kg.
Zuladung: Zwei Piloten und je nach Innenausstattung 8 bis 15 Passagiere. Maximale Passagierkapazität 19 Personen in Dreierreihen; max. Nutzlast 2170 kg.
Entwicklungsstand: Erstflug des ersten Prototypen der Falcon 900 am 21. September 1984, gefolgt vom ersten Serienflugzeug im März 1986. Die neueste 900DX flog erstmals im Juni 2005. Bis Ende 2008 waren über 500 Falcon 900 bestellt und zum größten Teil abgeliefert. 230 davon betrafen die Ausführungen 900EX und 900DX. Derzeit werden nur noch die Versionen EX/DX und ganz neu die LX gebaut und zwar jährlich etwa 30 Einheiten.
Bemerkungen: Die 900DX positioniert sich mit einem Preis von rund US$ 31,7 Mio. zwischen der Falcon 900C und der Falcon 900EX. Die Außen- und Innenabmessungen sind bei allen drei Mustern gleich. Bei der DX wurde besonderer Wert auf Wirtschaftlichkeit gelegt. So sollen dank der neuen Triebwerke die Betriebskosten um rund 5% tiefer sein. Gegenüber der 900C zeichnet sie sich durch größere Reichweite und höhere Steigleistungen aus. Sie ist in der Lage, ab wesentlich kürzeren Pisten zu operieren. Das gleiche Avionik-System EASy der 900C gelangt auch bei der 900DX zum Einbau. Basierend auf der 900DX offeriert Dassault neu auch eine Seeaufklärervariante 900MPA mit einem Suchradar Ocean Master von Thales. Mitte 2008 lancierte Dassault die Version 900LX, welche einige aerodynamische Modifikationen, darunter Winglets aufweist. Dazu mussten die Flügel verstärkt werden. Dank dieser Maßnahmen steigert sich die Reichweite um 7%, aber auch die Steigleistungen konnten dadurch verbessert werden.
Hersteller: Dassault Falcon Jet Corporation, Werk Bordeaux-Mérignac, St. Cloud, Frankreich.

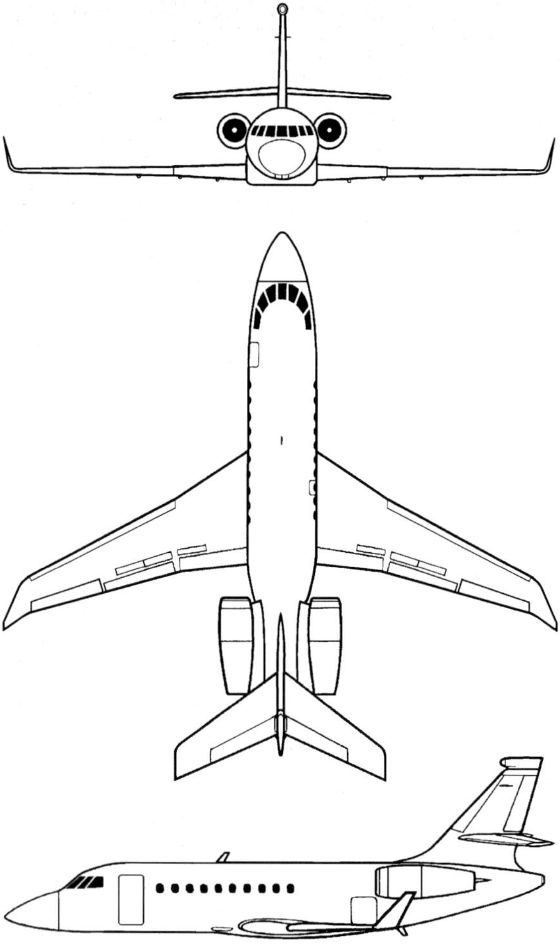

Abmessungen:
Spannweite (DX) 19,33 m, (LX) 21,38 m
Länge 20,21 m
Höhe 7,06 m
Flügelfläche 49,02 m^2

DASSAULT FALCON 2000DX/LX

Ursprungsland: Frankreich.
Kategorie: Firmenflugzeug.
Triebwerke: Zwei Mantelstromtriebwerke Pratt & Whitney Canada PW308C von je 3175 kp (31,13 kN) Standschub.
Leistungen: Max. Reisegeschwindigkeit auf 11890 m 903 km/h (Mach 0,85); Anfangssteiggeschwindigkeit 17,4 m/Sek; Dienstgipfelhöhe 14300 m; Reichweite mit sechs Passagieren und NBAA-Reserven (DX) 6019 km, (LX) 7400 km.
Gewichte: Rüstgewicht 10519 kg; max. Startgewicht (DX/LX) 18597/19142 kg.
Zuladung: Zwei Piloten im Cockpit und je nach Innenausstattung acht bis zwölf Passagiere in der Kabine, bei enger Bestuhlung 19 Passagiere.
Entwicklungsstand: Erstflug des Erprobungsmusters Falcon 2000 am 4. März 1993. Zulassung und Beginn der Ablieferungen an Kunden im Februar 1995. Die neuesten Ausführungen 2000LX und 2000DX flogen erstmals im Frühjahr 2007 bzw. am 19. Juni 2007. Bis Ende 2008 sind von allen Falcon 2000-Varianten über 430 Einheiten gebaut worden. Die Jahresproduktion zusammen mit der Falcon 900 beläuft sich derzeit auf fast 60 Einheiten.
Bemerkungen: Die Falcon 2000 verfügt über den gleichen komfortablen Rumpfquerschnitt mit durchgehender Stehhöhe wie die Falcon 900 (siehe Seiten 134/135). Die Kabine ist aber mit 9,46 m Länge etwas kürzer. Dank nur zwei Triebwerken kann die Falcon 2000 deutlich wirtschaftlicher betrieben werden. Das Cockpit ist mit vier CRT EFIS-Displays des Typs Collins Pro Line 4 ausgerüstet. Als Option ist ein HUD erhältlich. Die seit 2004 gebaute verbesserte Ausführung 2000EX wird ab 2010 durch die 2000LX abgelöst. Der Hauptunterschied besteht in der größeren Spannweite mit Winglets. Die dadurch erzielte Treibstoffeinsparung von rund 5% ermöglicht eine erhöhte Reichweite und bessere Steigleistungen. Frühere 2000EX können in die 2000LX umgebaut werden. Alle seit 2004 gebauten Falcon 2000 sind mit dem interaktiven Cockpit-Management-System »EASy« versehen. Seit Ende 2007 wird die preisgünstigere Version Falcon 2000DX mit um 900 kg geringerem Tankinhalt produziert.
Hersteller: Dassault Falcon Jet Corporation, Werk Bordeaux-Mérignac, St. Cloud, Frankreich.

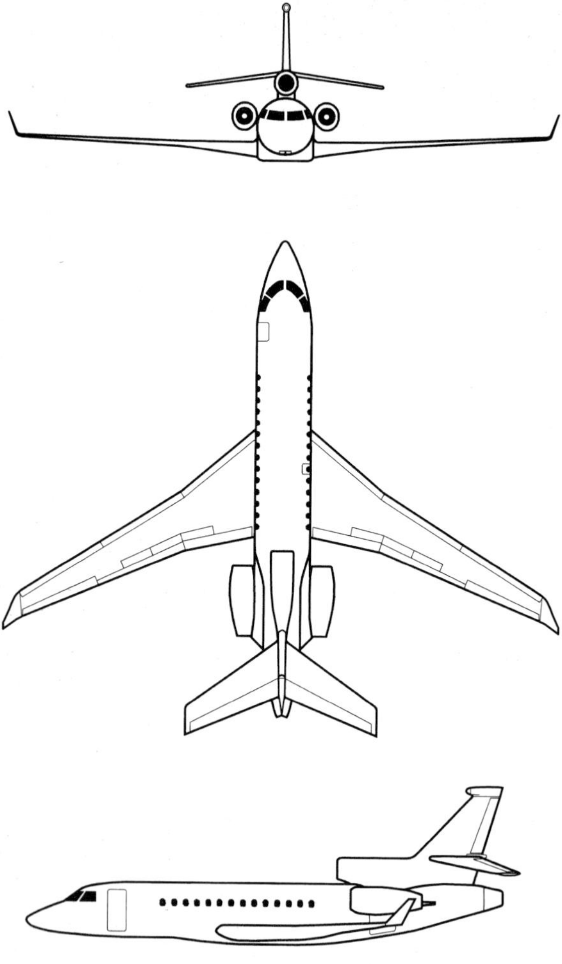

Abmessungen:
Spannweite 26,21 m
Länge 23,19 m
Höhe 7,83 m
Flügelfläche 70,70 m²

DASSAULT FALCON 7X

Ursprungsland: Frankreich.
Kategorie: Firmenflugzeug.
Triebwerke: Drei Mantelstromtriebwerke Pratt & Whitney Canada PW307A von je 2900 kp (28,47 kN) Standschub.
Leistungen: Max. Reisegeschwindigkeit Mach 0,90; Langstreckenreisegeschwindigkeit Mach 0,80; Dienstgipfelhöhe 15554m; Reichweite mit acht Passagieren und NBAA-Reserven bei Mach 0,80 11119 km.
Gewichte: Rüstgewicht 15545 kg; max. Startgewicht 31290 kg.
Zuladung: Zwei Piloten im Cockpit und je nach Innenausstattung acht bis zwölf Passagiere in der Kabine, bei enger Bestuhlung 19 Passagiere; Nutzlast bei max. Treibstoffzuladung 1355 kg.
Entwicklungsstand: Die Dassault 7X absolvierte den Erstflug am 5. Mai 2005, gefolgt von einer zweiten am 5. Juli 2005. Bis Ende 2008 waren über 200 Maschinen bestellt und rund 35 davon abgeliefert.
Bemerkungen: Mit der Falcon 7X baut Dassault sein Angebot an Businessjets im obersten Segment aus. Der Rumpf ist gegenüber der Falcon 900 um 2,98 m länger. Bei gleichem Kabinenquerschnitt misst der Passagierraum nun 11,90 m. Dem Komfort wurde größte Aufmerksamkeit geschenkt. So ist der Lärmpegel nochmals reduziert worden. Auch die Klimatisierung wurde verbessert. Mit rund 4,45 m^3 ist der Gepäckraum sehr großzügig ausgefallen. Ganz neu ist der Flügel, welcher für aeroelastische Effekte optimiert wurde, sehr hohe Reisegeschwindigkeiten ermöglicht, die guten Langsamflugeigenschaften jedoch beibehält. Im Vergleich zur Falcon 900EX weist er eine um 44% größere Fläche auf und ist um 5° stärker gepfeilt. Wie alle neuen Falcons ist auch die 7X mit dem EASy-Cockpit ausgerüstet. Gesteuert wird mit einem Fly-By-Wire-System. Anstelle von Steuerhörnern sind Sidesticks eingebaut. Dank der leistungsstarken Triebwerke ist die Falcon 7X derzeit der schnellste Businessjet seiner Klasse. Dassault gibt einen Listenpreis von US$ 40 Mio. an.
Hersteller: Dassault Falcon Jet Corporation, Werk Bordeaux-Mérignac, St. Cloud, Frankreich.

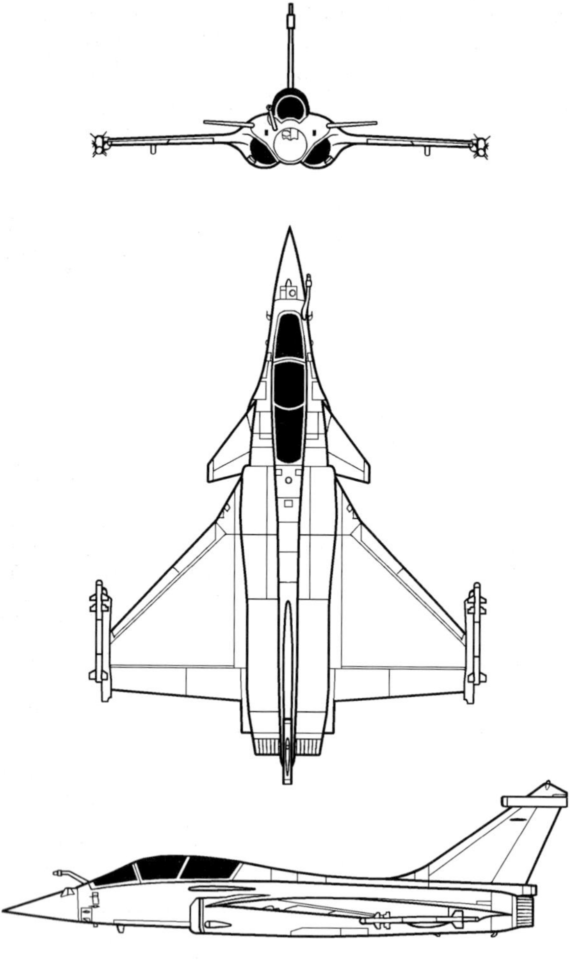

Abmessungen:
Spannweite inkl. Lenkwaffen an den Flügelspitzen 10,90 m
Länge 15,30 m
Höhe 5,34 m
Flügelfläche 45,70 m^2

DASSAULT RAFALE F2/F3

Ursprungsland: Frankreich.
Kategorie: Zweisitziges Mehrzweckkampfflugzeug B, einsitziger bordgestützter oder landgestützter Abfangjäger M bzw. C.
Triebwerke: Zwei Mantelstromtriebwerke SNECMA M88-2 von je 4966 kp (48,7 kN) Standschub ohne und 7438 kp (72,9 kN) mit Nachbrenner.
Leistungen: Höchstgeschwindigkeit 2124 km/h über 10975 m (Mach 2,0), 1390 km/h im Tiefflug (Mach 1,15); Anfangssteiggeschwindigkeit 305 m/Sek; Dienstgipfelhöhe 16775 m; taktischer Einsatzradius in Abfangmission mit acht Mica Luft-Luft-Lenkwaffen, einem Zusatztank von 1700 l unter dem Rumpf und je einem von 1300 l unter den Flügeln 1853 km, bei einem Einsatzprofil hoch-tief-tief-hoch mit 12 250-kg-Bomben, vier Mica-Lenkwaffen und Zusatztanks von insgesamt 4300 l 1093 km.
Gewichte: Rüstgewicht (C) 9100 kg, (B) 10000 kg, (M) 9700 kg; max. Startgewicht 19500 bis 24500 kg.
Bewaffnung: Eine 30-mm-GIAT-DEFA-Kanone 791B und eine Waffenlast von max. 9500 kg, verteilt auf 13 Aufhängepunkte unter Rumpf und Flügeln sowie an den Flügelenden.
Entwicklungsstand: Erstflug des ersten Prototypen am 19. Mai 1991. Die französische Luftwaffe erhält 234 Maschinen (84 Doppelsitzer Rafale B und 150 Einsitzer Rafale C; 134 bestellt), die französische Marine 60 Einsitzer Rafale M (bisher 50 bestellt). Im Juni 2004 wurde die erste Staffel der Aéronavale einsatzbereit, die erste der Armée de l'Air im Juni 2006. Jährlich werden 15 Maschinen gebaut.
Bemerkungen: Fast die gesamte Zelle ist aus Verbundwerkstoffen hergestellt, Rumpfspitze und Heck bestehen aus Kevlar. In besonders beanspruchten Bereichen gelangt Titan zum Einsatz. Die Steuerung erfolgt nach dem Fly-By-Wire-Prinzip. Derzeit fliegt ein Erprobungsmuster, welches im oberen Teil des Rumpfes mit integrierten (sog. conformalen) Treibstofftanks für je 1150 l ausgerüstet ist. Alle derzeit produzierten Maschinen entsprechen dem Standard F2, ab dem 125. gelieferten Flugzeug sind es Mehrzweck-Kampfflugzeuge des Standards F3. Ab 2010 erhalten alle neuen F3 ein zweidimensionales Breitbandradar AESA RBE-2 mit aktiv elektronisch scannender Antenne.
Hersteller: Dassault Défense, Vaucresson, Frankreich.

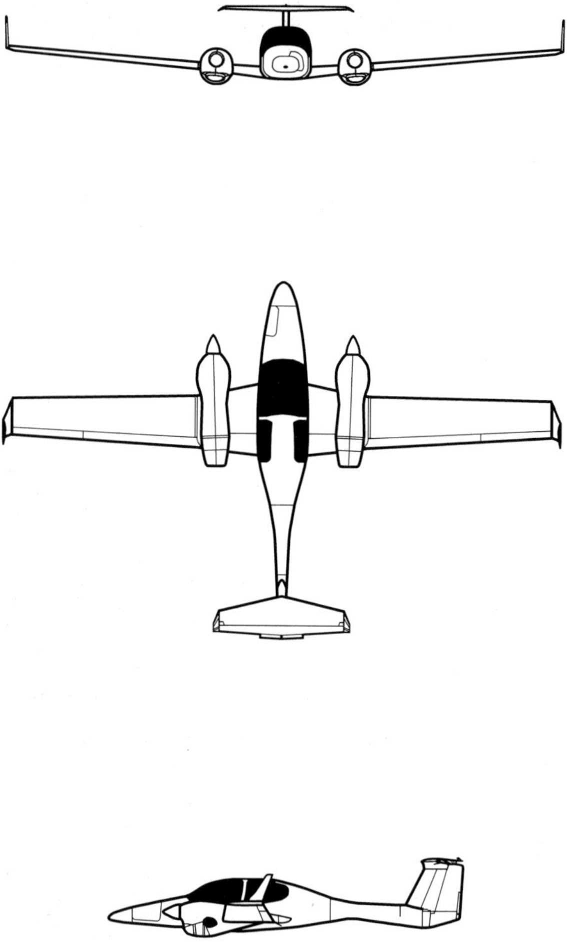

Abmessungen:
Spannweite 13,42 m
Länge 8,56 m
Höhe 2,49 m
Flügelfläche 16,29 m^2

DIAMOND DA42 TWIN STAR

Ursprungsland: Österreich.
Kategorie: Sport- und Reiseflugzeug.
Triebwerke: Zwei luftgekühlte Turbodieselmotoren Thielert Centurion 1,7 von je 135 PS (100 kW) Leistung.
Leistungen (mit Centurion-Triebwerken): Höchstzulässige Geschwindigkeit 359 km/h; Reisegeschwindigkeit bei 90% Leistung auf 3048 m Höhe 302 km/h; Anfangssteiggeschwindigkeit 5,3 m/Sek; Dienstgipfelhöhe 5485 m; Reichweite bei 60% Leistung 1577 km, mit optionalem Zusatztank 2222 km.
Gewichte: Leergewicht 1260 kg; max. Startgewicht 1785 kg.
Zuladung: Vier Personen einschließlich des Piloten; max. Zuladung 525 kg.
Entwicklungsstand: Der Prototyp nahm am 9. Dezember 2002 die Flugerprobung auf. Über 500 sind bis Ende 2008 hergestellt worden. Erste Auslieferungen erfolgten im zweiten Semester 2004. Monatlich baut man rund 20 Einheiten. Von der Version DA42MPP wird Diamond ab 2009 jährlich 20 Maschinen herstellen. Bestellt wurde sie u.a. von Venezuela (6) und Niger (2).
Bemerkungen: Das interessanteste Teil der Twin Star sind sicherlich die Dieselmotoren. Von der Firma Thielert Aircraft Engines entwickelt, zeichnen sich diese Triebwerke durch geringe Lärm- und Abgaswerte sowie äußerst günstige Verbrauchszahlen aus. Der Literverbrauch pro Stunde soll bei 200 km/h gerade mal 17,5 l betragen. Nebst Dieselkraftstoff kann auch A-1 Jet-Treibstoff oder eine beliebige Mischung von beiden getankt werden. Im Übrigen weist die DA42 eine sehr aerodynamische und eigenständige Form auf. Die Avionik entspricht dem heutigen Standard. Auf Wunsch kann das Cockpit mit drei Multifunktions-Displays ausgerüstet werden. Die Basisversion kostet rund US$ 360000. Diamond bietet diverse Überwachungsvarianten DA42MPP (siehe Foto) u.a. mit dem sog. OPALE-System in der Rumpfnase an. Sie verfügen über diverse Sensoren und Seitenscheiben mit Auswölbungen zur besseren Beobachtung. Neu bietet Diamond auch eine Version mit dem werkseigenen Dieseltriebwerk Austro AE300 mit 170 PS (125 kW) Leistung als Ersatz für den Thielert-Motor an.
Hersteller: Diamond Aircraft, Flugplatz Wiener-Neustadt, Österreich.

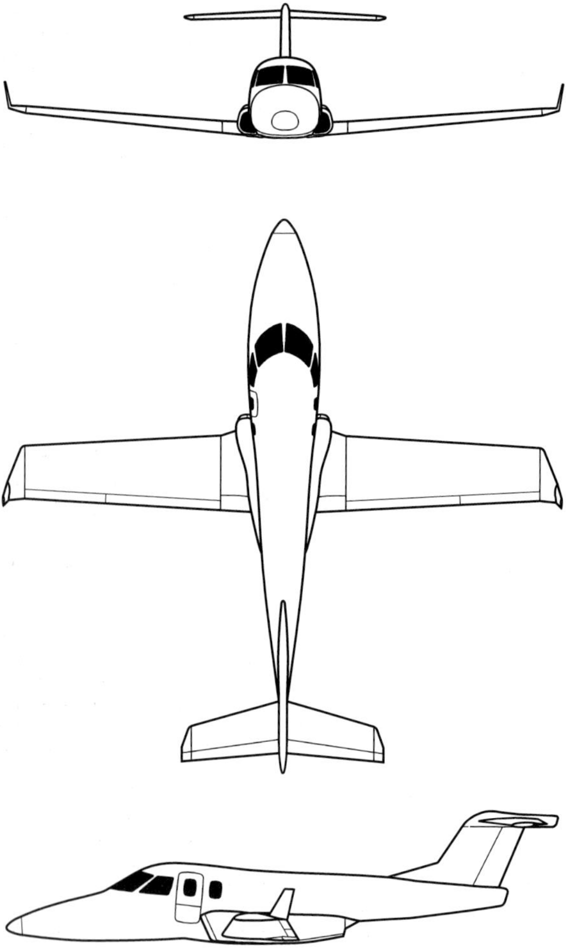

Abmessungen:
Spannweite 11,43 m
Länge 10,70 m
Höhe 3,53 m

DIAMOND D-JET

Ursprungsland: Österreich.
Kategorie: Reiseflugzeug und leichter Firmenjet.
Triebwerke: Ein Mantelstromtriebwerk Williams (Prototyp) FJ33-4A-15 von 635 kp (6,3 kN), (Serie) FJ-33-4A-19 von 861 kp (8,50 kN) Standschub.
Leistungen (mit FJ-4A-15-Triebwerk): Reisegeschwindigkeit 585 km/h; Anfangssteiggeschwindigkeit 13,7 m/Sek; Dienstgipfelhöhe 7620 m; normale Reichweite unter IFR-Bedingungen 2500 km.
Gewichte: Leergewicht 1175 kg; max. Startgewicht 2517 kg.
Zuladung: Pilot und normal vier, max. bis zu fünf Passagiere; max. Zuladung bei vollen Treibstofftanks 244 kg, max. 1000 kg.
Entwicklungsstand: Der Erstflug des Prototyps (siehe Dreiseitenriss) erfolgte nach längeren Verzögerungen am 18. April 2006. Am 14. September 2007 (siehe Foto) folgte der zweite, welcher dem Serienstandard entspricht. Mit den Auslieferungen soll im zweiten Quartal 2009 begonnen werden. Der Auftragsbestand beläuft sich derzeit auf über 300 Einheiten.
Bemerkungen: Die D-JET ist das erste Düsenflugzeug der Diamond. Mit diesem Typ will man sich im derzeit stark wachsenden Markt von preisgünstigen leichten Firmenflugzeugen mit einem Düsentriebwerk etablieren, die sich dank einfacher Konstruktionsbauweise und geringem Treibstoffverbrauch recht wirtschaftlich betreiben lassen. Hierbei steht sie in direkter Konkurrenz beispielsweise zur Eclipse 500 (siehe Ausgabe 2008). Auch die D-JET ist ganz nach der Tradition des Herstellers aus faserverstärktem Kunststoff gebaut. Die Kabine wirkt mit einer Länge von 3,50 m und einer Breite wie Höhe von 1,42 m recht geräumig. Im Cockpit mit Flachbildschirmen von Garmin wurde besonders auf die einfache Bedienung durch einen einzigen Piloten geachtet. Diamond nennt derzeit einen Kaufpreis für die Basisversion von US$ 1,38 Mio. Für den amerikanischen Markt plant man eine etwas schwerere Ausführung mit größerer Treibstoffkapazität und einem Hochgeschwindigkeits-Fallschirmrettungssystem. Dieses kann bis zu Geschwindigkeiten von 550 km/h zur Rettung des Flugzeugs angewendet werden. Alle Serienmaschinen erhalten das leistungsstärkere Triebwerk FJ-33-4A-19.
Hersteller: Diamond Aircraft, Flugplatz Wiener-Neustadt, Österreich.

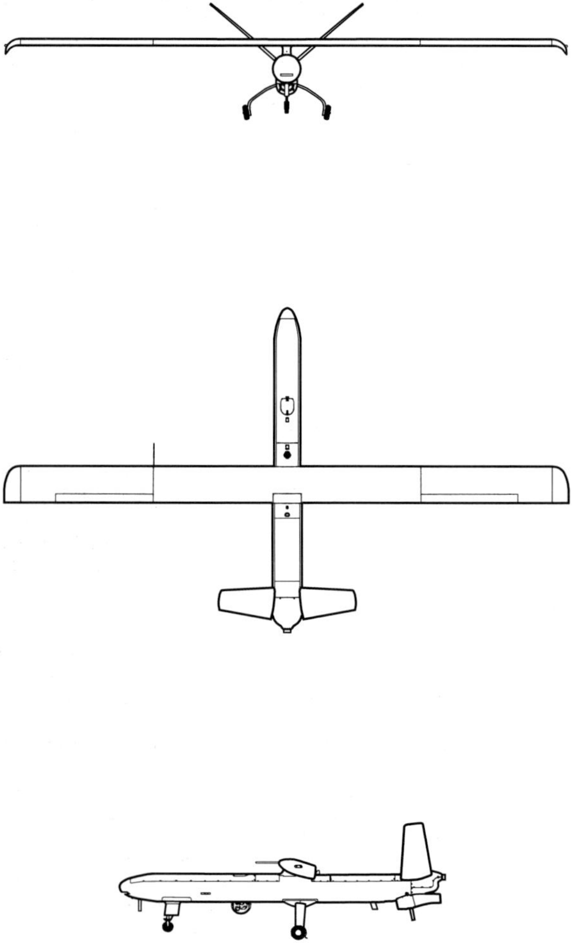

Abmessungen:
Spannweite (450S) 10,50 m, (450) 10,00 m
Länge (450S) 6,10 m, (450) 6,20 m

ELBIT HERMES 450/450S

Ursprungsland: Israel.
Kategorie: Unbemanntes Langstrecken-Aufklärungsflugzeug für mittlere Höhen.
Triebwerke (450S): Ein Kolbentriebwerk UEL Rotary AR-80-1011 von 52 PS (38,8 kW); (450) zwei Kolbentriebwerke des gleichen Musters.
Leistungen (450S): Patrouillengeschwindigkeit 130 km/h; (450): 150 km/h; Anfangssteiggeschwindigkeit 4,6 m/Sek; Dienstgipfelhöhe 4584 m; Aktionsradius (beide) 200 km; max. Flugdauer (450S) 20 Std, (450) 24 Std.
Gewichte: Max. Startgewicht (450S) 450 kg, (450) 550 kg.
Zuladung: Max Nutzlast 150 kg.
Entwicklungsstand: Die erste Hermes 450 (siehe Foto und Seitenrisse) fliegt seit 1994. Israel hat sowohl die Hermes 450S wie auch die leistungsfähigere Hermes 450 beschafft. Unter dem Namen Watchkeeper 180 und 450 erwirbt Großbritannien eine unbekannte Anzahl von Dronen, erste Ablieferungen 2010. Weitere Hermes 450 bestellten Azerbaijan (10) und Mexico. Einige Systeme mietet das US Department of Homeland Security von Israel.
Bemerkungen: Die Hermes-Dronen sind für viele Aufgaben vorgesehen, u.a. Aufklärung, Überwachung, Zieldarstellung und -akquisition, aber auch für zivile Einsätze wie beispielsweise Wald- und Naturbeobachtungen, Schadensaufnahmen usw. Dabei ist das fliegende Objekt nur ein Teil eines ganzen, auch terrestrische Elemente umfassenden Systems. Die gesamte Ausrüstung, Flugzeug und Fahrzeug, können zusammen in einer C-130 Hercules transportiert werden. Alle Systeme sind redundant vorhanden, so dass die Drone völlig autonom operieren kann. Selbst der Start- und Landevorgang kann automatisiert werden. Die gesamte Struktur besteht aus Verbundwerkstoffen. An Aufklärungssystemen können eingebaut werden: Real-time Suchgerät TESAR, Laser-Zieldarstellungsgerät COMPASS oder stabilisierter Tag-/Nacht-Sensor DSP-1. Neu besteht auch die Option, unter den Flügeln Zusatztanks einzuhängen, um damit die Reichweite weiter zu erhöhen.
Hersteller: Elbit Silver Arrow, Rushin-Le-Zion, Israel.

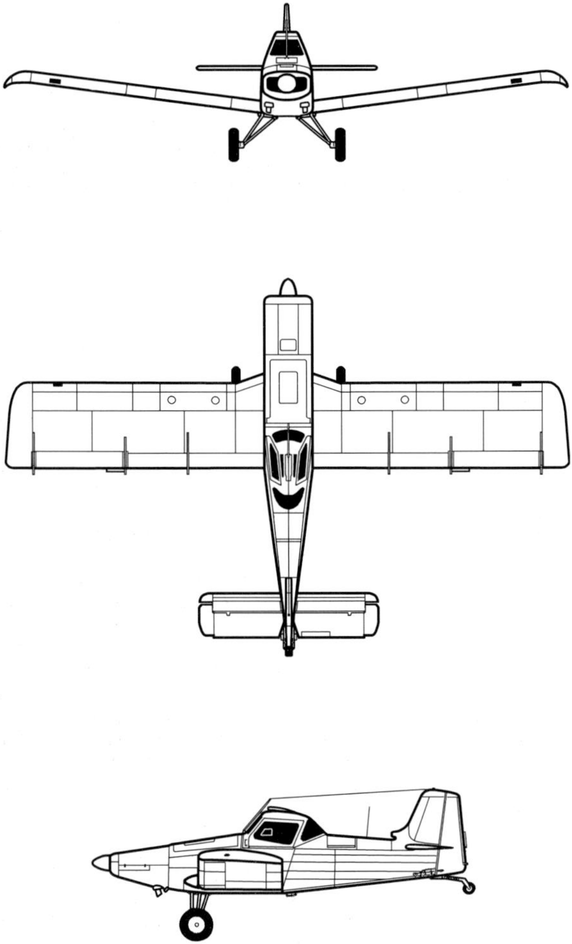

Abmessungen:
Spannweite 11,69 m
Länge 7,43 m
Höhe 2,22 m
Flügelfläche 19.94 m²

EMBRAER/NEIVA EMB-202 IPANEMA

Ursprungsland: Brasilien.
Kategorie: Landwirtschaftsflugzeug.
Triebwerke: Ein luftgekühlter Sechszylinder-Boxermotor Lycoming IO-540-K1J5D von 300 PS (223 kW) Leistung.
Leistungen: Höchstgeschwindigkeit 230 km/h; Reisegeschwindigkeit bei 75 % Leistung 213 km/h; Anfangssteiggeschwindigkeit 4,7 m/Sek; Dienstgipfelhöhe 3470 m; max. Reichweite 938 km.
Gewichte: Leergewicht 1030 kg; max. Startgewicht 1800 kg.
Zuladung: Pilot und flüssige bzw. feste Chemikalien in einem Tank vor dem Cockpit mit einem Fassungsvermögen von 950 l bzw. 750 kg.
Entwicklungsstand: Die Ipanema wird seit rund 30 Jahren ununterbrochen in verschiedenen Ausführungen gebaut. Zuerst entstand die EMB-200 (Erstflug 30. Juli 1970), gefolgt von der EMB-201/201A. Aktuell werden die EMB-201A und die EMB-202 (Erstflug 1992) produziert. Im März 2005 verließ das 1000. Exemplar die Montagehalle. Fünf EMB-201R werden von der brasilianischen Luftwaffe als Segelschlepper eingesetzt.
Bemerkungen: Mittlerweile macht die Ipanema rund 85 % der auf der ganzen Welt derzeit hergestellten Landwirtschaftsflugzeuge aus. Die Auslegung ist konventionell als Tiefdecker mit Festfahrwerk und hoch gesetztem, klimatisiertem Cockpit, welches eine sehr gute Sicht nach unten erlaubt. An den Flügelenden sind neu Winglets angebracht. Da die Landwirtschaftsfliegerei einem hohen Risiko ausgesetzt ist, besteht der gesamte Rumpf aus besonders robusten Stahlrohren, beplankt mit Aluminium 2024. Diese Struktur soll bei Abstürzen dem Piloten eine maximale Sicherheit ermöglichen. Seit 2002 fliegt eine EMB-202 mit einem durch Etanol-Alkohol angetriebenen Motor. Der Treibstoff wird aus Rohrzucker gewonnen. Nebst der Alternative zum Flugbenzin erzielt dieser Treibstoff Bestwerte was die CO_2–Emission angeht. Auch der Verbrauch ist geringer und die Wartungsintervalle können vergrößert werden. Rund 200 Ipanemas sind mit diesem Motorentyp ausgerüstet bereits im Einsatz.
Hersteller: Indûstria Aeronáutica Neiva S.A., (Tochtergesellschaft von EMBRAER), Botucatu, São Paolo, Brasilien.

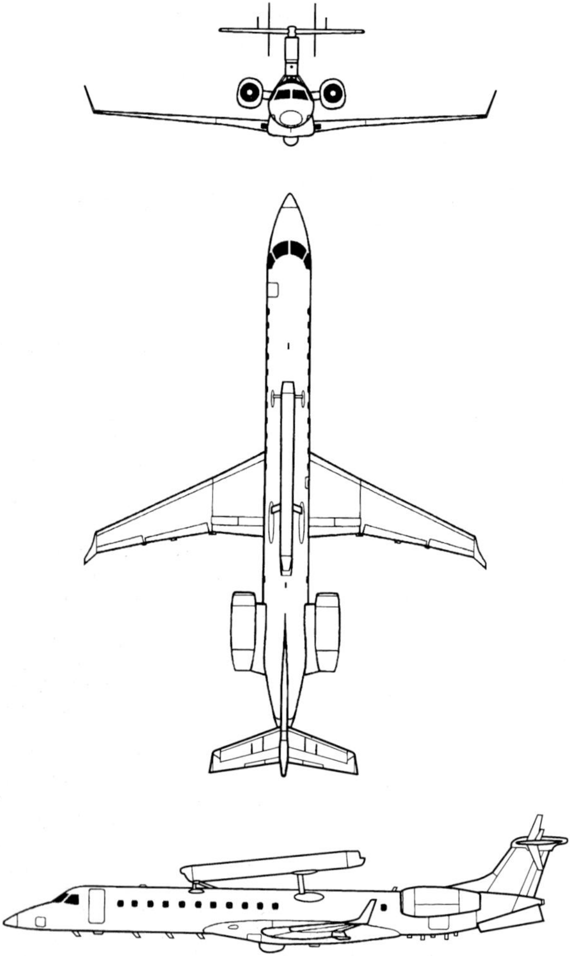

Abmessungen:
Spannweite 20,04 m
Länge 29,87 m
Höhe 6,75 m
Flügelfläche 51,18 m^2

EMBRAER ERJ-145SA/RS

Ursprungsland: Brasilien.
Kategorie: (ERJ-145SA/R-99A) Radar- und Kommandoflugzeug (AEW&C) bzw. (ERJ-145RS/R-99B) Elektronik-Überwachungsflugzeug.
Triebwerke: Zwei Mantelstromtriebwerke Allison AE3007A1P von je 3391 kp (33,00 kN) Standschub.
Leistungen: Max. Reisegeschwindigkeit 796 km/h auf 10668 m; Dienstgipfelhöhe 11270 m; max. Flugdauer 9 Std.
Gewichte: Leergewicht ca. 14000 kg; max. Startgewicht 23400 kg.
Zuladung: Zwei Piloten und (ERJ-145SA) vier Systemoperateure.
Entwicklungsstand: Der Erstflug der ERJ-145SA fand am 22. Mai 1999 statt; Ablieferung ab 2002. Brasilien hat bisher fünf, Griechenland vier und Mexiko drei (eine ERJ-145SA, zwei ERJ-145MPA) erhalten. Die brasilianische Luftwaffe beschaffte zudem drei ERJ-145RS. Neu bekommt Kolumbien zwei EMB-145SA mit Erieye-Radar sowie Indien drei mit einer Eigenentwicklung eines AEW&C-Radars. Die zivile EMB-145 wird weiterhin, wenn auch in kleinen Stückzahlen in China gebaut.
Bemerkungen: Die AEW&C-Ausführung ERJ-145SA wurde im Auftrag der brasilianischen Regierung für das Projekt »Amazon Surveillance System« entwickelt. In diesem riesigen Gebiet sollen in Kombination mit der A-29/AT-29 (siehe Seiten 160/161) Drogenhandel, Schmuggel und Umweltsünder aus der Luft bekämpft werden. Dazu ist über dem Rumpf das Ericsson Erieye-Seitensichtradar angebracht. Dieses 1300 kg schwere System hat eine Reichweite gegen tieffliegende Ziele von 350 km. Durch weitere elektronische Systeme und Sensoren sind noch zusätzliche militärische Aufgaben vorgesehen wie Seeüberwachung, SAR-Einsätze und Luftraum-Management. Die ERJ-145RS stellt hingegen ein elektronisches Bodenüberwachungs-, Abwehr- und Störflugzeug ohne AEW-Radar über dem Rumpf dar. Dafür verfügt sie über ein Bodenüberwachungsradar von Raytheon mit synthetischer Blendenöffnung, ein FLIR-System Star Safir, Infrarot-Sensoren und COMINT-/ELINT-Geräte. Schließlich gibt es auch eine bewaffnete Marinepatrouillien-Ausführung RJ-145MPA, die neben dem AEW-Radar noch über ein 360°-Rundsichtradar verfügt.
Hersteller: EMBRAER (Emprêsa Brasileira de Aeronautica SA), Sao José dos Campos, Brasilien.

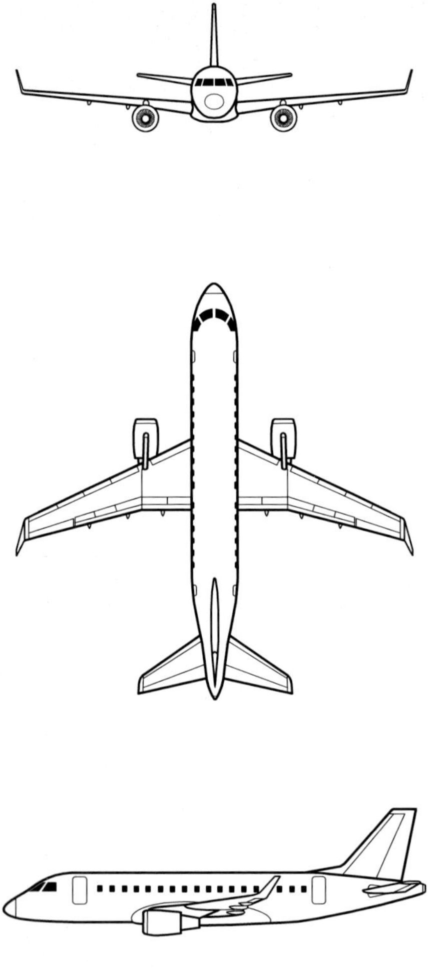

Abmessungen:
Spannweite einschließlich Winglets (170/175) 26,00 m
Länge (170) 29,90 m, (175) 31,67 m
Höhe (170/175) 9,67 m
Flügelfläche 72,72 m²

EMBRAER 170/175

Ursprungsland: Brasilien.
Kategorie: Regionalverkehrsflugzeug.
Triebwerke: Zwei Mantelstromtriebwerke General Electric CF34-8E von 6250 kp (62,27 kN) Standschub.
Leistungen: Max. Reisegeschwindigkeit 870 km/h (Mach 0,82); Dienstgipfelhöhe 11890 m; Reichweite bei voller Passagierzahl (170STD) 3334 km, (170LR) 3797 km, (175STD) 2400 km, (175LR) 3519 km.
Gewichte: Leergewicht (170) 20940 kg, (175) 21810 kg; max. Startgewicht (170STD) 35990 kg, (170LR) 37200 kg, (175STD) 37500 kg, (175LR) 38790 kg.
Zuladung: Zwei Piloten und bis zu (170) 70 bzw. (175) normal 78, max. 86 Passagiere in Viererreihen mit Mittelgang. Max. Nutzlast (170) 9000 kg, (175) 9890 kg.
Entwicklungsstand: Der erste Prototyp nahm die Flugerprobung am 19. Februar 2002 auf. Am 14. Juni 2003 folgte die erste 175. Angesichts aufgetauchter Probleme während der Entwicklung verzögerte sich die Erstauslieferung auf Anfang 2004. Der Auftragsbestand beläuft sich aktuell auf 321 Maschinen + 273 Optionen (187 der Version 170 bzw. 134 der Version 175). Abgeliefert waren Ende 2008 rund 250.
Bemerkungen: Die EMBRAER 170 (siehe Foto und Dreiseitenriss) und die etwas längere 175 decken das obere Ende des Regionalflugzeugmarktes ab. Typisch für alle 170 - 195-Modelle ist der »Double bubble-Rumpfquerschnitt«, der einer »Acht« gleicht. Dies bringt für den Passagier erhebliche Komfortverbesserungen. Bei vier Sitzen nebeneinander sind Kopf- und Ellenbogenfreiheit wesentlich größer. Im Übrigen entspricht die Konstruktion dem heute üblichen technischen Stand: Cockpit mit farbigen Flüssigkristall-Bildschirmen, digitale, elektronische Triebwerkkontrolle, Fly-by-Wire-Steuerung usw. Dank vier Türen sollen extrem kurze Bodenzeiten möglich sein. Auch bei der 170/175 werden zwei Ausführungen (STD und LR) angeboten, die sich durch verschiedene Reichweitenleistungen unterscheiden.
Hersteller: EMBRAER (Emprêsa Brasileira de Aeronautica SA), Sao José dos Campos, Brasilien.

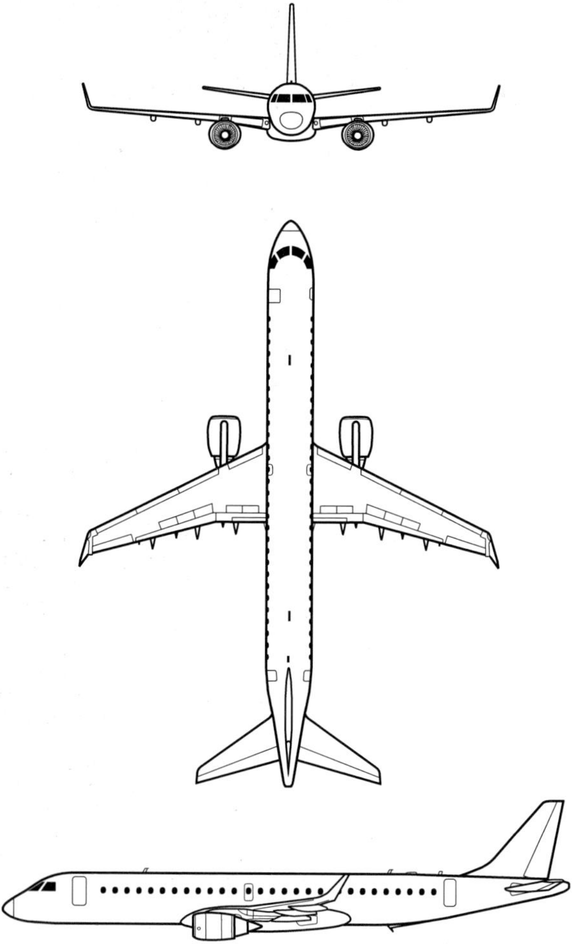

Abmessungen:
Spannweite einschließlich Winglets (190/195) 28,72 m
Länge (190) 36,24 m, (195) 38,65 m
Höhe (190/195) 10,55 m
Flügelfläche 92,50 m²

EMBRAER 190/195

Ursprungsland: Brasilien.
Kategorie: Regionalverkehrsflugzeug.
Triebwerke: Zwei Mantelstromtriebwerke General Electric CF34-10E von 8391 kp (82,3 kN) Standschub.
Leistungen: Max. Reisegeschwindigkeit 870 km/h (Mach 0,82); Dienstgipfelhöhe 11890 m; Reichweite bei voller Passagierzahl (190) 3119 km, (190LR) 4074 km, (195) 3334 km.
Gewichte: Rüstgewicht (190) 28080 kg, (195) 28970 kg; max. Startgewicht (190) 46990 kg, (190 LR) 50300 kg, (195) 47990 kg, (195LR) 50790 kg.
Zuladung: Zwei Piloten und bei Zweiklassenbestuhlung (190) 94, (195) 96 bzw. mit Einheitsklasse (190) 98 bis 106 bzw. (195) 108 bis 118 Passagiere in Viererreihen mit Mittelgang. Max. Nutzlast (190) 12720 kg, (195) 13530 kg.
Entwicklungsstand: Am 29. Februar 2004 erhob sich die 190 von EMBRAER erstmals in die Lüfte. Mit den Auslieferungen wurde im dritten Quartal 2005 begonnen. Der Auftragsbestand der Ausführung 190 belief sich Ende 2008 auf 434 Einheiten + 460 Optionen (181 abgeliefert). Von der 195 (Erstflug am 7. Dezember 2004) wurden bisher 10 Maschinen + 80 Optionen bestellt, 22 abgeliefert.
Bemerkungen: Die EMBRAER 190 und 195 (siehe Foto und Dreiseitenriss) reihen sich am obersten Ende der neuen Generation von EMBRAER-Mustern ein. Während Rumpf und Rumpfquerschnitt gleich aufgebaut sind, unterscheiden sich die 190/195 zur 170/175 (siehe Seiten 152/153) vorwiegend durch die Länge. Die Kabine misst bei der 190 25,76 m, bei der 195 28,17 m. Wegen der größeren Rumpflänge musste das Seitenleitwerk leicht vergrößert werden, das Fahrwerk ist höher. Zudem handelt es sich bei diesen Mustern im Vergleich zur 170/175 um wesentlich schwerere Flugzeuge. Trotzdem besteht zu 95 % Teilegleichheit. Wie bei den Verkehrsflugzeugen von EMBARER üblich, gibt es auch von der 190 und 195 schwere Ausführungen LR, welche sich durch höhere Reichweitenleistungen auszeichnen. Neu bietet der Hersteller unter dem Namen Lineage 1000 (Erstflug 26. Oktober 2007) eine von der 190 abgeleitete Geschäftsreiseversion an (bisher 17 bestellt). Erste Ablieferungen erfolgten bereits 2008. Der Basispreis beläuft sich auf US$ 42,95 Mio.
Hersteller: EMBRAER (Emprêsa Brasileira de Aeronautica SA), Sao José dos Campos, Brasilien.

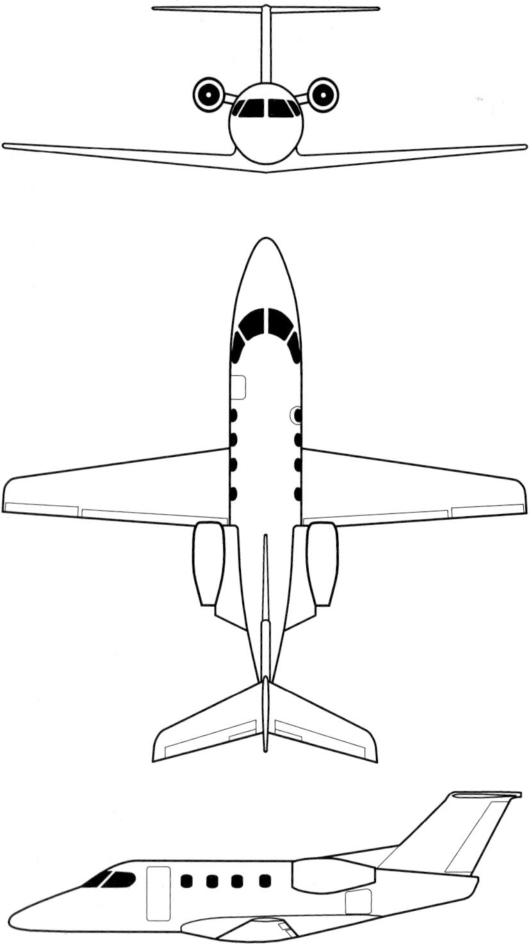

Abmessungen:
Spannweite 12,30 m
Länge 12,82 m
Höhe 4,35 m

EMBRAER PHENOM 100

Ursprungsland: Brasilien.
Kategorie: Leichtes Firmenflugzeug.
Triebwerke: Zwei Mantelstromtriebwerke Pratt & Whitney Canada PW617F von je 732 kp (7,18 kN) Standschub.
Leistungen: Max. Reisegeschwindigkeit 703 km/h (Mach 0,70); Dienstgipfelhöhe 12497 m; Reichweite mit vier Passagieren unter IFR-Bedingungen 2182 km, unter VFR-Bedingungen 2450 km.
Gewichte: Rüstgewicht 3235 kg; max. Startgewicht 4750 kg.
Zuladung: Ein bis zwei Piloten im Cockpit und vier Passagiere in der Kabine.
Entwicklungsstand: Die Phenom 100 erhob sich erstmals am 26. Juli 2007 in die Lüfte. Bisher sind Aufträge für die Phenom 100 und 300 von zusammen 800 Einheiten bekannt gegeben worden, darunter vom Flugtaxiunternehmen JetBird 50 (+ 50 Optionen). Die Erstauslieferungen begannen nach Erhalt der Zulassung im November 2008. 2009 sollen bis zu 150 Phenom 100 gebaut werden. Dafür wird in Melbourne, Florida, USA, ein zweites Montagewerk errichtet.
Bemerkungen: Auch EMBRAER will sich am Markt der leichten und kostengünstigen Firmen- und Taxiflugzeuge beteiligen und lancierte dafür die beiden Modelle Phenom 100 und 300 (siehe Seiten 158/159). Die Konstruktion entspricht dem heute üblichen Standard, wobei man dem Komfortaspekt große Beachtung schenkt. So verfügt die Phenom 100 über die größte Kabine in ihrer Klasse. Der Querschnitt beläuft sich auf 1,55 m Breite und 1,50 m Höhe. Dank vergleichsweise großen Fenstern soll der Innenraum besonders hell sein. Im Cockpit gelangt die Avionik Garmin G1000 zum Einbau. Obwohl zwischen Phenom 100 und der wesentlich teureren Phenom 300 weitgehend Teilegleichheit besteht, unterscheiden sich die beiden Muster bezüglich Triebwerke, Gewichte und Flugleistungen wesentlich. Die Verkaufspreise wurden von EMBRAER vorläufig auf (100) US$ 2,92 Mio. angesetzt.
Hersteller: EMBRAER (Emprêsa Brasileira de Aeronautica SA), Sao José dos Campos, Brasilien.

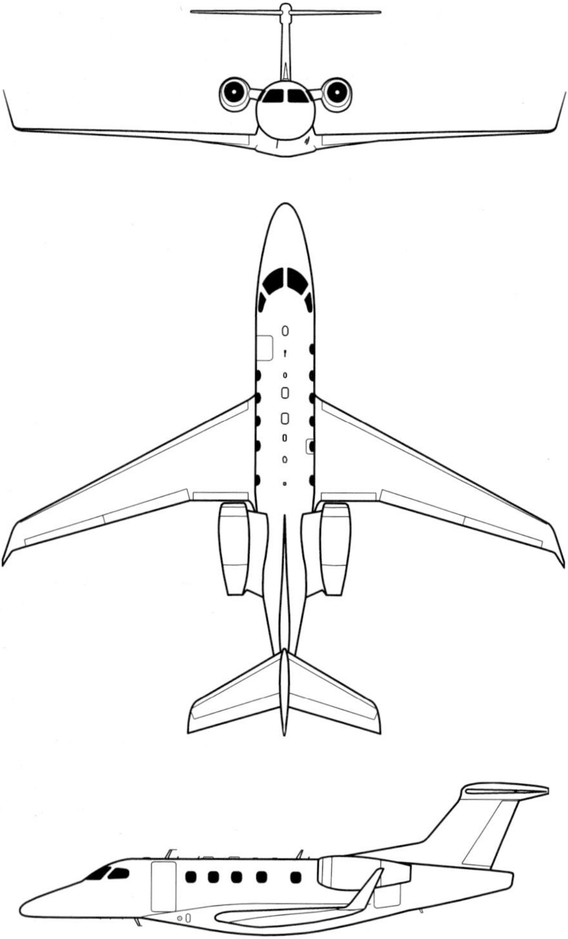

Abmessungen:
Spannweite 15,91 m
Länge 15,64 m
Höhe 5,10 m

EMBRAER PHENOM 300

Ursprungsland: Brasilien.
Kategorie: Leichtes Firmenflugzeug.
Triebwerke: Zwei Mantelstromtriebwerke Pratt & Whitney Canada PW535E von je 1450 kp (14,23 kN) Standschub.
Leistungen: Max. Reisegeschwindigkeit 824 km/h (Mach 0,78); Zeit um 10668 m zu erreichen 12 Min, Dienstgipfelhöhe 13716 m; Reichweite mit sechs Personen unter IFR-Bedingungen 3334 km.
Gewichte: Max. Startgewicht 7950 kg; weitere Angaben noch nicht erhältlich.
Zuladung: Ein bis zwei Piloten im Cockpit und sechs Passagiere in der Kabine, einschließlich einer Galley und einer Toilette. Maximal ist Platz für neun Personen vorhanden.
Entwicklungsstand: Die Phenom 300 nahm die Flugerprobung am 29. April 2008 auf. Von beiden Mustern zusammen sind bis Ende 2008 über 800 Flugzeuge bestellt worden. Die Erstauslieferungen sollen Mitte 2009 erfolgen.
Bemerkungen: Mit der Phenom 100, der hier beschriebenen Phenom 300 und später die Phenom 450, 500 bis hin zur Lineage 1000 entwickelte EMBRAER in kurzer Zeit eine ganze Familie von Businessjets. Sie alle versuchen sich im stark umkämpften Markt dadurch zu positionieren, als sie gegenüber Mitbewerbern preislich eher auf der günstigen Seite liegen. Die Konstruktion entspricht dem heute üblichen Standard, wobei man dem Komfortaspekt große Beachtung schenkt. So verfügt die Phenom 300 über die größte Kabine in ihrer Klasse. Der Querschnitt beläuft sich analog zur Phenom 100 auf 1,55 m Breite und 1,50 m Höhe. Dank vergleichsweise großen Fenstern soll der Innenraum besonders hell sein. Im Cockpit gelangt die Avionik Garmin G1000 zum Einbau. Obwohl zwischen Phenom 100 (siehe Seiten 156/157) und der wesentlich teureren Phenom 300 weitgehend Teilegleichheit besteht, unterscheiden sich die beiden Muster bezüglich Triebwerke, Gewichte und Flugleistungen wesentlich. Der Verkaufspreis wurde von EMBARER vorläufig auf US$ 6,85 Mio. angesetzt.
Hersteller: EMBRAER (Emprêsa Brasileira de Aeronautica SA), Sao José dos Campos, Brasilien.

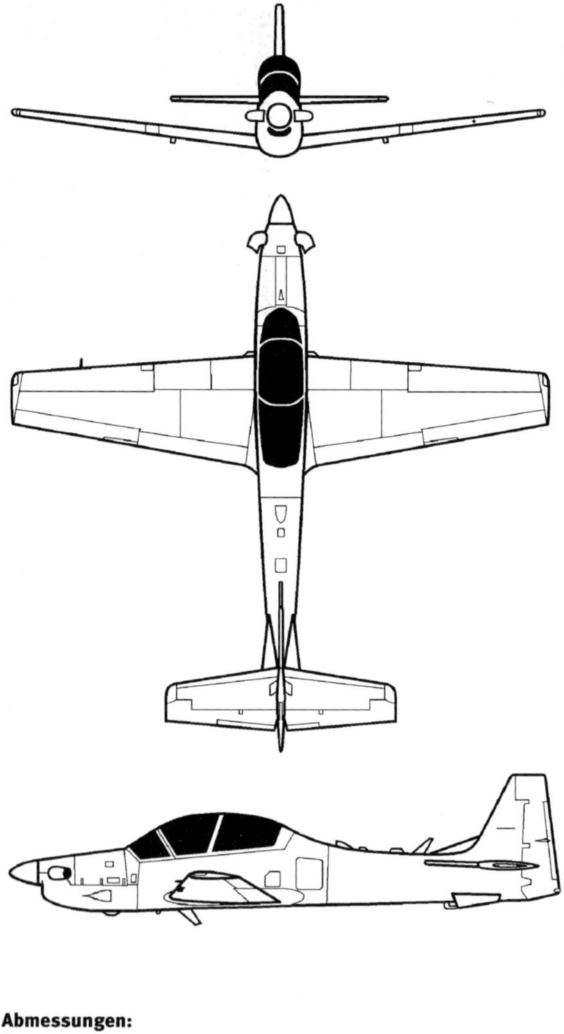

Abmessungen:
Spannweite 11,14 m
Länge 11,38 m
Höhe 3,97 m
Flügelfläche 19,40 m^2

EMBRAER EMB-314/A-29 SUPER TUCANO

Ursprungsland: Brasilien.
Kategorie (EMB-314): Zweisitziger Basis- und Fortgeschrittenentrainer bzw. leichtes einsitziges (A-29) bzw. zweisitziges (AT-29) Erdkampf- und Überwachungsflugzeug.
Triebwerke: Eine Propellerturbine Pratt & Whitney Canada PT6A-68/3 von 1600 WPS (1190 kW) Leistung, reduziert auf 1250 WPS.
Leistungen: Höchstgeschwindigkeit 590 km/h; max. Reisegeschwindigkeit 535 km/h; Anfangssteiggeschwindigkeit 24 m/Sek; Dienstgipfelhöhe 10600 m; Aktionsradius auf 3300 m ohne Bewaffnung 750 km, bei voller Bewaffnung 540 km.
Gewichte: Leergewicht 3150 kg; normales Startgewicht 3600 kg, mit Waffenlast 5250 kg.
Bewaffnung (AT-29): Zwei in den Flügeln fest eingebaute 12,7 mm-Maschinengewehre sowie an fünf Aufhängestationen unter dem Rumpf und unter den Flügeln eine Vielzahl von Waffenlasten bis zu 1500 kg.
Entwicklungsstand: Der erste, bereits dem Serienstandard entsprechende Prototyp YA-29 nahm die Flugerprobung am 2. Juni 1999 auf. Die brasilianische Luftwaffe erhält ab 2003 25 A-29 und 51 AT-29 (+ 23 Optionen). Weitere Besteller: Kolumbien 22, Domenikanische Republik 8 und neu Chile 12 und Ecuador 24.
Bemerkungen: Die A-29/AT-29 sind die Erdkampf- bzw. COIN-Ausführungen des Trainers EMB-314 Super Tucano. Sie unterscheiden sich von ihm hauptsächlich durch eine missionsbezogene Ausrüstung: Elbit-Angriffs- und Navigationselektronik, GPS, Head-Up-Display, Multifunktionsbildschirme, punktuell verstärkte Zellen- und Flügelstruktur. Das Cockpit ist gepanzert und druckbelüftet. Die Besatzung kann für Nachteinsätze mit Night-Vision-Goggles (NVG) ausgestattet werden. Der Zweisitzer AT-29 verfügt zusätzlich über ein nach vorne gerichtetes FLIR-Gerät. So ausgerüstet, soll die A-29 primär zur Bekämpfung von Drogenschmugglern und Guerillas in der Amazonasregion eingesetzt werden. Dabei arbeitet sie mit der AEW-Version der EMB-145SA (siehe Seiten 150/151) zusammen.
Hersteller: EMBRAER (Emprêsa Brasileira de Aeronautica SA), Sao José dos Campos, Brasilien.

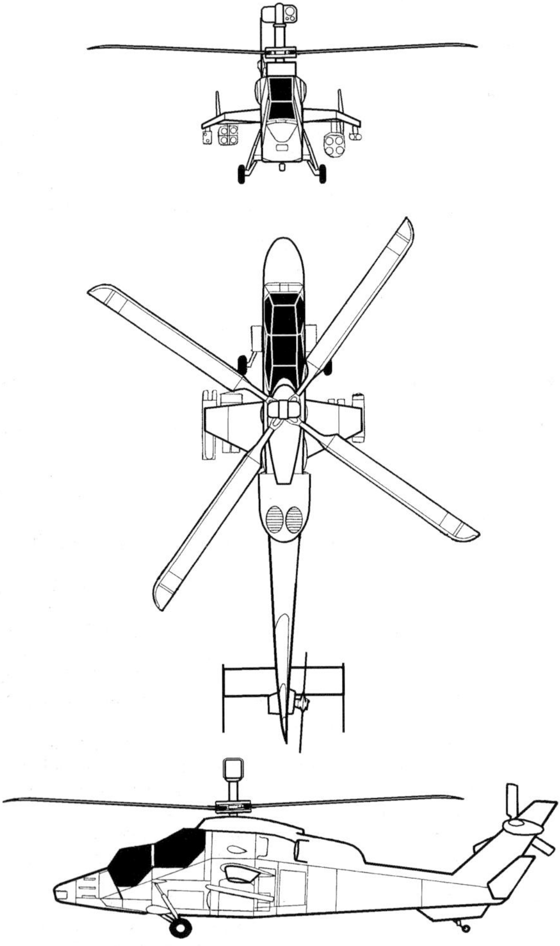

Abmessungen:
Rotordurchmesser 13,00 m
Rumpflänge (HAP mit Kanone) 15,00 m, (UHU) 14,08 m
Höhe inkl. Rotorkopf 3,83 m, inkl. Mastvisier 5,20 m

EUROCOPTER TIGER/UHU

Ursprungsland: Frankreich und Deutschland.
Kategorie: Zweisitziger Panzerabwehr- und Erdkampfunterstützungs-Hubschrauber.
Triebwerke: Zwei Gasturbinen MTU/Rolls-Royce/Turboméca MTR 390 von je 1285 WPS (958 kW) Leistung.
Leistungen (HAP): Höchstgeschwindigkeit 322 km/h; max. Reisegeschwindigkeit 287 km/h; normale Reisegeschwindigkeit 250 km/h; max. Schrägsteiggeschwindigkeit 11,5 m/Sek; Dienstgipfelhöhe 3960 m; Schwebehöhe ohne Bodeneffekt 3500 m; Flugdauer 2,85 Std; Reichweite 800 km.
Gewichte: Leer 3400 kg; normales Startgewicht 5400 kg; max. Überlast 6100 kg.
Bewaffnung (HAP): 30-mm-Kanone, bis zu 68 ungelenkte Raketen und vier Mistral-Luft-Luft-Lenkwaffen; (HAC): Acht Panzerabwehrlenkwaffen HOT/Trigat und zwei Luft-Luft-Lenkwaffen Mistral; (UHU): Zwei Behälter für je 22 ungelenkte 67-mm-Raketen, zwei starre 12,7-mm-Kanonen unter den Flügeln und Stinger-Luft-Luft-Lenkwaffen.
Entwicklungsstand: Fünf Prototypen wurden gebaut, wovon der erste am 27. April 1991 erstmals flog. Die französische Luftwaffe erhält seit 2003 voraussichtlich 215 Maschinen (115 HAP und 100 HAC), die deutsche Armee 212 Uhus. Bisher sind 206 Einheiten bestellt, davon je 80 für Deutschland und Frankreich. Weitere Besteller: Australische Armee 22, Saudi Arabien 12+, Spanien 24 Einheiten einer verbesserten Ausführung (Lizenzbau, Erstflug 14. Dezember 2007).
Bemerkungen: Drei Versionen werden gebaut: HAP (**H**élicoptère d'**A**ppui **P**rotection = Feuerunterstützung, mit Schützenoptik mittels TV-/Infrarotkamera, Laser-Entfernungsmesser) und HAC (**H**élicoptère **A**nti-**C**har = Panzerabwehrhubschrauber zusätzlich mit Osiris-Sichtsystem) für die französische Armee und UHU (Unterstützungshubschrauber, Ausrüstung weitgehend baugleich mit der HAC-Version) für die deutsche Armee. Die Zelle besteht zu über 75 % aus Verbundwerkstoffen. Zur Abschirmung von elektromagnetischen Einflüssen und zum Blitzschutz sind große Teile des Rumpfes mit einem Kupfer-Bronze-Gitter versehen. Die Panzerabwehrversion erhält ein auf dem Rotormast montiertes Visier mit Kamera.
Hersteller: Eurocopter Hubschrauber GmbH, München, Deutschland.

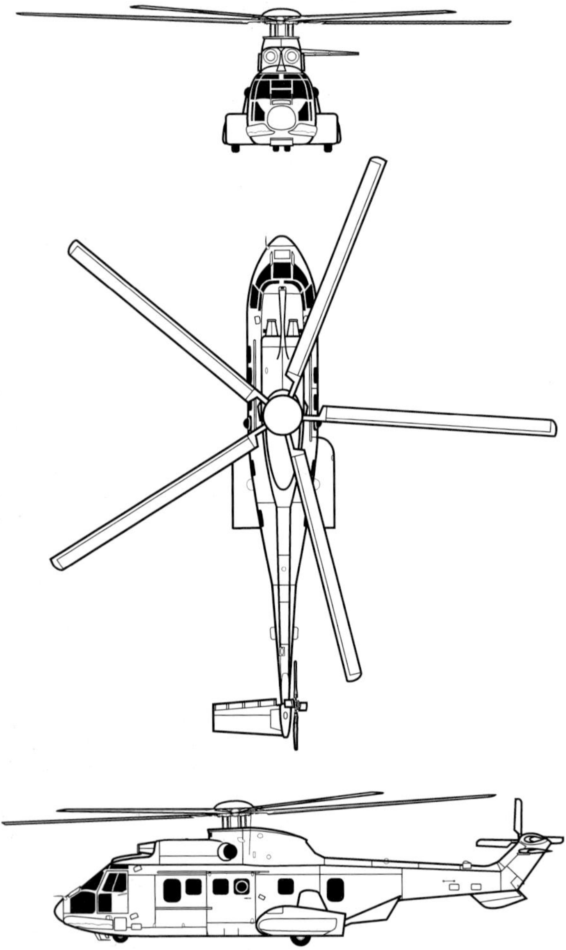

Abmessungen:
Rotordurchmesser 16,20 m
Rumpflänge inkl. Heckrotor 16,79 m
Höhe inkl. Rotorkopf 4,60 m, über Heckrotor 4,97 m

EUROCOPTER EC 225 SUPER PUMA / EC 725 COUGAR

Ursprungsland: Frankreich.
Kategorie: Mittelschwerer ziviler (EC 225) und militärischer (EC 725) Mehrzweckhubschrauber.
Triebwerke: Zwei Gasturbinen Turboméca Makila 2A von je 2100 WPS (1566 kW) Leistung.
Leistungen (EC 225): Höchstgeschwindigkeit 324 km/h; Reisegeschwindigkeit 275 km/h auf Meereshöhe; max. Schrägsteiggeschwindigkeit 8,7 m/Sek; Schwebehöhe mit Bodeneffekt 3670 m, ohne Bodeneffekt 2481 m; Dienstgipfelhöhe 5900 m; Reichweite mit Standardtreibstoffzuladung 871 km.
Gewichte (EC 225): Leer 5256 kg; max. Startgewicht 10400 kg, mit Außenlast 11000 kg.
Zuladung: Zwei Piloten und 24 Passagiere oder 29 Soldaten; max. Nutzlast 5000 kg.
Entwicklungsstand: Erstflug des Prototyps am 6. Februar 1987. Von allen Super Puma-Varianten sind bis heute rund 700 Maschinen in Auftrag gegeben worden, davon rund zwei Drittel durch 34 militärische bzw. paramilitärische Organisationen. Der Auftragsbestand der EC 225 beläuft sich auf 51 Maschinen + 18 Optionen. Die EC 725 fliegt seit 27. November 2000. Bisher sind rund 100 beschafft worden. Neueste (Nach)Bestellungen: Brasilien (51 EC 725UL/AL Super Cougar, Lizenzbau), Spanien (2 AS 532AL), ERA 4. Sechs Einheiten erhielt die Armée de l'Air, acht die Armée de Terre, 20 sind für Saudi Arabien bestimmt.
Bemerkungen: Die jüngste Variante ist die EC 725 Cougar Mk.II+ Combat SAR (früher als AS 532Mk.II+ bezeichnet). Nebst Rettungsgeräten ist sie mit Suchscheinwerfer, FLIR und Wetterradar ausgerüstet. Eurocopter entwickelte als Konkurrenz zur S-92 (siehe Seiten 284/285) eine Weiterentwicklung EC 225 Super Puma Mk.III, die seit Ende 2001 verfügbar ist. Sie weist dank leistungsfähigeren Makila 2A-Triebwerken ein höheres max. Startgewicht auf. Das Kabinenvolumen nahm durch Vergrößerung des Rumpfes (Länge + 70 cm, Breite + 25 cm, Innenhöhe + 35 cm) um rund einen Viertel zu. Neu sind auch der fünfblättrige Rotor sowie das verstärkte Getriebe. Diese Ausführung wird für zivile wie auch für militärische Zwecke angeboten.
Hersteller: Eurocopter, Werk Marignane, La Courneuve, Frankreich.

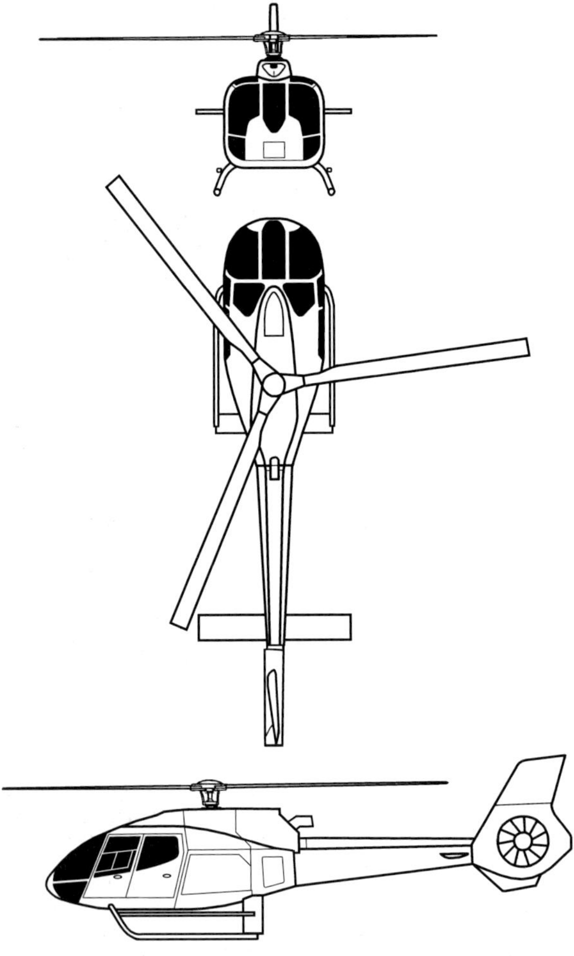

Abmessungen:
Rotordurchmesser 10,69 m
Rumpflänge 10,68 m
Höhe inkl. Rotorkopf 3,34 m, Höhe über Heckleitwerk 3,61 m

EUROCOPTER EC 130B4

Ursprungsland: Frankreich.
Kategorie: Leichter ziviler Mehrzweckhubschrauber.
Triebwerke: Eine Gasturbine Turboméca Arriel 2B1 von 847 WPS (632 kW) Leistung.
Leistungen: Höchstgeschwindigkeit 287 km/h; Reisegeschwindigkeit 259 km/h auf Meereshöhe; max. Schrägsteiggeschwindigkeit 11,6 m/Sek; Dienstgipfelhöhe 5029 m; Schwebehöhe bei max. Nutzlast mit Bodeneffekt 3267 m, ohne Bodeneffekt 2663 m; Reichweite etwa 600 km.
Gewichte: Leer 1370 kg; max. Startgewicht 2400 kg, mit externer Last 2800 kg.
Zuladung: Normal Pilot und sechs, maximal sieben Passagiere. Als EMS-Hubschrauber bis zu zwei liegende Patienten und zwei Sanitäter. Max. Nutzlast extern 1160 kg.
Entwicklungsstand: Völlig überraschend wurde im Februar 2001 die EC 130 der Öffentlichkeit vorgestellt. Dabei hatte die Flugerprobung bereits im Juni 1999 begonnen. Die ersten Ablieferungen erfolgten Ende 2001. Bisher sind über 200 EC 130/130B4 gebaut worden, größter Betreiber ist die amerikanische Maverik mit 35 Einheiten.
Bemerkungen: Obwohl von der AS 350 B3 (siehe Ausgabe 2007) abgeleitet, erscheint die EC 130 B4 als neue Konstruktion. Am augenfälligsten ist der um 25 cm verbreiterte und etwas flachere Rumpf, welcher 23 % mehr Innenraum für Passagiere und Gepäck zulässt und höheren Komfort bietet. Neu ist auch der Fenestron-Heckrotor. Dank diesem und anderen Maßnahmen soll die EC 130B4 im Betrieb besonders lärmarm sein. Die Triebwerksfunktionen werden durch ein digitales Zweikanal-Kontrollsystem überwacht, was die Arbeit des Piloten erleichtert. Zudem wurden verschiedene Maßnahmen zur Erhöhung der Sicherheit getroffen. Eurocopter gibt als Grundpreis US$ 1,6 Mio. an.
Hersteller: Eurocopter, Werk Marignane, La Courneuve, Frankreich.

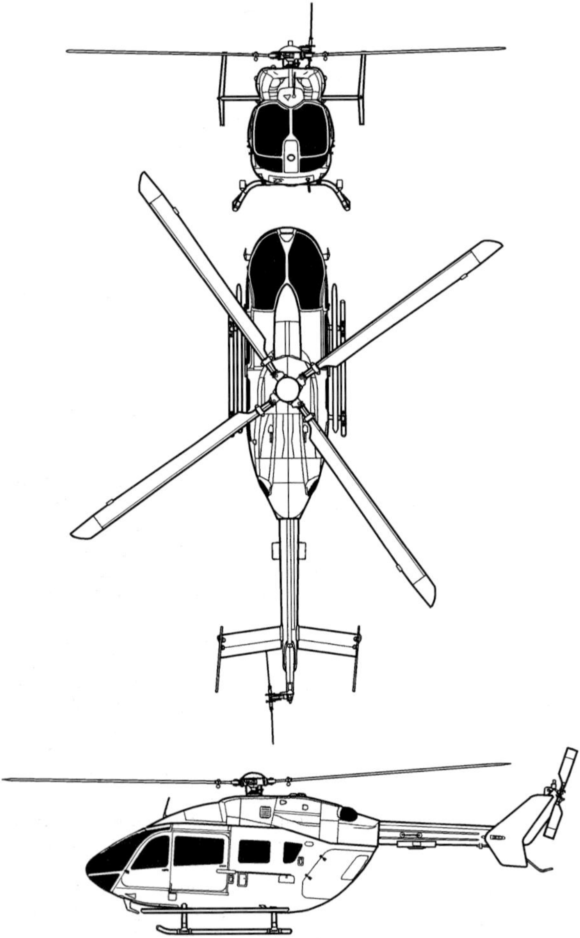

Abmessungen:
Rotordurchmesser 10,20 m
Rumpflänge 10,21 m
Höhe inkl. Rotorkopf 3,35 m, Höhe über alles 3,62 m

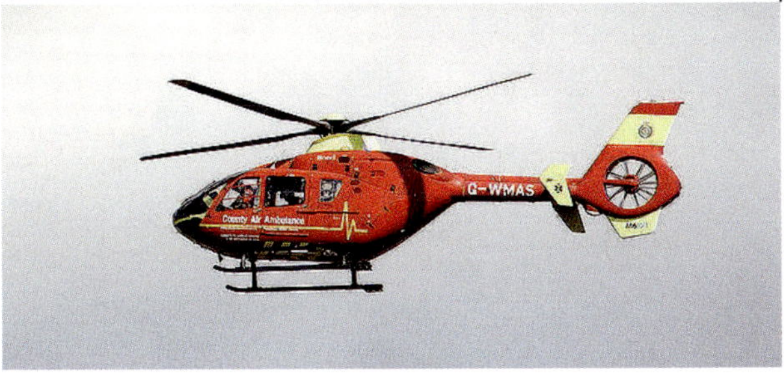

EUROCOPTER (MBB) EC 135 T2

Ursprungsland: Deutschland.
Kategorie: Leichter Mehrzweckhubschrauber.
Triebwerke: Zwei Gasturbinen (EC 135 T2) Turboméca Arrius 2B2 von je 633 WPS (472 kW) oder (EC 135 P2) Pratt & Whitney Canada PW206B2 von je 621 WPS (463 kW) Leistung.
Leistungen (Arrius 2B2): Höchstgeschwindigkeit 287 km/h; max. Reisegeschwindigkeit 262 km/h auf Meereshöhe; ökonom. Reisegeschwindigkeit 239 km/h; max. Schrägsteiggeschwindigkeit 11,7 m/Sek; Dienstgipfelhöhe 6095 m; Schwebehöhe mit Bodeneffekt 4570, ohne 3880 m; max. Reichweite 640 km; max. Flugdauer mit Zusatztank 4,48 Std.
Gewichte: Leer 1460 kg; max. Startgewicht mit Außenlast 2900 kg.
Zuladung: Sechs bis acht Personen; bei Rettungseinsätzen zwei Tragen und zwei Sanitäter; max. Nutzlast 1296 kg.
Entwicklungsstand: Der erste Prototyp EC 135 fliegt seit 15. Februar 1994; Beginn der Ablieferungen am 31. Juli 1996. Bisher sind über 800 Hubschrauber gebaut worden, darunter viele für Polizeicorps und Rettungsorganisationen aus der ganzen Welt: Spanische Guardia Civil und Polizei zusammen 51, französische Polizei 12 (+ 25 Optionen), polnisches Gesundheitsministerium 23. Der Bundesgrenzschutz erhält insgesamt 21, die Bundeswehr 15 EC 135/635, die österreichische Polizei 8. Auftraggeber der EC635: Irland 2, Jordanien 13, Schweiz 18.
Bemerkungen: Die EC 135 folgt neuesten Technologieprinzipien: Haupt- und Heckrotor aus Faserverbundwerkstoffen ohne jegliche Gelenke; Übertragungswelle mit speziellen Vibrationsdämpfern, Zellenstruktur aus Kunststoff, Fenestron-Heckrotor usw. Der Rotorkopf besitzt keine Blattlager mehr. Die Verstellung der einzelnen Rotorblätter geschieht durch elastische Verformung der Kunststoff-Blattwurzel. Rotornabe und Rotormast sind aus einem einzigen Stück geschmiedet. EC 135 für Polizeiaufgaben sind meistens wie folgt ausgerüstet: Suchscheinwerfer, Nachtsichtausrüstung, TV-Kamera und spezielle Navigationsmittel. Die militärische Ausführung heißt EC 635, ist - abgesehen von Zusatzausrüstungen - mit der zivilen jedoch weitgehend identisch. Neu ist die EC 135 P2i/T2i, welche generell bessere Leistungswerte aufweist.
Hersteller: Eurocopter Hubschrauber, München, Deutschland.

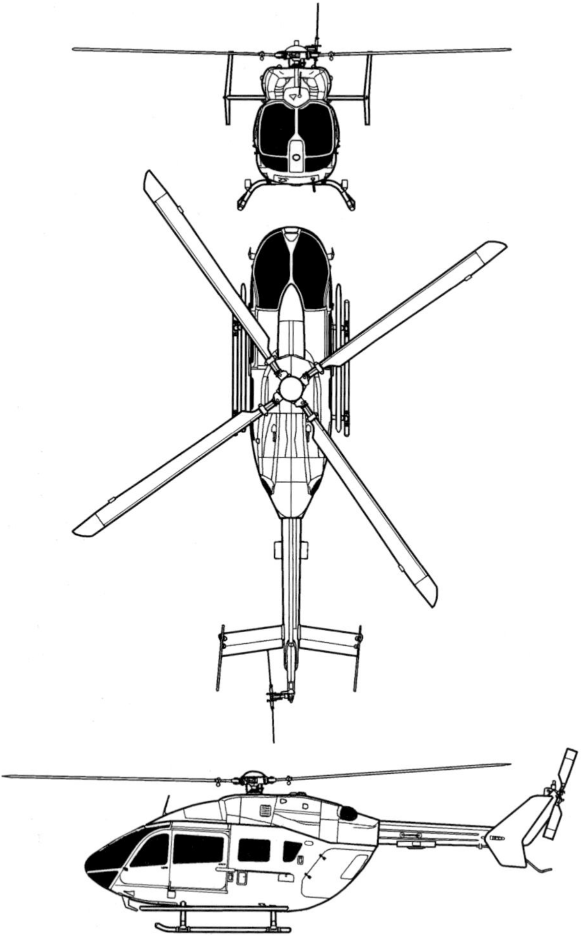

Abmessungen:
Rotordurchmesser 11,00 m
Rumpflänge 10,19 m
Höhe inkl. Rotorkopf 3,95 m

EUROCOPTER EC 145/UH-72A LAKOTA

Ursprungsland: Deutschland und Japan.
Kategorie: Mehrzweckhubschrauber.
Triebwerke: Zwei Gasturbinen Turboméca Arriel 1E2 von je 750 WPS (550 kW) Leistung.
Leistungen: Höchstgeschwindigkeit 270 km/h auf Meereshöhe; max. Reisegeschwindigkeit 245 km/h; max. Schrägsteiggeschwindigkeit 8,4 m/Sek; Dienstgipfelhöhe 5300 m, Schwebehöhe mit und ohne Bodeneffekt 2130 m; Reichweite mit normaler Treibstoffzuladung 670 km; Einsatzdauer 3,30 Std.
Gewichte: Leergewicht 1742 kg; norm. Startgewicht 3350 kg; max. Startgewicht 3550 kg.
Zuladung: Acht bis zwölf Personen inkl. Piloten; bei EMS-Einsätzen zwei liegende Verletzte und zwei Sanitäter; max. Nutzlast 1500 kg.
Entwicklungsstand: Erstflug der EC 145 am 12. Juni 1999. Die Ablieferungen begannen Mitte 2001. Aktuell sind insgesamt über 200 Einheiten in Auftrag gegeben worden, darunter französische Sécurité Civile 32, Gendarmerie 15, London Polizei 3, ADAC 2, REGA 6, Ukraine 2. Neu sollen 345 statt 322 als UH-72A Lakota bezeichnete EC 145 durch die US Army beschafft werden (Lizenzbau). Rund 50 davon sind bereits seit Anfang 2007 geliefert worden. 5 gehen an die US Navy für die Test Pilot School. Malta kauft ebenfalls eine UH-72A.
Bemerkungen: Die von der BK117 abgeleitete EC 145 Ausführung weist wesentliche Verbesserungen auf. Völlig neu sind die Avionik und das Cockpit mit NVG-Ausrüstung. Die Innengröße der Kabine nahm durch Verlängerung des Rumpfes um 40 cm und Verbreiterung um 10 cm deutlich zu. Damit und wegen der einfachen Lademöglichkeit via Hecktüren eignet sich diese Version besonders für Rettungseinsätze. Dank höherem Abfluggewicht sind bessere Reichweitenleistungen erzielbar. Das Cockpit übernimmt wesentliche Elemente der EC 135 (siehe Seiten 168/169). Auch formal ist besonders der Frontbereich diesem Muster sehr ähnlich. Der Anschaffungspreis beläuft sich auf rund 5,9 Mio Euro. Der Co-Produzent Kawasaki vertreibt dieses Muster unter dem Namen BK117C2. Seit April 2006 fliegt ein Erprobungsträger mit einem neuartigen fünfblättrigen Rotor ohne jegliche Gelenke, der besonders vibrations- und lärmarm sein soll.
Hersteller: Eurocopter Hubschrauber, MBB Division, München, Deutschland, sowie Kawasaki Heavy Industries Ltd., Gifu, Japan.

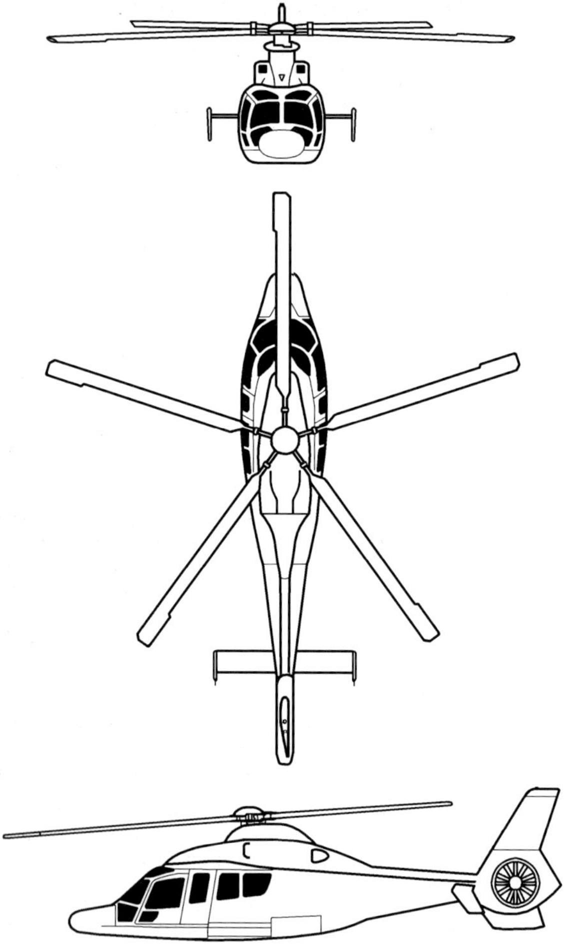

Abmessungen:
Rotordurchmesser 12,60 m
Rumpflänge 12,71 m
Höhe inkl. Rotorkopf 3,64 m, inkl. Seitenleitwerk 4,35 m

EUROCOPTER EC 155 B1

Ursprungsland: Frankreich.
Kategorie: Ziviler und militärischer Mehrzweckhubschrauber.
Triebwerke: Zwei Gasturbinen Turboméca Arriel 2C von je 850 WPS (636 kW) Leistung.
Leistungen: Höchstgeschwindigkeit auf Meereshöhe 324 km/h; max. Reisegeschwindigkeit 280 km/h; ökonom. Reisegeschwindigkeit 261 km/h; max. Schrägsteiggeschwindigkeit 8,7 m/Sek; Dienstgipfelhöhe mindestens 4500 m; Schwebehöhe mit Bodeneffekt 4155 m, ohne Bodeneffekt 3291 m; Reichweite 855 km auf Meereshöhe, mit Zusatztanks 982 km. Max. Flugdauer mit Zusatztanks 5,0 Std.
Gewichte: Leer 2624 kg; max. Startgewicht mit interner Nutzlast 4950 kg, mit externer Nutzlast 5000 kg.
Zuladung: Ein bis zwei Piloten und max. 13 Passagiere bzw. 14 Soldaten; max. Nutzlast 1994 kg.
Entwicklungsstand: Die EC 155 fliegt seit 17. Juni 1997. Bisher sind rund 80 Einheiten an etwa 30 Betreiber abgeliefert worden, darunter an den Bundesgrenzschutz 15 und an Baden-Württemberg 2. Neuester Besteller: Civic Offshore Helicopter 10.
Bemerkungen: Die EC 155 ist eine wesentlich weiterentwickelte Ausführung der AS 365N3 (siehe Ausgabe 2005). Sie zeichnet sich vor allem durch eine um 30 cm verlängerte Kabine aus, die zudem 18 cm höher ist. Das Innenvolumen nahm sogar um 40% zu. Ebenfalls deutlich größer wurde der Gepäckraum. Als Antrieb dienen zwei leistungsgesteigerte Arriel 2C-Triebwerke mit einem neuen faltbaren Spheriflex-Fünfblattrotor, welcher einen um 60 cm größeren Durchmesser aufweist. Der Zehnblatt-Fenestron-Heckrotor wurde zur Lärmreduktion ebenfalls modifiziert. Das Cockpit ist vollständig digitalisiert. Die Grundausführung soll etwa US$ 5,5 Mio. kosten. Gegenwärtig prüft Eurocopter eine leistungsfähigere Version EC 155HP. Diese soll auch die Basis für eine militärische Ausführung EC 655 sein. Für diese sind bisher keine Aufträge eingegangen.
Hersteller: Eurocopter (Aérospatiale), Werk Marignane, La Courneuve, Frankreich.

Abmessungen:
Noch keine Angaben erhältlich.

EUROCOPTER EC 175/ Z 15

Ursprungsland: Frankreich und VR China.
Kategorie: Ziviler Mehrzweckhubschrauber.
Triebwerke: Zwei Gasturbinen Pratt & Whitney Canada PT6C-67E von je 2000 WPS (1325 kW) Leistung.
Leistungen (nach Angaben des Herstellers): Höchstgeschwindigkeit 280 km/h; weitere Leistungsangaben noch nicht erhältlich.
Gewichte: Max. Startgewicht voraussichtlich rund 8000 kg.
Zuladung: Zwei Piloten und 16 Passagiere.
Entwicklungsstand: Die Flugerprobung soll im Laufe 2009 starten. Mit den Ablieferungen will man 2012 beginnen. Bisher sind rund 110 Bestellungen bekannt gegeben worden, darunter von Bristow (12) und VIH Aviation Group (6). Die EC 175 wird parallel in Frankreich wie auch in China endmontiert, die Teileherstellung erfolgt jeweils nur an einem Ort.
Bemerkungen: Die EC 175 ist ein 50:50-Joint-Venture zwischen Frankreich und der VR China und damit der vorläufige Höhepunkt der Zusammenarbeit der Firmen Eurocopter und Harbin in diesem Bereich. Schon mehrere frühere Muster des französischen Herstellers wurden in China entweder in Lizenz gebaut oder dort weiter entwickelt. Ein Hauptaugenmerk der EC 175 soll die breite Einsatzmöglichkeit sein. Dafür weist sie eine vergleichsweise sehr große Kabine auf. Weitere Schwergewichte sind hohe Sicherheit und dank reduzierten Wartungskosten auch eine gute Wirtschaftlichkeit. Konstruktion wie auch eingebaute Systeme entsprechen der heutigen State-of-the-art. Weite Teile des Rumpfes sind aus Verbundwerkstoffen. Was Platzverhältnisse, Reisekomfort, Vibrations- und Lärmwerte wie auch Emissionslasten angeht, sollen Bestwerte erreicht werden. Generell wollen die Entwickler mit der EC 175 den Benchmark setzen. Der gezeigte Dreiseitenriss ist noch provisorischer Natur.
Hersteller: Eurocopter, Werk Marignane, La Courneuve, Frankreich und Harbin Aviation Industry Group (AVIC II), VR China.

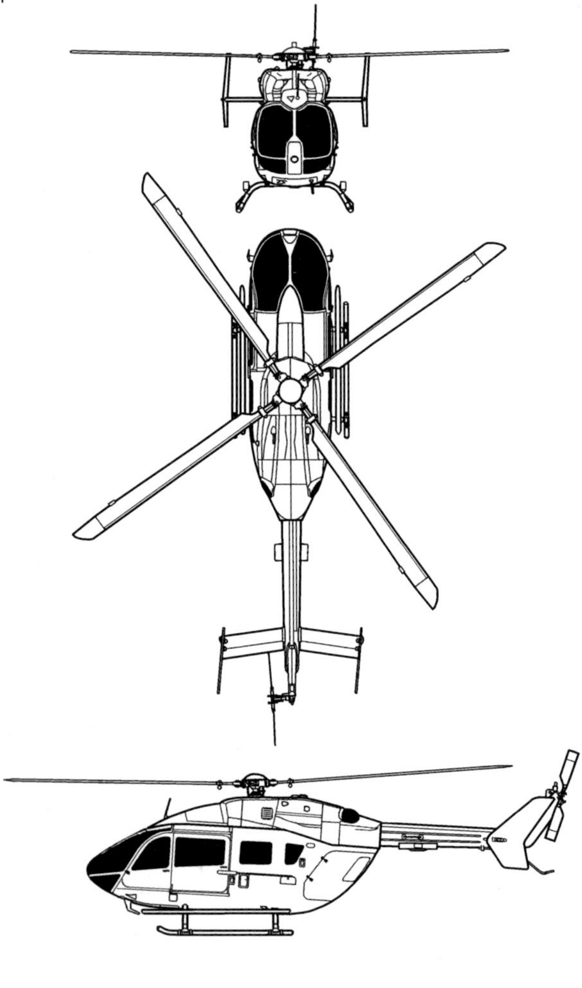

Abmessungen:
Spannweite 10,95 m
Länge 15,96 m
Höhe 5,28 m
Flügelfläche 50,00 m^2

EUROFIGHTER EJ2000 TYPHOON

Ursprungsland: Großbritannien, Deutschland, Italien und Spanien.
Kategorie: Abfang- und Luftüberlegenheitsjäger.
Triebwerke: Zwei Mantelstromtriebwerke Eurojet EJ200 von je rund 6100 kp (60 kN) Standschub ohne und 9185 kp (90 kN) mit Nachbrenner.
Leistungen: Höchstgeschwindigkeit in großer Höhe Mach 2,0+, in Bodennähe 1390 km/h; Steigzeit auf 10000 m ca. 2 Min; Dienstgipfelhöhe 16765 m; Aktionsradius mit je zwei Luft-Luft-Lenkwaffen AIM-120 und AIM-132 inkl. Außentanks 1390+ km; Überführungsreichweite mit zwei Außentanks 3700 km.
Gewichte: Leer 11150 kg; max. Startgewicht 23500 kg.
Bewaffnung: Eine 27-mm-Mauser-Kanone im Rumpf und beispielsweise eine Zusammensetzung von sechs Kurzstrecken-Luft-Luft-Lenkwaffen AIM-132 und vier Mittelstrecken-Luft-Luft-Lenkwaffen AIM-120. Max. Waffenlast 6500 – 8000 kg an 13 Waffenstationen.
Entwicklungsstand: Der erste von sieben Prototypen nahm am 27. März 1994 die Flugerprobung auf, gefolgt vom ersten Serienmuster im Laufe von 2002. 2003 sind die ersten Serienmaschinen abgeliefert und 2004 die ersten Einheiten aufgestellt worden. Aktuell sind folgende Beschaffungszahlen geplant: Großbritannien 232, Deutschland 180, Italien 121, Spanien 87. Österreich kauft nur noch 15 Einheiten, Saudi Arabien 72. Die 148 Maschinen des ersten Loses sind mittlerweile alle abgeliefert. Ein zweites als Tranche 2 bezeichnetes Los von 236 EJ2000 wird derzeit gebaut.
Bemerkungen: Die EJ2000 Typhoon wird als Ein- wie als Doppelsitzer angeboten. Die ersten der Tranche 1 zugehörigen Einheiten sind vorerst für Abfangaufgaben konfiguriert. Hierbei kann ohne Nachbrenner die sog. Supercruise-Geschwindigkeit von Mach 1,2 bis 1,3 erreicht werden. Derzeit werden die Maschinen der Tranche 2 gebaut, welche vorwiegend durch Upgrades der Avionik zusätzlich Waffensysteme für den Erdkampf mitführen können. Die restlichen geplanten rund 236 Eurofighters sollen der Tranche 3 angehören. Sie werden voraussichtlich um 15 % leistungsstärkere Triebwerke mit schwenkbaren Austrittsdüsen, ein neues Radar und ein überarbeitetes Cockpit mit Voice-Control (= sprachgesteuerte Flugzeugführung erhalten.
Hersteller: Eurofighter, München, Deutschland.

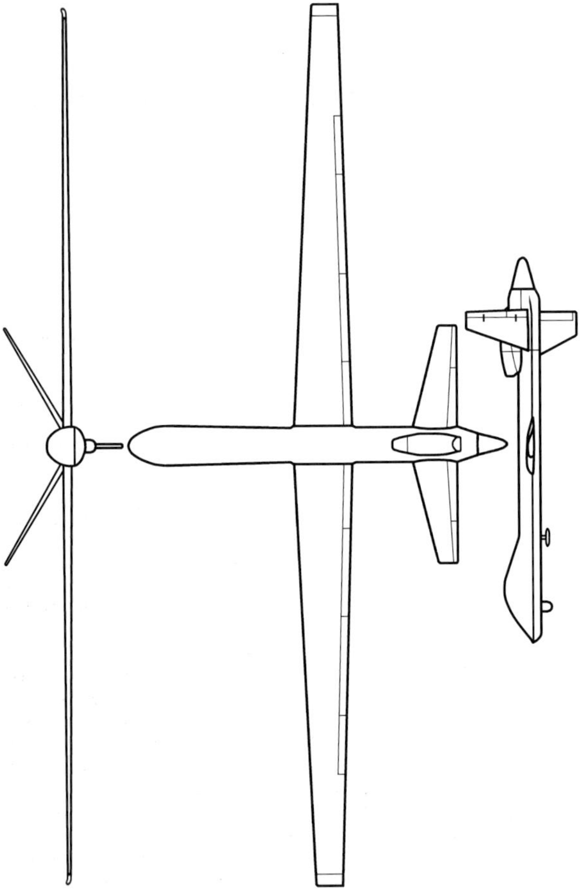

Abmessungen:

Spannweite 20,12 m
Länge 10,97 m
Höhe 3,56 m

GENERAL ATOMICS MQ-9A REAPER

Ursprungsland: USA.
Kategorie: Unbemannte Drone für Erdkampf, Aufklärungs- und ELINT-Aufgaben in großen Höhen.
Triebwerke: Eine Propellerturbine Honeywell TPE331-10T von 950 WPS (712 kW) Leistung.
Leistungen: Höchstgeschwindigkeit ca. 410 km/h; Dauergeschwindigkeit 370 km/h; Dienstgipfelhöhe über 15400 m; Reichweite 4000 km; max. Flugdauer mehr als 30 Std.
Gewichte: Leergewicht 2223 kg; max. Startgewicht 4763 kg.
Zuladung/Bewaffnung: Aufklärungssysteme im Gesamtgewicht von intern 363 kg, extern 1361 kg. Es können beispielsweise bis zu zehn Hellfire-Panzerabwehrlenkwaffen oder sechs 225-kg-GPS-Bomben mitgeführt werden.
Entwicklungsstand: Im Februar 2001 startete ein Erprobungsträger zum Erstflug. 2002 bestellte die USAF zwei operationelle Prototypen (2005 abgeliefert). Vorläufigen Plänen zufolge werden etwa 60 beschafft. Etwa 20 davon sind bereits abgeliefert. Drei Maschinen erhielt die RAF (weitere zwei bestellt), Italien und Türkei beschaffen je vier Reapers. Unter der Bezeichnung Mariner plant die USN den Erwerb einer MQ-9-Ausführung für Seeüberwachung. Zwei Predator B erhielt die US Customs and Border Protection (CBP).
Bemerkungen: Das neue Triebwerk bietet gegenüber dem Ausgangsmuster RQ-1A Predator A (siehe Ausgabe 2006) in allen Bereichen wesentlich bessere Flugleistungen an. Zudem ist die Nutzlast deutlich höher, es können u.a. auch mehr Waffen mitgeführt werden. Der Flügel ist gegenüber dem Ausgangsmuster deutlich größer, der Rumpf dicker. Er kann dadurch mehr Treibstoff aufnehmen. Während die RQ-1 vorwiegend für Aufklärungsaufgaben vorgesehen ist, soll die MQ-9 vorab als Erdkämpfer/Aufklärer in besonderen Situationen eingesetzt werden. Dazu verfügt sie u.a. über ein synthetisches Breitband-Radar APY-8 Lynx mit hoher Auflösung. Unter der Bezeichnung Altair gibt es auch eine Ausführung für zivile Überwachungs- und Forschungsaufgaben. Die NASA setzt diese Weiterentwicklung der Reaper für Forschungsaufgaben in großen Höhen ein. Sie verfügt über einen verlängerten Flügel mit rund 26 m Spannweite und erreicht rund 15800 m Höhe. Das maximale Startgewicht beläuft sich auf 3266 kg.
Hersteller: General Atomics Aeronautical Systems Inc., San Diego, USA.

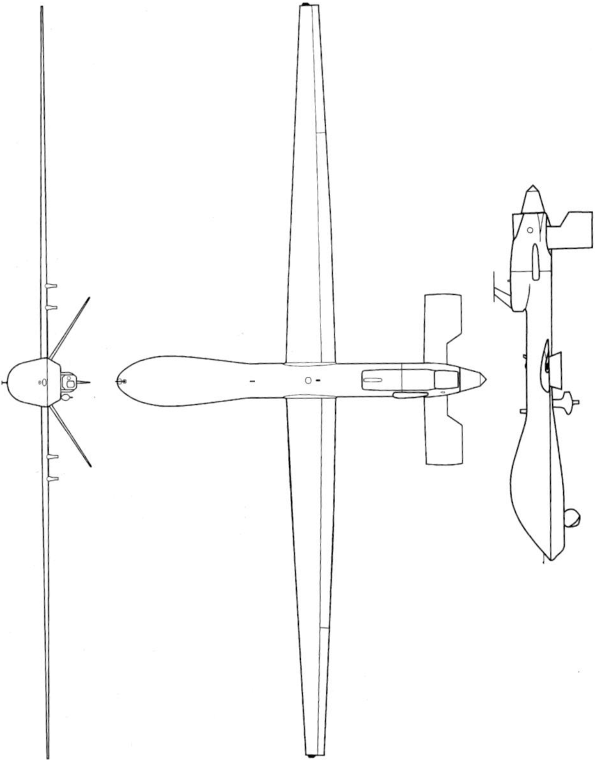

Abmessungen:
Spannweite 17,00 m
Länge 8,00 m
Höhe 2,10 m

GENERAL ATOMICS MQ-1C SKY WARRIOR

Ursprungsland: USA.
Kategorie: Unbemannter Langstrecken-Aufklärer für mittlere Höhen.
Triebwerke: Ein Dieseltriebwerk Thielert Centurion mit Schubpropeller von 135 PS (100 kW) Leistung.
Leistungen: Patrouilliergeschwindigkeit 250 km/h; Dienstgipfelhöhe 8840 m; Aktionsradius 400 km; max. Flugdauer 36 Std.
Gewichte: Max. Startgewicht 1451 kg.
Zuladung: Aufklärungs- und Elekronikausrüstung bis zu einem Gewicht von 488 kg, davon 261 kg intern und 227 kg extern. Typischerweise umfasst die Ausrüstung ein Kamerasystem MTS-A EO/IR, ein SIGINT-Aufklärungsmodul sowie eine Kommunikationseinrichtung mit der Bodenstation.
Bewaffnung: Lenkwaffen AGM-114 Hellfire oder Viper Strike an vier Aufhängepunkten unter den Flügeln.
Entwicklungsstand: Der Prototyp nahm die Flugerprobung am 6. Juni 2007 auf. Hauptbestellerin ist die US Army, welche insgesamt elf Systeme mit je zwölf Warriors und fünf Bodenstationen beschaffen will. Die Ersten sollen Mitte 2009 in Einsatz gelangen. Auch die USAF hat vorerst 17 Einheiten bestellt. Das Ausgangsmuster RQ-1A Predator wird weiterhin gebaut.
Bemerkungen: Die neue Warrior ist ein typischer Vertreter der sog. MALE-UAV's (**M**edium **A**ltitude **L**ong **E**ndurance). Sie basiert auf der MQ-1 Predator (siehe Ausgabe 2006), weist jedoch einen Flügel mit größerer Spannweite und einen verlängerten Vorderrumpf auf. Damit kann sie größere Nutzlasten mitführen. An der Rumpfspitze ist ein synthetisches Breitbandradar von Northrop Grumman eingebaut. Unter den Flügeln besteht die Möglichkeit, Waffen mitzuführen. Erstmals kommt ein Dieselmotor in einer größeren Drone zur Anwendung. Dieser lässt zu, sowohl Jet Fuel (Kerosen) wie auch Autodiesel zu verwenden. Das ganze System kann durch eine C-130 Hercules transportiert werden und ist zwei Stunden nach dem Ausladen einsatzbereit. Die Bodenstation hat in einem auf einem Normlastwagen beladbaren MTV S-280-Container Platz.
Hersteller: General Atomics Aeronautical Systems Inc., San Diego, USA.

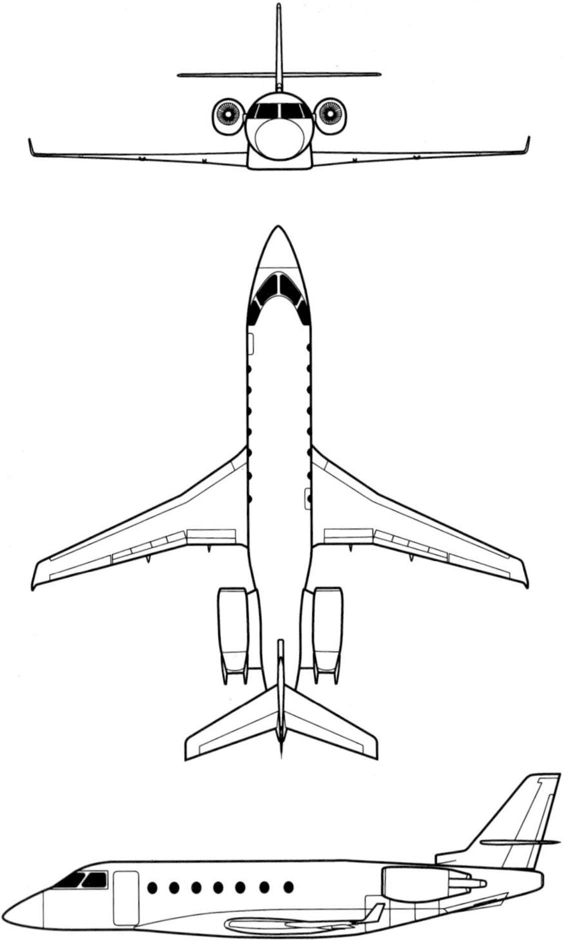

Abmessungen:
Spannweite (G200) 17,71 m, (G250), 18,67 m
Länge 18,97 m
Höhe 6,53 m
Flügelfläche (G200) 34,28 m²

GULFSTREAM G200/250

Ursprungsland: Israel/USA.
Kategorie: Firmenflugzeug.
Triebwerke: Zwei Mantelstromtriebwerke (G200) Pratt & Whitney Canada PW306A von je 2740 kp (26,98 kN) bzw. (G250) Honeywell HTF7250G von je 3376 kp (33,00 kN) Standschub.
Leistungen (G200): Höchstgeschwindigkeit 870 km/h oder Mach 0,85; Langstrecken-Reisegeschwindigkeit 796 km/h (Mach 0,82); Dienstgipfelhöhe 13716 m; Reichweite mit vier Passagieren und IFR-Reserven 6301 km.
Gewichte: Leergewicht 8981 kg; max. Startgewicht 16080 kg.
Zuladung (G200): Zwei Piloten und normalerweise acht Passagiere in Komfortausführung oder bis zu 18 Personen in enger Dreierbestuhlung mit Mittelgang; max. Nutzlast 1905 kg.
Entwicklungsstand: Der erste von vier Prototypen fliegt seit 25. Dezember 1997, gefolgt vom zweiten am 21. Mai 1998. Die Ablieferungen begannen Anfang 1999. Derzeit fliegen über 200 Einheiten. Jährlich stellt IAI in Israel etwa 24 Maschinen her, welche die Innenausstattung in den USA erhalten. Die G250 soll im zweiten Halbjahr 2009 erstmals fliegen.
Bemerkungen: Die Gulfstream G200 (siehe Foto und Dreiseitenriss) ist das Resultat einer Zusammenarbeit zwischen der israelischen IAI und einer amerikanischen Finanzgruppe und wurde aus der Astra SPX/G 100 (siehe Ausgabe 2003) weiterentwickelt. Während der Flügel weitgehend von ihr übernommen wurde, verfügt die G200 über einen völlig neu konstruierten, wesentlich größeren Rumpf. Mit einer Länge von 7,44 m, einer Breite von 2,18 m und einer Höhe von 1,91 m (Innenmaße) wird sie wesentlich höheren Ansprüchen gerecht. Wie bei den meisten Geschäftsflugzeugen neuester Generation ist das Cockpit mit Multifunktionsdisplays ausgerüstet; Lieferant ist Rockwell Collins. Im Herbst 2008 präsentierte Gulfstream die Weiterentwicklung G250. Der Rumpf bleibt gleich, jedoch erhöht sich das Innenvolumen durch Weglassen des Treibstofftanks im Heck. Die G250 erhält jedoch einen vollständig neuen Flügel größerer Spannweite mit Winglets, überarbeitete Avionik und stärkere Triebwerke. Bei größerer Wirtschaftlichkeit weist die G 250 deutlich bessere Flugleistungen auf.
Hersteller: Gulfstream Aerospace Corp., (Tochtergesellschaft von General Dynamics), Savannah, Georgia, USA, Werk Israel Aircraft Industries Ltd., Ben-Gurion International Airport, Israel.

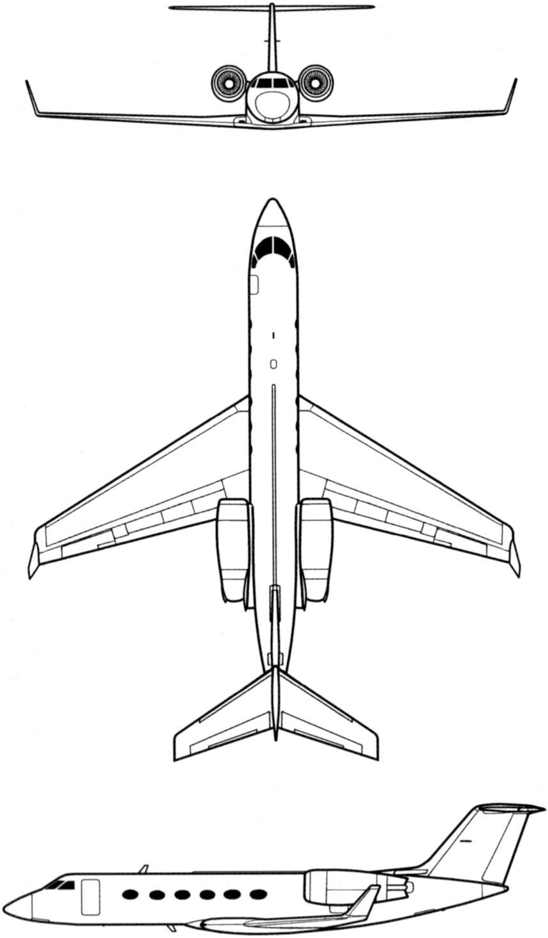

Abmessungen:
Spannweite 23,72 m
Länge 27,23
Höhe 7,67 m
Flügelfläche 88,29 m^2

GULFSTREAM AEROSPACE GULFSTREAM G350/G450

Ursprungsland: USA.
Kategorie: Firmen- und Mehrzweckflugzeug für zivile und militärische Aufgaben.
Triebwerke (G450): Zwei Mantelstromtriebwerke Rolls-Royce (450) Tay 611-8C von je 6282 kp (61,60 kN) Standschub.
Leistungen: Max. Reisegeschwindigkeit Mach 0,88; Langstrecken-Reisegeschwindigkeit 850 km/h; Dienstgipfelhöhe 13715 m; Reichweite bei Mach 0,80 (G350) 7000 km, (G450) 8061 km.
Gewichte: Rüstgewicht (G350) 19369 kg, (G450) 19504 kg; max. Startgewicht (G350) 32116 kg, (G450) 33521 kg.
Zuladung: Zwei Piloten im Cockpit und je nach Innenausstattung (G350) bis zu 16, (G450) 12, 14 oder bis 19 Passagiere; Nutzlast bei vollen Tanks (G350) 1179 kg, (G450) 816 kg, max. (G350) 2858 kg, (G450) 2722 kg.
Entwicklungsstand: Die Weiterentwicklung der G400, die G450 absolvierte den Erstflug am 30. April 2003. Diese Variante ist seit zweitem Quartal 2005 erhältlich. Die Gulfstream G350 fliegt seit Anfang 2004. Die Auslieferungen begannen im dritten Quartal 2005. Bis Ende 2008 sind von beiden Varianten rund 130 Maschinen gebaut worden.
Bemerkungen: Die Gulfstream-Familie wird konsequent weiter entwickelt. Die neueste Ausgabe ist die Gulfstream G350, welche den Rumpf und die Triebwerke der G450 übernimmt, jedoch das PlaneView-Cockpit der G500/550 (siehe Ausgabe 2008) aufweist. Sie ist die wirtschaftlichere und günstigere Ausführung der G 450 und kostet in der Basisausrüstung rund US$ 27,5 Mio statt US$ 33,5 Mio. für eine G 450. Gulfstream G350 und G450 haben eine überarbeitete Inneneinrichtung. Beide verfügen über eine integrierte Honeywell SPZ-8400-Avionik. Die G450 fällt zudem durch deutlich bessere Reichweitenleistungen auf, dies dank stärkeren Triebwerken. Zudem ist die Druckkabine verbessert. Mit der neuesten Ergänzung verfügt Gulfstream dank den G350, G450, G500 und G550 über eine Familie von modernst ausgestatteten Firmenflugzeugen, welche in der Grundausrüstung sehr ähnlich sind.
Hersteller: Gulfstream Aerospace Corp. (Tochterfirma von General Dynamics), Savannah, Georgia, USA.

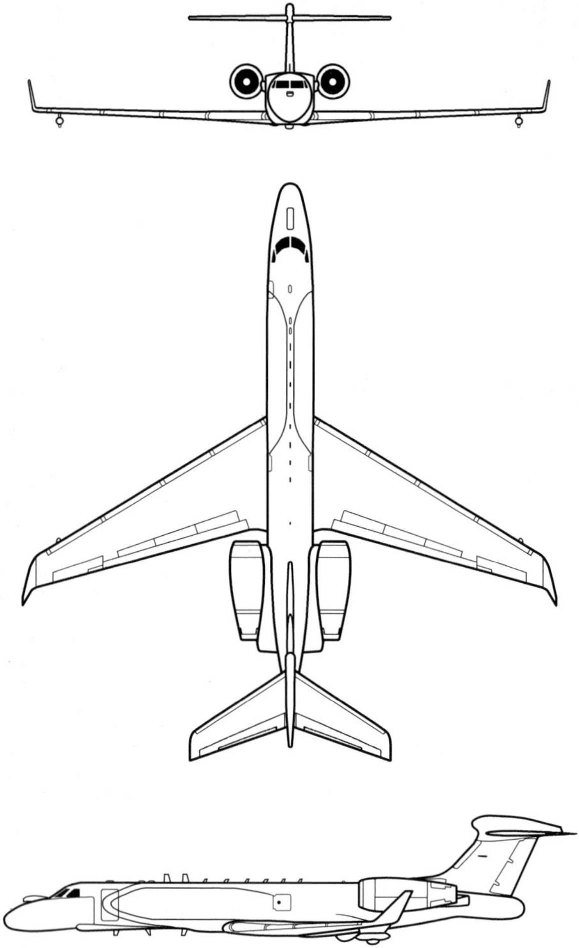

Abmessungen:
Spannweite 28,50 m
Länge 29,40 m
Höhe 7,90 m
Flügelfläche 105,63 m^2

GULFSTREAM AEROSPACE G550 Special Mission

Ursprungsland: USA.
Kategorie: Elektronischer Aufklärer für ELINT- bzw. SIGINT-Aufgaben sowie Radarfrühwarnflugzeug.
Triebwerke: Zwei Mantelstromtriebwerke BMW/Rolls-Royce BR 710-48 von je 6980 kp (68,40 kN) Standschub.
Leistungen (G550): Max. Reisegeschwindigkeit 940 km/h (Mach 0,885); Langstrecken-Reisegeschwindigkeit 851 km/h; Anfangssteiggeschwindigkeit 21,3 m/Sek; Dienstgipfelhöhe (G550 CAEW) 12500 m; Einsatzdauer (G550 CAEW) rund 10 Stunden.
Gewichte: Rüstgewicht (G550) 21919 kg; max. Startgewicht (G550) 41277 kg. Entsprechende Angaben für die Elektronikvarianten sind nicht erhältlich.
Zuladung: Zwei Piloten im Cockpit und (G550 SEMA) zwei bis drei Systemoperateure, (G550 CAEW) sechs Missionsspezialisten.
Entwicklungsstand: Das erste Exemplar, eine G550 SEMA, allerdings noch ohne elektronische Ausrüstung, begann die Flugerprobung am 26. März 2005. Israel hat drei G550 SEMA und eine G550 CAEW beschafft (+ zwei Optionen). Die Auslieferung der fertig ausgerüsteten Maschinen begann in September 2006. Neuester Besteller: Singapur vier G550 CAEW.
Bemerkungen: Zwei Versionen sind im Moment vorgesehen, welche auf der G550-Plattform (siehe Ausgabe 2008) basieren. Der Elektronik- und Funkaufklärer G550 SEMA verfügt für sog. ELINT- und SIGINT-Aufgaben (siehe Foto) über ein System IAI Elta EL/I-3001, dessen sichtbarer Teil aus einem großen Behälter vorne unter dem Rumpf besteht. Zudem sind an Rumpf und Flügeln Sensoren installiert. Die Übertragung der aufgefangenen Daten erfolgt über ein SATCOM-System (Satellite Communications). Der Radarfrühwarner G550 CAEW (Compact Airborne Early Warning) erhält ein Radar Elta EL/W-2085 Phalcon im Rumpf. Zudem sind vier fest montierte Antennen vorne, hinten und je seitlich am Rumpf angebracht, um eine 360°-Abdeckung zu ermöglichen. Dies erfordert eine erhebliche Anpassung der ursprünglichen Struktur. Seit kurzem prüft die US Army die Beschaffung von 38 G550 der sog. Aerial Common Sensor (ACS)-Variante. Sie würde über ein Bodenbeobachtungsradar unter dem Rumpf und die dazugehörigen Systeme verfügen.
Hersteller: Gulfstream Aerospace Corp. (Tochterfirma von DaimlerChrysler Corp.), Savannah, Georgia, USA.

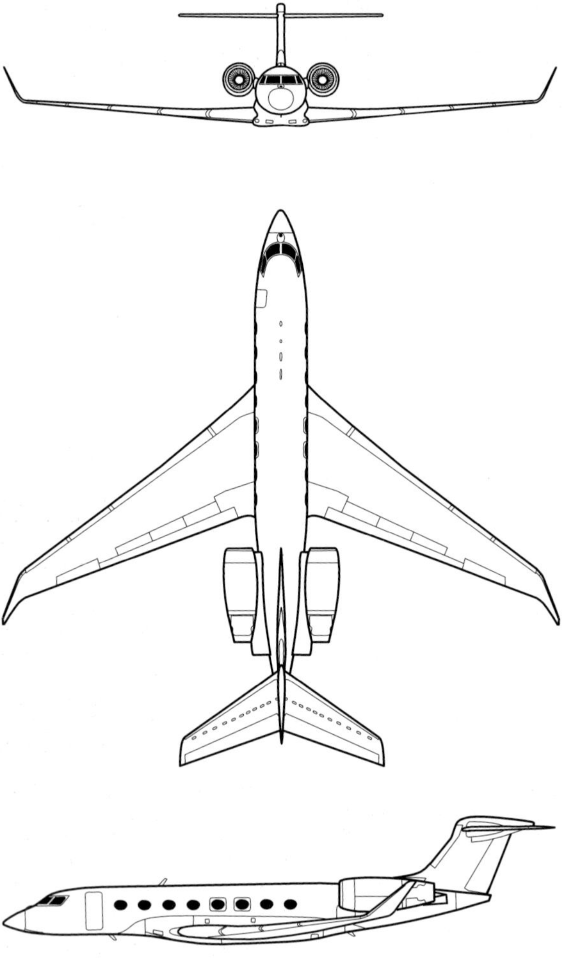

Abmessungen:
Spannweite 30,35 m
Länge 30,40 m,
Höhe 7,82 m
Flügelfläche 119,20 m²

GULFSTREAM AEROSPACE GULFSTREAM G650

Ursprungsland: USA.
Kategorie: Langstrecken-Firmenflugzeug.
Triebwerke: Zwei Mantelstromtriebwerke BMW/Rolls Royce BR725 A1-12 von je 7300 kp (71,60 kN) Standschub.
Leistungen (nach Angaben des Herstellers): Max. Reisegeschwindigkeit Mach 0,925; normale Reisegeschwindigkeit Mach 0,90, Langstrecken-Reisegeschwindigkeit (Mach 0,85); Dienstgipfelhöhe 15550 m; normale Reichweite maximale Reichweite mit vier Besatzungsmitgliedern und acht Passagieren 12964 km.
Gewichte: Rüstgewicht 24500 kg; max. Startgewicht 45180 kg.
Zuladung: Zwei Piloten im Cockpit und normalerweise acht Passagiere. Maximal können 18 Personen mitfliegen. Nutzlast bei vollen Tanks 816 kg, max. Nutzlast 2948 kg.
Entwicklungsstand: Im Frühjahr 2008 stellte Gulfstream das neueste Spitzenmodell G650 vor. Der Erstflug des Prototyps wird für das zweite Halbjahr 2009 erwartet. Heutigen Plänen zufolge soll mit den Auslieferungen 2011 begonnen werden.
Bemerkungen: Obwohl den anderen Mustern der Gulfstream-Familie ähnlich, handelt es sich bei der G650 um eine vollständig neue Konstruktion. Am obersten Ende der Skala von Geschäftsflugzeugen angesiedelt, soll sich dieses Modell vor allem durch eine sehr großzügige, 16,33 m lange Kabine mit einer Innenhöhe von 1,91 m und Breite von 2,41 m und hohen Reisegeschwindigkeiten auszeichnen. Mit der Reisegeschwindigkeit von Mach 0,925 ist sie das aktuell schnellste Firmenflugzeug der Welt und hat in dieser Disziplin die Cessna X (siehe Seiten 122/123) überholt. Die neueste BR725-Turbofan-Ausführung mit digitaler Steuerung (FADEC) und 24 Schaufeln in Sichelform verspricht einen geringen Verbrauch bei tiefen Emissionswerten. Erstmals bei einem Businessflugzeug erfolgt die Flugsteuerung durch ein Fly-By-Wire-System. Das Cockpit Planeview II umfasst u.a. Synthetic Vision-Displays, Head-up-Display, 3-D-Wetterradar und das neueste Flight Control-System.
Hersteller: Gulfstream Aerospace Corp. (Tochterfirma von General Dynamics), Savannah, Georgia, USA.

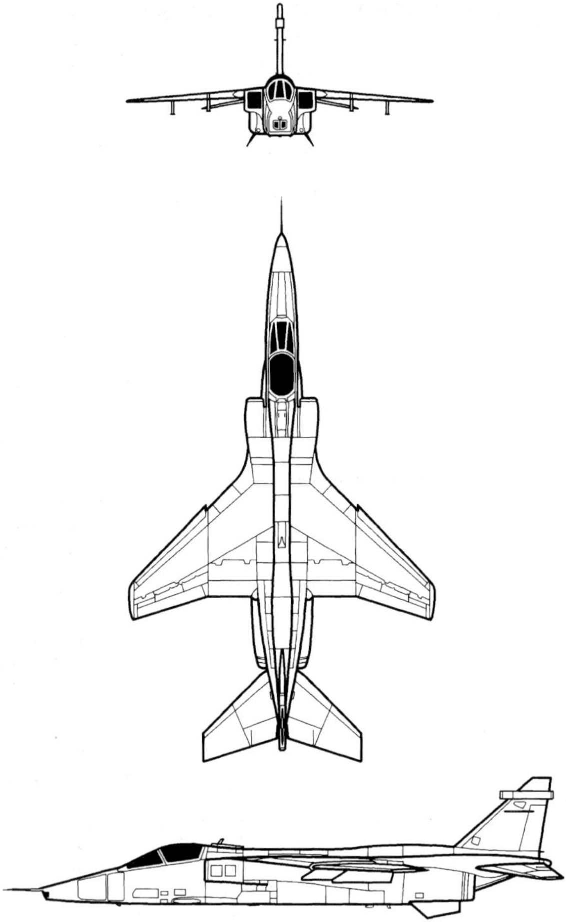

Abmessungen:
Spannweite 8,69 m
Länge (Einsitzer) 15,52 m, (Doppelsitzer) 16,42 m
Höhe 4,89 m
Flügelfläche 24,18 m²

HAL SHAMSHER

Ursprungsland: Indien (Frankreich, Großbritannien).
Kategorie: Einsitziges taktisches Kampfflugzeug, Aufklärer und zweisitziger Einsatztrainer; zweisitziger Allwetter-Erdkämpfer.
Triebwerke: Zwei Mantelstromtriebwerke Rolls-Royce Turboméca Adour Mk. 811 (Lizenzbau HAL) von je 2550 kp (25,0 kN) Standschub ohne und 3810 kp (37,4 kN) mit Nachbrenner.
Leistungen: Höchstgeschwindigkeit auf Meereshöhe 1350 km/h (Mach 1,1), 1700 km/h auf 11000 m (Mach 1,6); normaler Einsatzradius mit internem Treibstoff 850 km, mit externen Zusatztanks 1400 km; Überführungsreichweite 3500 km.
Gewichte: Rüstgewicht 7000 kg; max. Startgewicht mit Außenlasten 15700 kg.
Bewaffnung: Zwei 30-mm-Kanonen Aden und an fünf Waffenstationen eine Nutzlast bis zu 4700 kg. Nebst Luft-Luft- und Luft-Boden-Lenkwaffen sowie frei fallenden Bomben können nun auch laser-gesteuerte Bomben und weitere Präzisionswaffen mitgeführt werden.
Entwicklungsstand: Zwischen 1967 und 1985 sind insgesamt 457 Jaguars der verschiedenen Versionen für die Luftwaffen von Frankreich 200, Großbritannien 203, Ecuador 12, Nigeria 18 und Oman 24 gebaut worden. Mit Ausnahme jener von Oman sind mittlerweile alle außer Dienst. In Indien wird dieser Typ unter dem Namen Shamsher in kleinen Stückzahlen weiter gebaut. Von den insgesamt 168 vorgesehenen Maschinen sind bis auf wenige alle abgeliefert worden. Derzeit befinden sich die letzten Shamsher IS im Bau.
Bemerkungen: Drei Ausführungen der Shamsher (Angriffsschwert) werden seit 1982 in Indien in Lizenz gebaut und auch weiter entwickelt: Die einsitzige Erdkampfversion IS, der zweisitzige Einsatztrainer IB sowie die Marineausführung IM mit einem Agave-Kampfradar in der Rumpfnase. Die am Schluss gebauten 17 Doppelsitzer sind für Nachtkampfeinsätze optimiert. Letztere verfügen über Multifunktions-Anzeigen im Cockpit, digitalen Autopiloten, INS-Avionik, MIL-STD-1553B Databus und ein HUD. Zudem sind bei dieser Ausführung ein Laser-Entfernungsmesser und ein Laser-Zielbezeichnungsgerät eingebaut. 68 ältere Shamsher IS werden ab 2009 einer Modernisierung unterzogen.
Hersteller: HAL Hindustan Aeronautics Ltd., Bangalore, Indien.

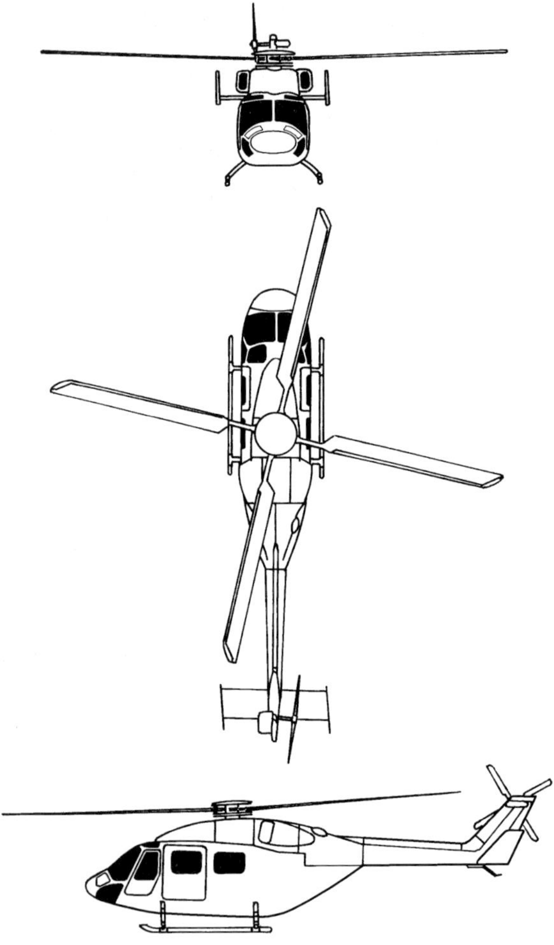

Abmessungen:
Rotordurchmesser 13,20 m
Rumpflänge 12,89 m
Höhe inkl. Rotorkopf 3,76 m

HAL DHRUV

Ursprungsland: Indien.
Kategorie: Ziviler und militärischer Mehrzweckhubschrauber.
Triebwerke: Zwei Gasturbinen Turboméca TM 333-2B von je 1000 WPS (746 kW) Leistung.
Leistungen: Höchstgeschwindigkeit 280 km/h auf Meereshöhe; Reisegeschwindigkeit 245 km/h; max. Schrägsteiggeschwindigkeit 9,0 m/Sek; Dienstgipfelhöhe 6000 m; Schwebehöhe ohne Bodeneffekt 3000 m+; max. Reichweite 800 km.
Gewichte: Leer (Luftwaffenversion) 2216 kg, (Marineversion) 2352 kg; max. Startgewicht (Armeeversion) 5500 kg, (Luftwaffenversion) 4000 kg, (Marineversion) 5000 kg.
Zuladung: Zwei Piloten und bis zu 14 Passagiere. Max. Nutzlast als Außenlast 1500 kg.
Entwicklungsstand: Der erste von vier Prototypen nahm die Flugerprobung im August 1992 auf. Die indischen Streitkräfte haben einen Bedarf von 300 ALH's (Armee 120, Luftwaffe 60, Marine 120). Zwei Maschinen erhielt die Luftwaffe Nepals, eine Mauretanien. Neu bestellte Ecuador sieben, Peru zwei Dhruvs. Bis Ende 2008 waren rund 100 Dhruvs abgeliefert. Vorderhand drei zivile Maschinen hat die indische ONGC für Off-Shore-Einsätze bestellt. Die INDMA (= indischer Zivilschutz) erhält zwölf SAR-Hubschrauber für den Katastrophenfall.
Bemerkungen: Die Dhruv gibt es in verschiedenen Varianten: (Armee) Truppentransporter/ Nachschubhubschrauber sowie Modelle für Antitank- und Minenlegemissionen, alle ausgerüstet mit einem Kufenfahrwerk; (Marine) Verbindungs- und Evakuationsaufgaben sowie SAR- und ASW-Aufträge, ausgerüstet mit einem einziehbaren Dreipunkt-Radfahrwerk, faltbarem Haupt- und Heckrotor und Sonar; (Luftwaffe) Rettungshubschrauber, Mehrzwecktransporter. Auch eine Zivilversion für normalerweise bis zu 12 Passagiere wird angeboten. Haupt- wie Heckrotor sind gelenklos aus Faserverbundwerkstoffen, der Rumpf besteht nebst Aluminium aus Karbon und Kevlar. Seit Mitte 2007 fliegt eine neue Version mit stärkeren Shakti-Triebwerken mit einer Startleistung von 1200 WPS (895 kW). Die neue Wellenturbine wurde zusammen mit Turboméca entwickelt. Diese weist insbesondere bessere Flugleistungen in großen Höhen auf. Es ist vorgesehen, dass sie verschiedene Waffen an Auslegern neben dem Rumpf mitführen kann.
Hersteller: HAL Hindustan Aeronautics Ltd., Bangalore, Indien.

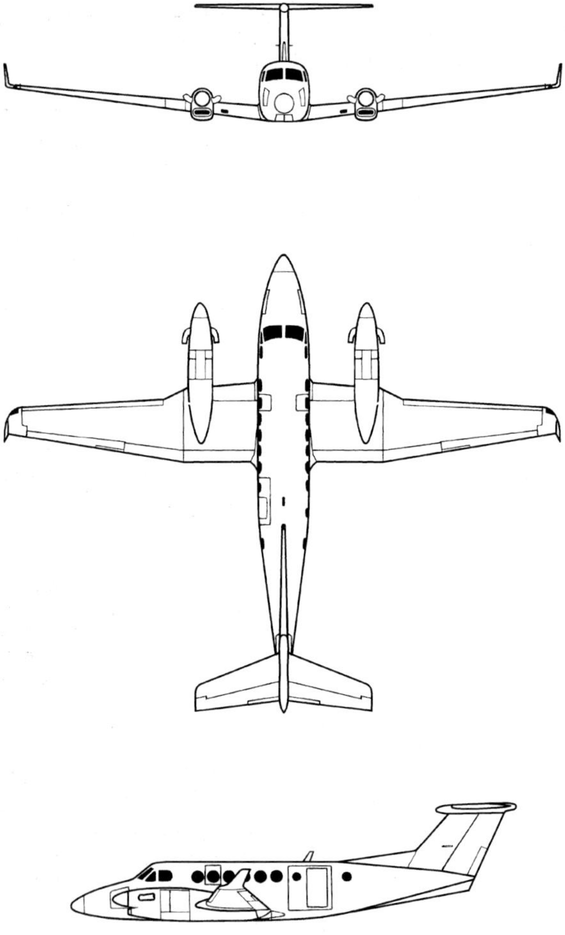

Abmessungen:
Spannweite 17,65 m
Länge 14,22 m
Höhe 4,37
Flügelfläche 28,80 m²

HAWKER BEECHCRAFT KING AIR 350/350ER/350i

Ursprungsland: USA.
Kategorie: Firmenflugzeug, militärisches Mehrzweckflugzeug und (350ER) Land- und Seeaufklärer.
Triebwerke: Zwei Propellerturbinen Pratt & Whitney Canada PT6A-60A von je 1050 WPS (783 kW) Leistung.
Leistungen: Höchstgeschwindigkeit 583 km/h; Reisegeschwindigkeit 570 km/h; Anfangssteiggeschwindigkeit 13,8 m/Sek; Dienstgipfelhöhe 10700 m; Reichweite (350) mit vier Passagieren und mit 45 Min. Reserven 2840 km, (350ER) 4770 km bzw. 8 Std. Einsatzdauer.
Gewichte: Leergewicht 4132 kg; max. Startgewicht (350) 6804 kg, (350ER) 7490 kg.
Zuladung: Ein bis zwei Mann Cockpitbesatzung, in der Kabine normalerweise neun Einzelsitze in vis-à-vis-Anordnung, max. jedoch bis zu 15 Passagiere.
Entwicklungsstand: Die King Air 350 fliegt seit September 1988 und wurde erstmals im März 1990 an Kunden ausgeliefert. Mit mehr als 6000 (19 Varianten) seit 1964 ununterbrochen produzierten Exemplaren ist die King Air-Familie das am meisten verkaufte zweimotorige Propellerturbinenflugzeug seiner Klasse. Derzeit werden die Versionen C90GT, B200, 350, 350ER und 350i gebaut.
Bemerkungen: Die King Air 350 schließt die lange Reihe von Versionen nach oben ab. Sie ist die größte und am besten ausgerüstete Ausführung. Zahlreiche Untervarianten sind seither hinzugekommen. Für Frachteinsätze ist die Ausführung 350C mit einem Frachttor seitlich am Rumpf erhältlich. Sechs davon bestellte das USMC. Ende 2006 erhielt die für längere Strecken ausgelegte King Air 350ER die Musterzulassung. Dafür weist sie Zusatztanks in den Triebwerksgondeln auf. Zudem ist das Fahrwerk verstärkt. 48 davon erhält die Luftwaffe Iraks in einer militärischen Überwachungsversion. Eine ähnliche Ausführung erhält die USAF für sog. ISTAR-Aufgaben. Die 23 bestellten Maschinen sind mit einem Wescam MX-15-Infrarot- bzw. Elektrooptik-Turm unten am Rumpf sowie mit weiteren Sensoren ausgerüstet. Weiterhin im Angebot ist auch eine ELINT-Version. Im Oktober 2008 lancierte Hawker die King Air 350i für den Firmenkundenmarkt. Die wesentlichsten Neuerungen betreffen die Kabine, welche aufgewertet und mit neuen Kommunikationseinrichtungen versehen wurde. Der Kaufpreis beträgt US$ 6,5 Mio.
Hersteller: Hawker Beechcraft Corp., Beechcraft Division, Werk Wichita, Kansas, USA.

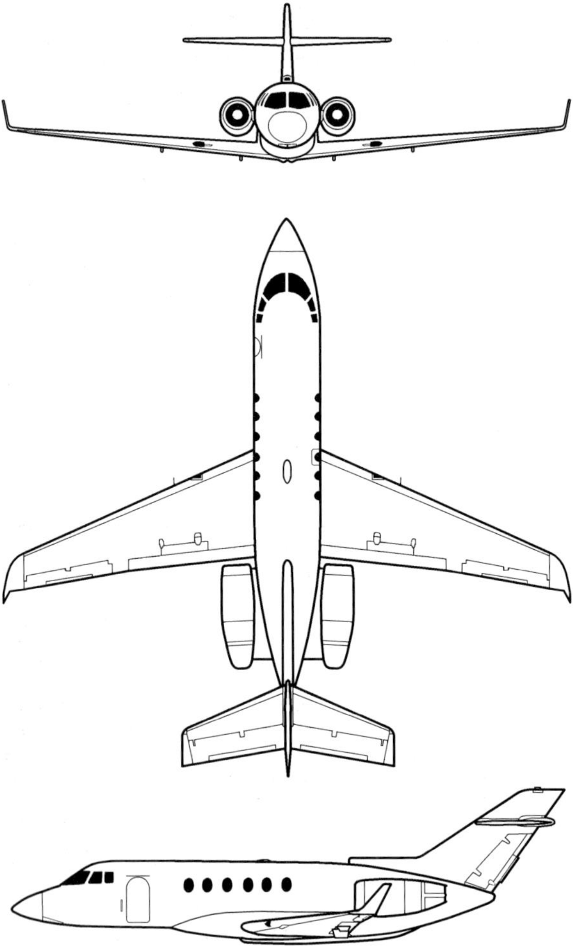

Abmessungen:
Spannweite mit Winglets 16,56 m
Länge 15,60 m
Höhe 5,51 m
Flügelfläche 34,75 m^2

HAWKER BEECHCRAFT 750/850XP/900XP

Ursprungsland: Großbritannien/USA.
Kategorie: Firmenflugzeug.
Triebwerke (850XP): Zwei Mantelstromtriebwerke AlliedSignal TFE731-5BR von je 2113 kp (20,73 kN) Standschub.
Leistungen (850 XP): Max. Reisegeschwindigkeit 830 km/h auf 11270 m; norm. Reisegeschwindigkeit 793 km/h; Langstreckenreisegeschwindigkeit 745 km/h; Anfangssteiggeschwindigkeit 15,75 m/Sek; Dienstgipfelhöhe 15497 m; Reichweite mit max. Nutzlast 4430 km, mit max. Treibstoffzuladung und VFR-Reserven 5058 km.
Gewichte (850 XP): Leergewicht 7108 kg; max. Startgewicht 12701 kg.
Zuladung: Zwei Piloten und normalerweise acht Passagiere in Einzelsitzen, bzw. bis zu 14 Passagiere in enger Bestuhlung. Nutzlast mit vollen Treibstofftanks 812 kg, maximal 962 kg.
Entwicklungsstand: Erstflug des Prototyps der Ausführung 800XP im Juni 1995. Von allen Varianten sind bis heute über 1500 Einheiten, darunter über 850 der Versionen 800/800XP, hergestellt worden, womit dieses Modell weltweit zum erfolgreichsten Firmenflugzeug dieser Klasse geworden ist. Jährlich werden rund 50 Maschinen gebaut. Die Ausführung 850 XP (siehe Foto) fliegt seit Ende 2005, die Versionen 750 und 900XP wurden erstmals im April 2008 bzw. im September 2008 ausgeliefert.
Bemerkungen: Ende 2005 stellte Raytheon (heute neu Hawker Beechcraft) die Hawker 850 XP vor. Zur Verbreiterung des Angebots kommen nun noch die 750 und die 900XP hinzu. Vom Aussehen her identisch, sind die Unterschiede mehr technischer bzw. ausstattungsmäßiger Natur. Der 750 fehlen die Winglets. Mit kleineren Tanks ausgerüstet, ist die Reichweite mit 3919 km entsprechend geringer. Dafür ist der Anschaffungspreis gegenüber dem Spitzenmodell 900XP um rund US$ 2 Mio. tiefer. Am oberen Ende ist nun die Hawker 900XP angesiedelt. Dank leistungsstärkerer Triebwerke Honeywell TEF731-50R ist vor allem die Reichweite mit 5463 km größer. Aber auch die Startleistung besonders auf höher gelegenen Flugplätze ist besser. Der Anschaffungspreis beträgt rund US$ 14,3 Mio.
Hersteller: Hawker Beechcraft Corp., Beechcraft Division, Werk Wichita, Kansas, USA.

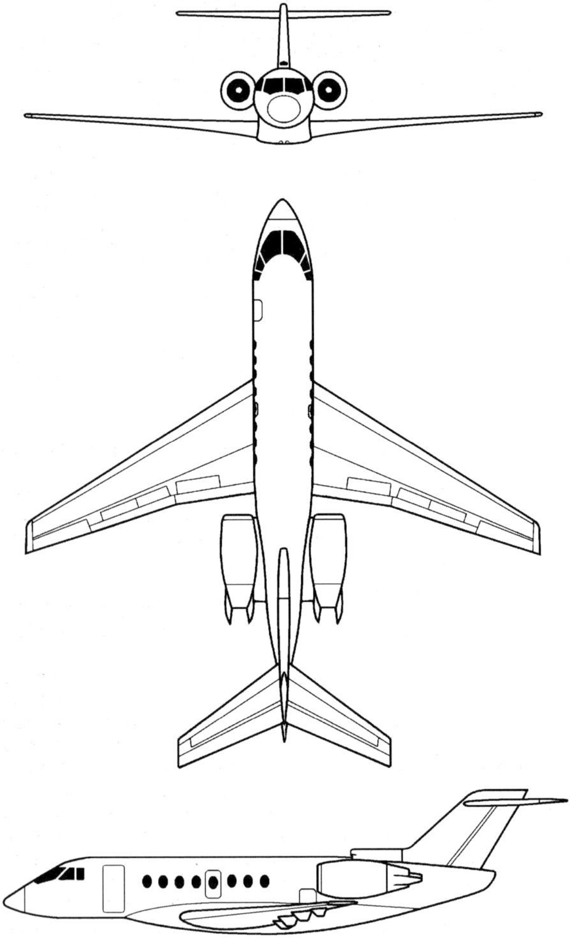

Abmessungen:
Spannweite 18,82 m
Länge 21,18 m
Höhe 6,02 m
Flügelfläche 49,33 m^2

HAWKER BEECHCRAFT HAWKER 4000

Ursprungsland: USA.
Kategorie: Firmenflugzeug.
Triebwerke: Zwei Mantelstromtriebwerke Pratt & Whitney PW308A von je 3129 kp (30,7 kN) Standschub.
Leistungen: Höchstgeschwindigkeit 893 km/h (Mach 0,84); max. Reisegeschwindigkeit 870 km/h (Mach 0,82); Langstreckenreisegeschwindigkeit 796 km/h; Dienstgipfelhöhe 13716 m; Reichweite mit acht Passagieren unter IFR-Bedingungen 5139 km, maximal 6075 km.
Gewichte: Rüstgewicht 10659 kg; max. Startgewicht 17917 kg.
Zuladung: Zwei Piloten und normalerweise acht Passagiere in Klubbestuhlung, max. jedoch 12 Personen; Nutzlast mit max. Treibstoffzuladung 726 kg, max. 1134 kg.
Entwicklungsstand: Mit der Erprobung konnte am 11. August 2001 begonnen werden. Derzeit sind rund 140 Einheiten bestellt, darunter 82 von NetJets. Die Zulassung dieses Musters erfolgte nach langen Verzögerungen im Juni 2008, worauf die Ablieferung der ersten Exemplare stattfand.
Bemerkungen: Obwohl gewisse Ähnlichkeiten zur Hawker 750/850XP/900XP-Reihe besteht (siehe Seiten 196/197), handelt es sich bei der 4000 um eine völlige Neukonstruktion. Mit diesem Muster wollte Raytheon (neu Hawker Beechcraft) einen neuen Komfortstandard im Mittelsegment der Firmenflugzeuge setzen. So ist die Kabine für diese Klasse ausgesprochen großräumig (Länge 7,62 m, Breite 1,92 m, Höhe 1,83 m). Das Flügelmittelstück verläuft vollständig unter dem Rumpf, so dass der Passagierraum in keinem Bereich dadurch eingeschränkt ist. Wie bei der Premier I (siehe Ausgabe 2008) ist auch bei der 4000 der Rumpf völlig aus Verbundwerkstoffen hergestellt, während der Flügel aus Aluminium besteht und zum größten Teil aus einem Werkstück herausgefräst wird. Im Cockpit sind fünf große LCD-Flachbildschirme vorhanden, das Flugmanagementsystem Honeywell Primus Epic wird erstmals in einem Flugzeug eingebaut. Die gesamte Avionik ist hinter dem Cockpit platziert und entsprechend gut zugänglich. Der Basispreis beträgt US$ 19,5 Mio.
Hersteller: Hawker Beechcraft Corp., Beechcraft Division, Werk Wichita, Kansas, USA.

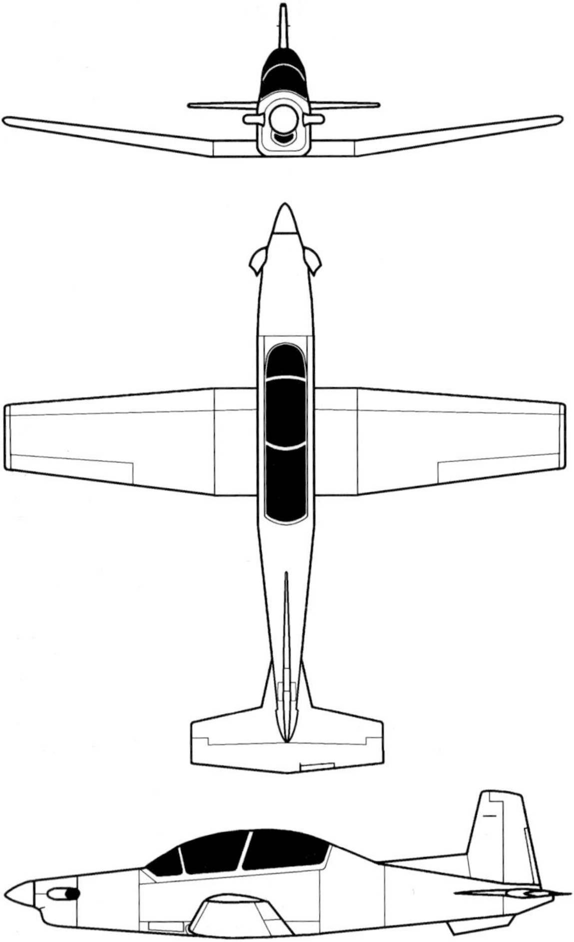

Abmessungen:
Spannweite 10,15 m
Länge 10,14 m
Höhe 3,26 m
Flügelfläche 16,29 m^2

HAWKER BEECHCRAFT T-6A TEXAN II

Ursprungsland: USA/Schweiz.
Kategorie: Zweisitziger Basis- und Fortgeschrittenentrainer.
Triebwerke: Eine Propellerturbine Pratt & Whitney Canada PT6A-68 von 1708 WPS (1275 kW) Leistung, reduziert auf 1100 WPS (820 kW).
Leistungen: Höchstgeschwindigkeit in großen Höhen 575 km/h, auf Meereshöhe 500 km/h, Reisegeschwindigkeit auf 2285 m 426 km/h; Anfangssteiggeschwindigkeit 20,3 m/Sek; Dienstgipfelhöhe 10670 m; Reichweite 1574 km; max. Flugdauer 3 Std.
Gewichte: Leergewicht 2087 kg; max. Startgewicht 2857 kg.
Bewaffnung (T-6B): Sechs Stationen unter den Flügeln für eine Waffenlast von 680 kg.
Entwicklungsstand: Der erste Erprobungsträger (eine umgebaute PC-9) flog erstmals im September 1992. Darauf stellte Beech zwei weitere Produktionsprototypen her (Erstflug 23. Dezember 1993), gefolgt vom ersten Serienflugzeug am 15. Juli 1998. Vorgesehen ist, für die amerikanischen Streitkräfte insgesamt 769 Maschinen (bisher 571 bestellt) zu beschaffen: USAF 454, USN 315. Bisher sind seit 1999 über 400 abgeliefert worden. Weitere T-6A/B erhielten Griechenland (45) und NATO Flying Training (NFTC) (26). Neueste Besteller: Israel 25 T-6A, Marokko 24 T-6B, Irak 24 T-6A und 36 AT-368.
Bemerkungen: Obwohl der PC-9 (siehe Ausgabe 2008) sehr ähnlich, wurde rund 70% der Konstruktion neu definiert. Die wesentlichen Unterschiede sind: Verstärkte Rumpfstruktur und Cockpithaube, Druckkabine, Null-Null-Schleudersitze, neue digitale Elektronik (GPS, MLS, Antikollisionsanzeige, HUD) und Einpunktbetankung. Die T-6A ist Bestandteil eines integrierten Trainingssystems, welches auch Simulatoren und übrige Logistik umfasst. Unter der bisherigen Bezeichnung T-6B, neu aber als AT-6 angepriesen, fliegt seit 2004 eine Ausführung für leichte Erdkampfaufgaben mit HUD, Cockpit von CMC-Electronics FV-4000 und Waffenstationen unter den Flügeln. 20 der 45 von Griechenland beschafften Texan II werden so geliefert.
Hersteller: Hawker Beechcraft Corp.,/Pilatus, Werk Wichita, Kansas, USA.

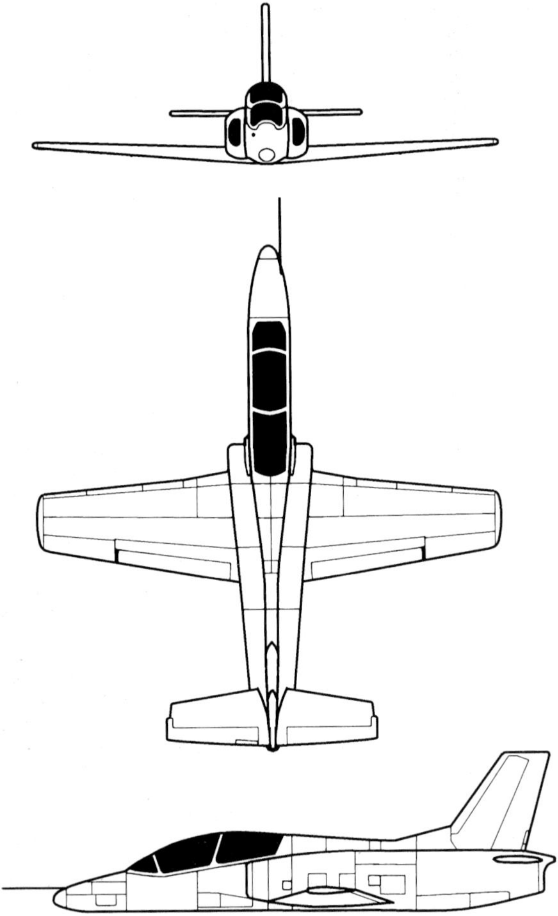

Abmessungen:
Spannweite 9,63 m
Länge inkl. Sonde 11,60 m
Höhe 4,21 m
Flügelfläche 17,02 m²

HONGDU (NANCHANG) JL-8 JET TRAINER

Ursprungsland: Volksrepublik China und Pakistan.
Kategorie: Zweisitziger Basistrainer und leichter Erdkämpfer.
Triebwerke: Ein Mantelstromtriebwerk AlliedSignal TFE731-2A-2A von 1632 kp (16,0 kN) bzw. (K-8J) Progress AI-25 von rund 2200 kp (22,0 kN) Standschub.
Leistungen: Höchstgeschwindigkeit 800 km/h auf Meereshöhe; Anfangssteiggeschwindigkeit 27 m/Sek; Dienstgipfelhöhe 13000 m; max. Flugdauer 3,0 Std; Reichweite mit zwei abwerfbaren 250-l-Zusatztanks 2250 km, mit internem Treibstoff 1487 km.
Gewichte: Rüstgewicht 2687 kg; normal beladen ohne Außenlasten 3630 kg; max. Startgewicht 4330 kg.
Bewaffnung (als Erdkämpfer): Ein 23-mm-Kanonenbehälter unter dem Rumpf und vier Flügelstationen für Bomben, Raketenbehälter oder Lenkwaffen. Max. Waffenladung 943 kg.
Entwicklungsstand: Der erste von sechs Prototypen (davon zwei nur für statische Tests) begann die Flugerprobung am 21. November 1990. Bisher hat Pakistan 28, die VR China 30 Maschinen erhalten. Pakistan beschafft 120 K-8. Nach längerem Zögern kaufte auch die VR China mindestens 200 Jl-8. Weitere Besteller: Ägypten 120 (Lizenzbau), Ghana 4, Myanmar 12, Namibia 4, Sri Lanka 6, Sudan 12, Tansania 6, Zambia 8, Zimbabwe 12 und neu Venezuela 24.
Bemerkungen: Der in China als Jl-8 bzw. im Export als K-8 bezeichnete Jet Trainer ist eine chinesisch-pakistanische Gemeinschaftsentwicklung. Dieses Muster ist besonders auf hohe Zuverlässigkeit und einfache Wartung ausgelegt. Ursprünglich hätten alle für Pakistan bestimmten K-8 im Werk Kamra endmontiert werden sollen. Aus finanziellen Gründen bleibt die Produktion vollständig in China. Die pakistanischen K-8 weisen gegenüber der chinesischen Variante einige Modifikationen auf: EFIS-Cockpit, andere Elektronikkomponenten und neue Antischleuderbremsen. Die Avionik stammt von Collins, die Schleudersitze sind vom Typ Martin Baker Mk.10L. Die Jet Trainer für die VR China sind mit dem ukrainischen Triebwerk Ivchenko Progress ZMKB AI-25TL/DV-2 ausgerüstet, welches unter der Bezeichnung WS-11 in Lizenz gebaut wird.
Hersteller: Hongdu Aviation Industry Corp., bzw. NAMC (Nachang Aircraft Manufactoring Company), Nachang, VR China und Pakistan Aeronautical Complex.

Abmessungen:
Spannweite 9,77 m
Länge 12,27 m
Höhe 4,80 m

HONGDU L-15/JL-15 LIE YING

Ursprungsland: Volksrepublik China.
Kategorie: Zweisitziger Fortgeschrittenentrainer und leichter Erdkämpfer.
Triebwerke: Zwei Mantelstromtriebwerke (1. Prototyp) ZMKB Progress AI-222-25F von je 2500 kp (24,5 kN) Standschub und Nachbrenner noch unbekannter Leistung bzw. (2. Prototyp und Serienmaschinen) Mantelstromtriebwerke MotorSich AI-222-25 mit noch unbekannter Leistung.
Leistungen (noch sehr vorläufige Angaben): Höchstgeschwindigkeit Mach 1,4; Anfangssteiggeschwindigkeit 150 m/Sek; Dienstgipfelhöhe 16000 m; Reichweite 3100 km.
Gewichte: Normales Startgewicht 6800 kg; maximales Startgewicht 9500 kg.
Bewaffnung: Eine Waffenlast von rund 3000 kg kann an Stationen unter den Flügeln mitgeführt werden.
Entwicklungsstand: Der erste von drei Prototypen nahm die Flugerprobung am 13. März 2006 auf, gefolgt vom zweiten dem Serienstandard entsprechenden Muster am 10. Mai 2008. Je nach Ausgang der Erprobung der L-15 sowie des Konkurrenzmusters FTC-2000 (siehe Ausgabe 2006) wird einer der beiden Trainer von der chinesischen Luftwaffe beschafft. Der Entscheid dürfte 2009 fallen.
Bemerkungen: Die L-15 wird in Zusammenarbeit mit Yakowlew entwickelt. Daher ist die Ähnlichkeit mit der Yak-130 (siehe Seiten 314/315) nachvollziehbar. Es handelt sich um eine recht moderne Konstruktion. Große Teile der Struktur bestehen aus Verbundwerkstoffen. Das Cockpit verfügt über die heute übliche Ausrüstung mit Multifunktionsbildschirmen, HUD und HOTAS. Die Steuerung erfolgt mit einem vierfach redundanten Fly-By-Wire-System. In der chinesischen Luftwaffe ist die L-15 vorgesehen, als Fortgeschrittenentrainer den Übergang zu den neuen Kampfflugzeugen Su-27/30 bzw. F-10 zu erleichtern, da sie von den Flugeigenschaften und von der Steuerung her ein sehr ähnliches Verhalten aufweist. Die Bezeichnung der Serienmaschinen wird voraussichtlich JL-15 sein. Später könnte noch eine einsitzige Erdkampfversion abgeleitet werden.
Hersteller: Hongdu Aviation Industry Group (HAIG), Nanchang, VR China.

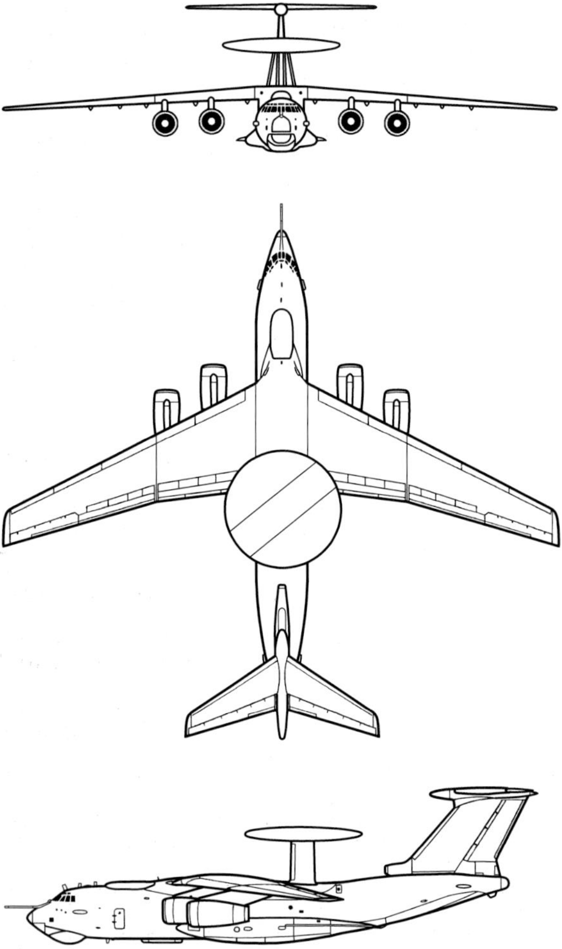

Abmessungen:
Spannweite 50,50 m
Länge 46,59 m
Höhe 14,76 m
Flügelfläche 300 m^2

ILJUSCHIN IL-76/A-50 Phalcon AEW/Il-78M MIDAS

Ursprungsland: Russland.
Kategorie: Frühwarn- und Radarüberwachungsflugzeug (Il-76/A-50) bzw. Tanker (Il-78M).
Triebwerke: Vier Mantelstromtriebwerke Aviadvigatel D-30KP Serie 2 von je 12400 kp (122,46 kN) Standschub.
Leistungen (Il-76/A-50 geschätzt): Max. Dauergeschwindigkeit 764 km/h auf 9000 bis 13000 m, typische Patrouillengeschwindigkeit 636 km/h auf 9000 m. Aufenthaltsdauer ohne Flugbetankung 1500 km von der Basis entfernt 8 bis 9 Std.
Gewichte (Il-78M): Rüstgewicht 118000 kg; max. Startgewicht vermutlich 210000 kg.
Zuladung: Vier Mann Cockpitbesatzung und (Il-76/A-50) je nach Aufgaben und Ausführung zwischen neun und 12 Systemoperateure. Die Il-78 kann insgesamt 138000 kg Kraftstoff mitführen.
Entwicklungsstand: Ein Erprobungsträger der Il-76/A-50 flog erstmals am 19. Dezember 1978. Die sowjetische Luftwaffe erhielt ab 1986 rund 25 Einheiten. Derzeit werden für die VR China vier und für Indien vorläufig drei, später ev. sechs aus bestehenden Il-76 umgebauten A-50 Phalcon produziert (Erstflug 29. November 2007). Die Tankerausführung Il-78M fliegt seit 26. Juni 1983. 19 beschaffte die sowjetische Luftwaffe, vier erhielt die VR China, sechs Indien der Version Il-78MKI. Venezuela prüft die Beschaffung der Il-78M.
Bemerkungen: Die für Indien bestimmten Il-76/A-50Ehi wurden von der israelischen IAI Elta zusammen mit der russischen Beriew mit dem AEW-Radar Phalcon und den dazugehörigen Systemen ausgerüstet. Jene der VR China besitzen ein AEW-Radar aus chinesischer Quelle. Russland will ihre als Beriew A-50M bezeichneten Modelle umfassend modernisieren. Bei den 16 noch in Dienst stehenden Maschinen sollen u.a. alle analogen Systeme durch digitale Modelle ersetzt werden. Insbesondere wird die Datenübertragung wesentlich verbessert. Die Tankerausführung I-78 besitzt drei Schlauchbehälter und zusätzliche Kraftstoffbehälter im Laderaum. Der Bediener ist im Heckstand des Flugzeugs.
Hersteller: Iljuschin Design Bureau, Moskau, Werk Aviastar, Ulyanovsk, Russland.

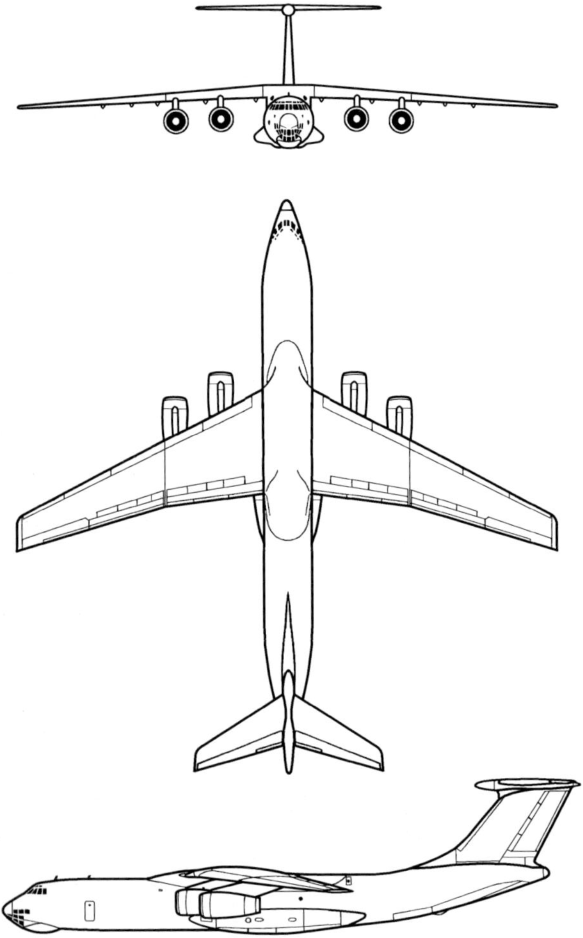

Abmessungen:
Spannweite 50,50 m
Länge (Il-76MF) 53,19 m, (Il-76TD) 46,59 m
Höhe 14,76 m
Flügelfläche 300 m²

ILJUSCHIN IL-76MF/IL-76TD-90VD

Ursprungsland: Russland.
Kategorie: Schwerer ziviler (Il-76TD-90VD) wie militärischer Mittel- und Langstreckentransporter (Il-76MD-90/Il-76MF).
Triebwerke: Vier Mantelstromtriebwerke Aviadvigatel/Perm PS-90A-76 von je rund 16000 kp (157,8 kN) Standschub.
Leistungen: Höchstgeschwindigkeit 850 km/h auf 10000 m; max. Reisegeschwindigkeit 825 km/h; Anfangssteiggeschwindigkeit 9,0 m/Sek; Dienstgipfelhöhe 15500 m; Reichweite mit einer Nutzlast von 40000 kg (Il-76TD-90VD/Il-76MF) 4200/6300 km, mit max. Nutzlast (Il-76MF) 4000 km.
Gewichte (Il-76TD-90VD/Il-76MF): Rüstgewicht 92000/104000 kg; max. Startgewicht 195000/210000 kg.
Zuladung: Bis zu sechs Mann Besatzung, einschließlich zwei Lademeister und einem Navigator. Max. Nutzlast je nach Einsatzzweck (Il-76TD-90VD/Il-76MF) zwischen 50000 und 60000 kg.
Entwicklungsstand: Die neueste Version Il-76TD-90VD hat den Erstflug am 5. August 2005 absolviert, der Prototyp der Il-76MF fliegt seit 1995. Derzeitigen Plänen zufolge will die russische Luftwaffe bis zu 50 Einheiten entweder durch Umbauten von älteren Il-76TD oder neue Il-76MF ab 2010 beschaffen. Drei davon sind bereits fertig. Folgende aktuelle Bestellungen bzw. Ablieferungen sind erfolgt: Volga-Dnepr vier Il-76TD-90VD (+ 10 Optionen), Jordanien zwei Il-76MF (+ 2 Optionen), VR China 34 Il-76MD. Venezuela plant 10 Il-76 und 2 Il-78 zu bestellen. Von den früheren Varianten der Il-76 wurden bisher rund 950 Maschinen hergestellt.
Bemerkungen: Nach Jahren der Ungewissheit wurden Neuentwicklungen der bewährten Il-76 reaktiviert. Die Il-76MF (siehe Dreiseitenriss) und die neueste Ausführung Il-76TD90VD (siehe Foto) unterscheiden sich hauptsächlich durch die Rumpflänge. Letztere übernimmt den ursprünglichen Rumpf, während jener der Il-76MF um rund 6,60 m länger ist. Beide setzen die neuen PS90A-Triebwerke ein, welche nebst größerer Leistung u.a. die verschärften Lärm- und Abgaslimiten erfüllen. Weiterhin gebaut werden die Ursprungsvariante Il-76TD sowie der Tanker Il-78. In Vorbereitung befindet sich eine Il-76 der »vierten Generation«, vorläufig Il-476 genannt. Sie wird verbesserte Triebwerke PS-90A76 erhalten, welche eine Treibstoffersparnis von zwischen 13 und 17 % versprechen.
Hersteller: Iljuschin Design Bureau, Moskau, Werk Aviastar, Ulyanovsk, Russland.

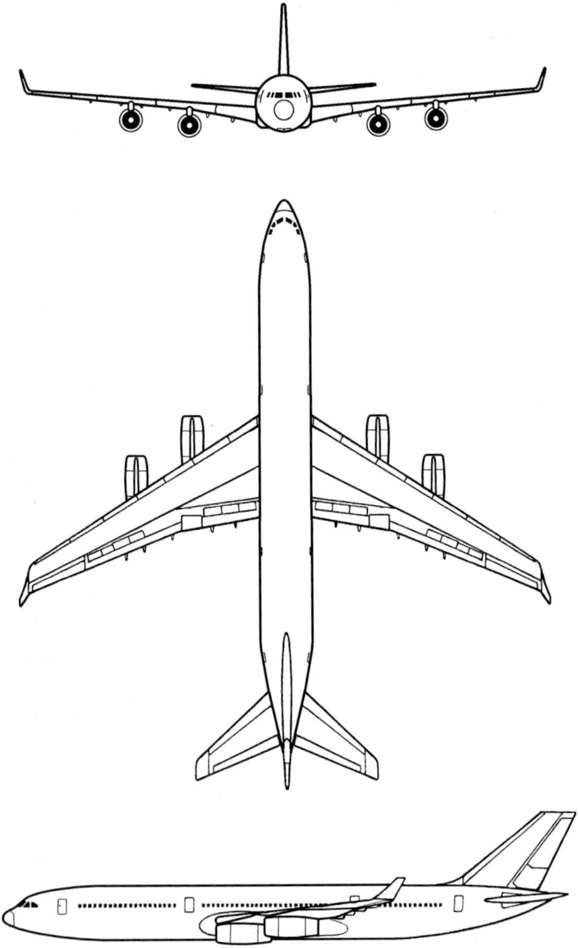

Abmessungen:
Spannweite inkl. Winglets 60,11 m
Länge (Il-96-300) 55,35 m, (Il-96M, T bzw. Il-96-400) /63,94 m
Höhe 15,72 m
Flügelfläche 391,6 m^2

ILJUSCHIN IL-96

Ursprungsland: Russland.
Kategorie: Langstrecken-Verkehrsflugzeug.
Triebwerke: Vier Mantelstromtriebwerke (Il-96M) Pratt & Whitney PW2337 von je 17350 kp (170,1 kN) bzw. (Il-96-300/-400) Aviadvigatel/Perm PS-90A von je 16000 kp (156,90 kN) Standschub.
Leistungen: Max. Reisegeschwindigkeit 900 km/h; normale Reisegeschwindigkeit 850 bis 870 km/h; Dienstgipfelhöhe 13100 m; Reichweite mit max. Nutzlast (Il-96-300) 7500 km, (Il-96M) 11482 km, mit 30000 kg (Il-96-300) 9000 km.
Gewichte: Rüstgewicht (Il-96-300) 117000 kg, (Il-96M) 132400 kg; max. Startgewicht (Il-96-300) 216000 kg, (Il-96M) 270000 kg.
Zuladung (Il-96-300/Il-96M bzw. -400): Drei/zwei Mann Cockpitbesatzung und drei verschiedene Inneneinrichtungen z.B. für 22/18 Erstklasse-, 40/44 Businessklasse- und 173/250 Zweitklassepassagiere oder in Einheitsklasse 300/375 Passagiere. Max. Nutzlast (Il-96-300) 40000 kg, (Il-96T) 92000 kg.
Entwicklungsstand: Der Prototyp der Ausführung Il-96M/T (Umbau der ersten Il-96-300) flog erstmals am 6. April 1993. Nach Bau eines Serienflugzeuges wurde die Produktion zugunsten der Il-96-400(T) eingestellt. Je zwei Einheiten der Frachtausführung -400T erhalten Atlant-Soyuz und Volga-Dnepr. Bis Ende 2008 gingen Aufträge für 28 Il-96-300 und für acht Il-96-400T (+ Optionen) ein. 22 bzw. drei davon sind mittlerweile ausgeliefert worden.
Bemerkungen: Die Il-96M bzw. T (siehe Dreiseitenriss) ist eine mit westlichen Triebwerken und Rockwell-Collins-Avionik versehene Ausführung für den internationalen Markt. Der Rumpf wurde gegenüber der Il-96-300 um 9,35 m verlängert, das Seitenleitwerk dafür etwas verkleinert. Das Cockpit ist voll digitalisiert und für Zweimannbetrieb eingerichtet. Von ihr abgeleitet, entstand unter der Bezeichnung Il-96-400(T) eine gleich große (Fracht-) Variante, ausgerüstet mit russischen Triebwerken und russischer Avionik. Neuerdings wird auch eine Tankervariante der Il-96-400 ins Auge gefasst. Die preisgünstigere Vorgängerversion Il-96-300 bleibt weiterhin im Angebot (kürzlich vier durch Cubana bestellt), vorwiegend für den östlichen Markt. Von dieser Ausführung soll auch eine Frachtversion für bis zu 70 t Fracht gebaut werden.
Hersteller: Iljuschin Design Bureau, Moskau, Werk Woronesch, Russland.

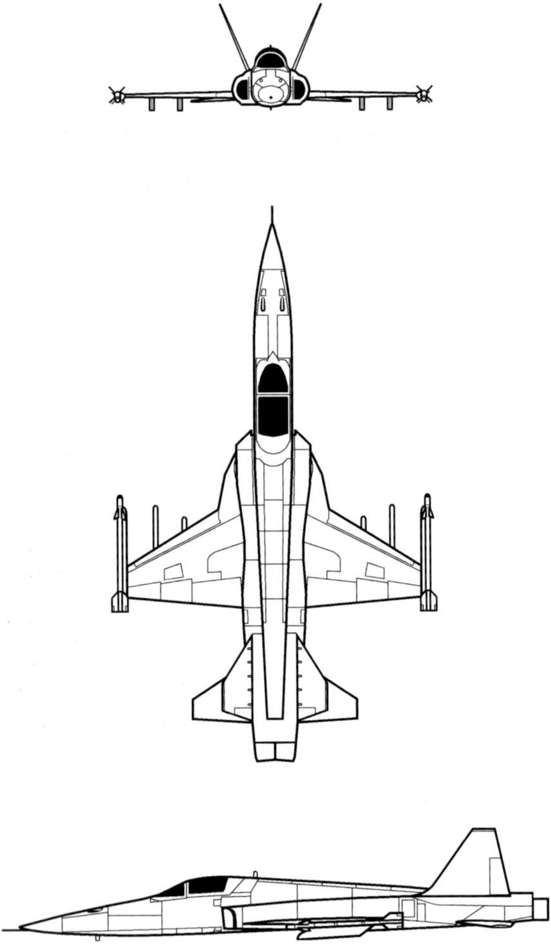

Abmessungen (Saeghe):
Spannweite 8,13 m
Länge 14,68 m?
Flügelfläche 17,30 m²

IRIAF MATSA SAEGHE

Ursprungsland: Iran.
Kategorie: Leichtes Jagd- und Erdkampfflugzeug.
Triebwerke (Prototyp): Zwei Strahltriebwerke General Electric J85-GE-21A von je 1588 kp (15,57 kN) Standschub ohne und 2270 kp (22,24 kN) mit Nachbrenner.
Leistungen (F-5E, geschätzt): Höchstgeschwindigkeit 1700 km/h oder Mach 1,64; normale Reisegeschwindigkeit Mach 0,98; Anfangssteiggeschwindigkeit 175 m/Sek; Dienstgipfelhöhe 15790 m; max. Reichweite mit Zusatztanks 2500 km.
Gewichte: Keine Angaben erhältlich.
Bewaffnung: Luft-Luft- und Luft-Bodenlenkwaffen sowie Bomben verschiedenster Art bis zu einem Gesamtgewicht von vermutlich rund 3000 kg.
Entwicklungsstand: Die S-110 Saeghe (Thunderbolt/Donnervogel) fliegt als Prototyp nach offizieller Quelle seit 8. Juli 2004. Bisher sollen nur wenige Exemplare gebaut worden sein. Ob es sich bei diesem Projekt um ein reines Erprobungsmuster handelt oder ob daraus ein neues Kampfflugzeug hervorgeht, ist nicht klar. Die Weiterentwicklung Azarakhsh wurde erstmals im August 2007 öffentlich vorgeführt.
Bemerkungen: Iran versucht seit Jahren mit beschränkten Mitteln aus den noch in großer Zahl im Einsatz befindlichen Northrop F-5E verbesserte Varianten weiter zu entwickeln. Die Ableitung Saeghe (siehe Dreiseitenriss) dürfte von den Abmessungen her keine größeren Unterschiede aufweisen. Augenfällig ist vor allem das doppelte Seitenleitwert. Der Vorderrumpf scheint dagegen mit dem Grundmuster weitgehend gleich zu sein. Experten vermuten, dass ein völlig neues Cockpit installiert ist. Ebenfalls neu soll die gesamte Avionik einschließlich des Kampfradars sein. Der Heckbereich ist mit großer Wahrscheinlichkeit eine Neukonstruktion. Neu ist die Weiterentwicklung Azarakhsh (siehe Foto). Diese verzichtet auf das Doppelleitwerk. Dafür sind aber die Tragflügel nicht wie bei der F-5E unten am Rumpf, sondern in Rumpfmitte angebracht. Welche Leistungssteigerungen damit verbunden sind, ist nicht bekannt. Die Azarakhsh soll mit einem Kampfradar N-019 Topaz ausgerüstet sein. Neuesten Informationen zufolge will Iran von der Saeghe eine Stealth-Version ableiten.
Hersteller: Iran Islamic Air Force (IRIAF), Air Force Technology and Electronics Center (MATSA), Mehrabad, Iran.

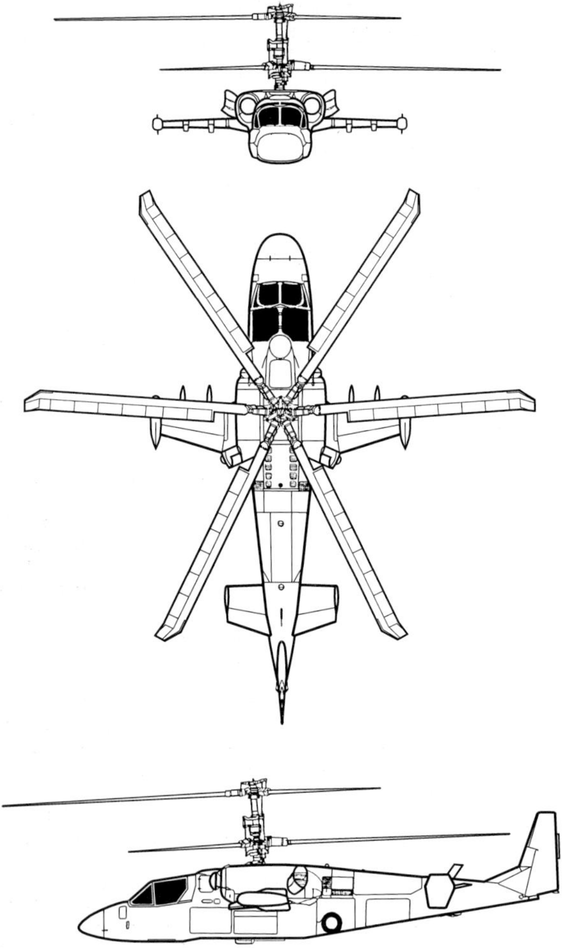

Abmessungen:
Rotordurchmesser 14,50 m
Rumpflänge bei drehenden Rotoren 15,96 m
Höhe über Rotorkopf 4,93 m

KAMOW KA-52 ALLIGATOR

Ursprungsland: Russland.
Kategorie: Zweisitziger Kampfhubschrauber.
Triebwerke: Zwei Gasturbinen TV3-117VMA-SB3 von je 2500 WPS (1864 kW) Leistung.
Leistungen: Höchstgeschwindigkeit in einem Bahnneigungsflug 350 km/h; max. Dauergeschwindigkeit 310 km/h; max. Schrägsteiggeschwindigkeit 8 m/Sek; Dienstgipfelhöhe 5500 m; Schwebehöhe ohne Bodeneffekt 3600 m; Einsatzradius 250 km; Reichweite 460 km; Überführungsreichweite 1160 km.
Gewichte: Leergewicht 7800 kg; max. Startgewicht 10400 kg.
Bewaffnung: Eine einläufige 30-mm-Kanone Shipunow 2A42 an der rechten Rumpfseite und beispielsweise bis zu 16 Panzerabwehrlenkwaffen AT-9 Whirlwinds oder ungelenkte 80 x 80-mm- bzw. 20 x 130-mm-Raketen an vier Pylonen unter den beiden Stummelflügeln; max. Nutzlast 2300 kg.
Entwicklungsstand: Das Ausgangsmuster Ka-50 Hokum (siehe Ausgabe 1997) nahm die Flugerprobung am 27. Juli 1982 auf. Vermutlich sind an Prototypen und Serienhubschraubern gegen 20 Einheiten gebaut und zum Teil der russischen Armee geliefert worden. Die Ka-52 fliegt seit 25. Juli 1997. Rund 40 Ka-50/52 beschafft Russland nun definitiv, zehn davon seien bereits ausgeliefert.
Bemerkungen: Die Ka-52 dient primär für Luftnahunterstützungs-Aufgaben, in zweiter Linie auch für Luftkampfeinsätze. Die Grundkonzeption aller Kamow-Hubschrauber und der koaxiale, gegenläufige Doppelrotor wurde auch vom Alligator übernommen. Cockpit, Triebwerke, Rotoren und Getriebe sind so gepanzert, dass sie einer Beschießung mit 20-mm-Geschossen standhalten können. Vermutlich als erste Helikopter der Welt, sind die einsitzige Ka-50 und die zweisitzige Ka-52 mit Schleudersitzen ausgerüstet. Vor dem Ausstieg werden die Koaxialrotoren abgesprengt. Die Ka-50N sowie die Ka-52 sind für Nacht- und Allwettereinsätze konzipiert und sind zu 80% baugleich.
Hersteller: OKB Nikolai I. Kamow, Werk Arsenyew, Moskau, Russland.

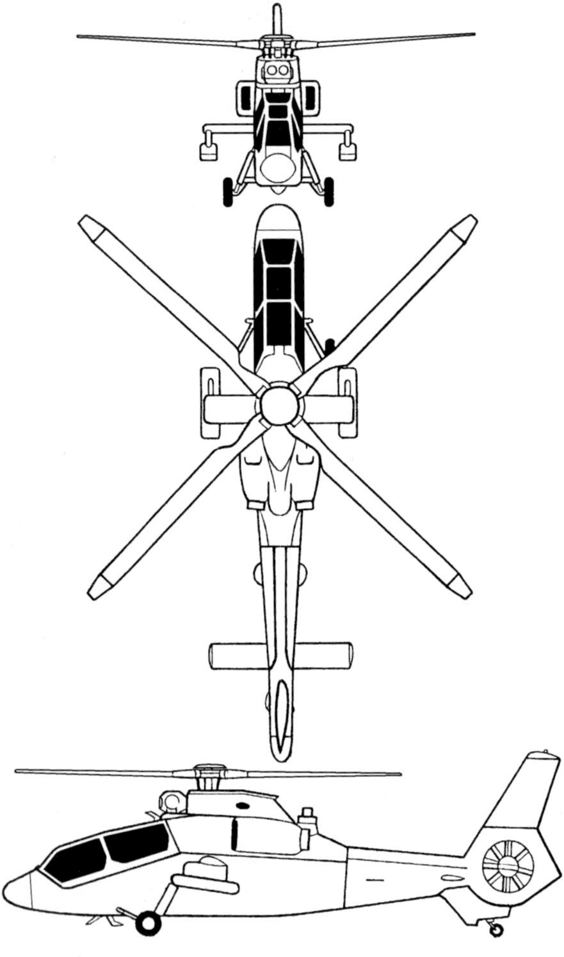

Abmessungen:
Rotordurchmesser 11,60 m
Rumpflänge 12,00 m
Höhe 3,80 m

KAWASAKI OH-1 NINJA

Ursprungsland: Japan.
Kategorie: Zweisitziger leichter Kampf- und Beobachtungshubschrauber.
Triebwerke: Zwei Gasturbinen Mitsubishi TS1-10 von je 888 WPS (663 kW) Leistung.
Leistungen (nach provisorischen Angaben des Herstellers): Maximalgeschwindigkeit im Horizontalflug 270 km/h; Aktionsradius ohne Außentanks 200 km, Reichweite 550 km.
Gewichte: Leergewicht 2450 kg; max. Startgewicht rund 4000 kg.
Bewaffnung: An zwei Auslegern seitlich am Rumpf vier Kurzstrecken-Luft-Luft-Infrarot-Lenkwaffen Toshiba Type 91 sowie zwei Zusatztanks von je 160 l.
Entwicklungsstand: Der erste von sechs Prototypen (davon zwei nicht fliegende Muster zur statischen Erprobung) absolvierte den Erstflug am 6. August 1996. Die Auslieferungen begannen im Januar 2000. Die japanischen Bodenstreitkräfte haben einen Bedarf von neu nur noch rund 45 OH-1 als Ersatz der Kawasaki/MDD OH-6D angemeldet, die ersten 27 sind abgeliefert. Angesichts von Budgetrestriktionen werden derzeit nur zwei Maschinen pro Jahr gebaut.
Bemerkungen: Nebst Kawasaki beteiligten sich auch Fuji und Mitsubishi mit je 20 % an der Entwicklung der OH-1. Die Konzeption des ursprünglich als OH-X bezeichneten Entwurfs folgt dem heute üblichen Muster eines schlanken Tandemzweisitzers, wobei der Pilot im Frontcockpit und der Beobachter/Systemoperateur hinten sitzt. Die Zelle ist weitgehend aus Verbundwerkstoffen, das Cockpit gepanzert. Auch der gelenklose Hauptrotor ist aus Kunststoff und der Heckrotor aus Sicherheitsgründen ummantelt. Die Kampfelektronik umfasst u.a. TV, FLIR und Laser-Entfernungsmesser. Alle Systeme sind durch einen MIL-STD-1553B-Databus gesteuert. Mit dieser Ausrüstung ist die OH-1 vollständig nacht- und allwettertauglich. 2007 wurde die Entwicklung einer Mehrzweckversion als Ersatz für die Fuji/Bell UH-1 der japanischen Streitkräfte aufgenommen.
Hersteller: Kawasaki Heavy Industries Ltd., Tokio, Japan.

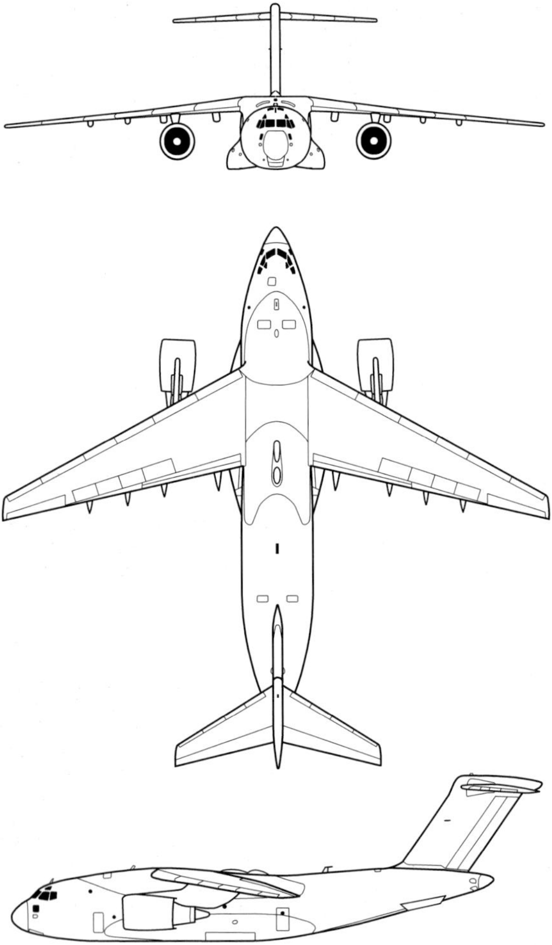

Abmessungen:
Spannweite 44,40 m
Länge 43,90 m
Höhe 14,20 m

KAWASAKI C-X

Ursprungsland: Japan.
Kategorie: Mittelschwerer militärischer Transporter.
Triebwerke: Zwei Mantelstromtriebwerke General Electric CF6-80C2L1F von je 28750 kp (282,0 kN) Standschub.
Leistungen (nach Angaben des Herstellers): Max. Reisegeschwindigkeit 980 km/h, normale Reisegeschwindigkeit 890 km/h; Dienstgipfelhöhe 12200 m; Reichweite bei einer Nutzlast von 12000 kg 8900 km, mit max. Nutzlast 5600 km, max. Reichweite 10000 km.
Gewichte: Leergewicht 60800 kg; max. Startgewicht 141400 kg.
Zuladung: Zwei Mann Cockpitbesatzung und normal 30000 kg Fracht, max. bis zu 37000 kg.
Entwicklungsstand: Der für Mitte 2008 erwartete Erstflug steht weiterhin noch aus. Die Verzögerungen sind technisch bedingt. Zwei Prototypen werden gebaut. Bei den japanischen Streitkräften soll die C-X die Kawasaki C-1 ersetzen. 60 voraussichtlich als C-2 bezeichnete Einheiten sind geplant, welche gemäß heutiger Planung ab 2010 abgeliefert werden.
Bemerkungen: Um Synergieeffekte zu erzielen und Kosten zu sparen, wurde die C-X parallel mit der XP-1 (siehe Seiten 220/221) entwickelt. Wenn auch äußerlich wenige Gemeinsamkeiten zu erkennen sind, weisen beide Muster doch viele gleiche Komponenten auf. Dazu gehören die Grundkonstruktion des Flügels, viele Systeme und die Cockpits. Mit diesem Typ bekommen die japanischen Selbstverteidigungsstreitkräfte einen Transporter, welcher ausreichende Nutzlasten auch über strategische Distanzen verlegen kann. Dabei kann er auch von unvorbereiteten und relativ kurzen Pisten starten und landen. Bei maximaler Nutzlast benötigt die C-X jedoch eine Startbahn von mindestens 2300 m Länge. Wie heute üblich, ist das Cockpit mit Multifunktionsbildschirmen ausgerüstet. Die Besatzung wird durch ein taktisches Flight Management System unterstützt. Die C-X kann im Fluge betankt werden. Von der C-X soll ein ziviles Frachtflugzeug YCX abgeleitet werden.
Hersteller: Kawasaki Heavy Industries, Werk Gifu, Japan.

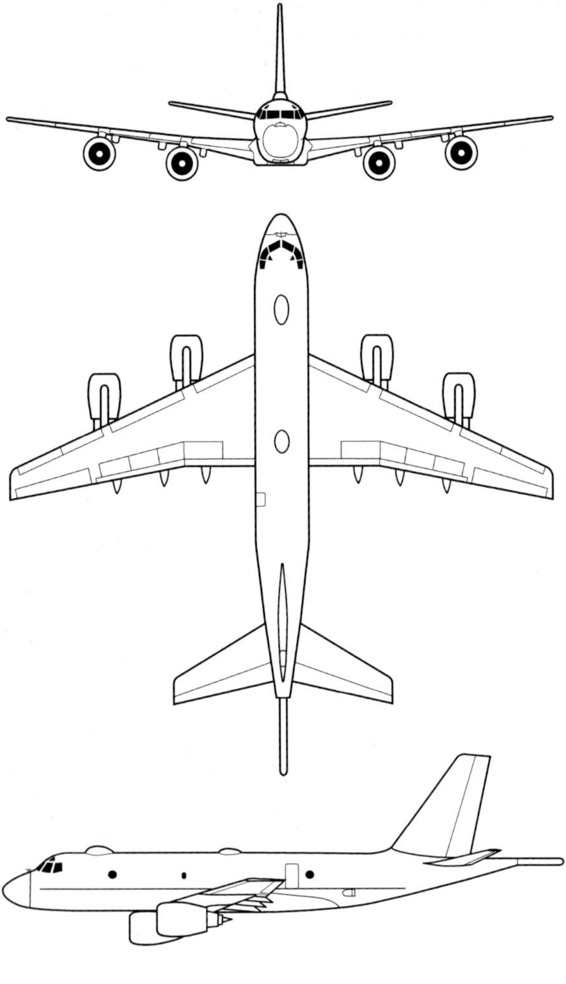

Abmessungen:
Spannweite 35,00 m
Länge 38,00 m
Höhe 12,00 m

KAWASAKI XP-1

Ursprungsland: Japan.
Kategorie: Seeaufklärungs- und Mehrzweckkampfflugzeug.
Triebwerke: Vier Mantelstromtriebwerke Ishikawajima-Harima XF7-10 von je rund 5900 kp (58,0 kN) Standschub.
Leistungen (nach Angaben des Herstellers): Höchstgeschwindigkeit 830 km/h; Dienstgipfelhöhe 13250 m; max. Reichweite 8000 km.
Gewichte: Max. Startgewicht 80000 kg.
Zuladung: Drei Mann Cockpitbesatzung und eine noch unbekannte Zahl von Systemoperateuren.
Bewaffnung: Antischiffslenkwaffen, Tiefwasserbomben, Torpedos, Minen, Sonarbojen usw. in einem Gesamtgewicht von 9000 kg.
Entwicklungsstand: Zwei Prototypen absolvieren die Erprobung, der erste fliegt seit 28. September 2007, der zweite seit 19. Juni 2008. Die japanische Marine will etwa 90 Einheiten beschaffen, welche ab 2011 die Lockheed P-3 Orion ersetzen sollen. Vier davon sind bereits bestellt.
Bemerkungen: Obwohl äußerlich sehr unterschiedlich, ist die P-X der C-X (siehe Seiten 218/219) konstruktiv sehr ähnlich. Als große Innovation ist die XP-1 mit einem Flight-by-Light-System ausgerüstet. Dieses soll wesentlich schnellere Befehle ausführen und gegen elektromagnetische Felder weniger störanfällig sein. Zur Ortung von Unterseebooten wird die XP-1 mit diversen Sensoren, einem Phased Array Radar von Toshiba, magnetischen Detektoren, Infrarot-Scheinwerfersystem usw. ausgerüstet sein. Weiter sind verschiedene Systeme zum Ergreifen von elektronischen Gegenmaßnahmen vorgesehen.
Hersteller: Kawasaki Heavy Industries, Werk Gifu, Japan.

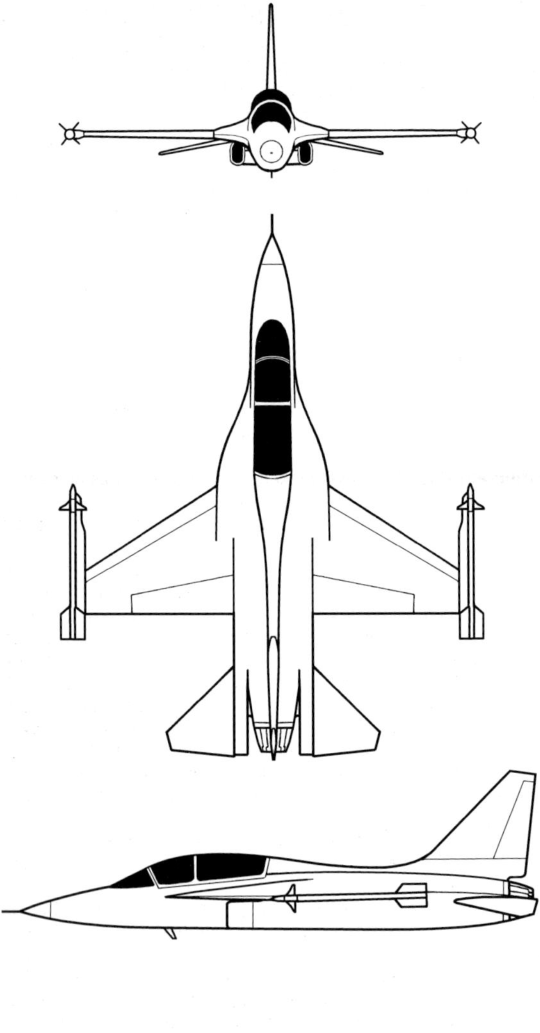

Abmessungen:
Spannweite 9,50 m
Länge 13,13 m
Höhe 4,94 m

KOREAN AEROSPACE INDUSTRIES T-50/A-50 GOLDEN EAGLE

Ursprungsland: Südkorea.
Kategorie: Zweisitziger Trainer T-50 und leichtes Mehrzweckkampfflugzeug F/A-50.
Triebwerke: Ein Mantelstromtriebwerk General Electric F404-GE-402 von 5400 kp (53,9 kN) Standschub ohne und 8000 kp (78,7 kN) mit Nachverbrennung.
Leistungen: Höchstgeschwindigkeit Mach 1,4; Anfangssteiggeschwindigkeit 137 m/Sek; Dienstgipfelhöhe 14630 m; Reichweite 1850 km.
Gewichte: Leergewicht 6355 kg; max. Startgewicht ohne Außenlasten 8890 kg, mit Außenlasten 13485 kg.
Bewaffnung: Eine dreiläufige 20-mm-Kanone M61A2 im Vorderrumpf mit Austrittsöffnung unter der linken Flügelvorderkante. An sieben Aufhängepunkten, einem unter dem Rumpf, vier unter den Flügeln und zwei an den Flügelenden Luft-Luft- bzw. Luft-Boden-Lenkwaffen sowie Bomben aller Art.
Entwicklungsstand: Der erste von vier Prototypen hatte am 20. August 2002 seinen Erstflug, gefolgt vom zweiten am 8. November 2002. Bisher bestellte die koreanische Luftwaffe 60 (inkl. zehn für die Kunstflugstaffel) Fortgeschrittenentrainer T-50A und 22 Jagdflugzeugtrainer T-50B (Erstflug 29. August 2003) und plant später bis zu 150 leichte Kampfflugzeuge F/A-50 zu beschaffen. Vier davon sind 2009 in Auftrag gegeben worden. Die Ablieferung der T-50A begann Ende 2005. Bis Ende 2008 waren davon mehr als 30 abgeliefert.
Bemerkungen: Korean Aerospace wurde bei der Entwicklung dieses Musters von Lockheed Martin unterstützt. Das amerikanische Werk zeichnete sich für die Entwicklung des Flügels, der Flugkontrollsysteme sowie für die Avionik verantwortlich. Drei Ausführungen sind vorgesehen: Der Fortgeschrittenentrainer T-50A, der sog. Lead-in Fighter-Trainer T-50B mit einem Bordradar APG-67. Kürzlich freigegeben wurde auch die Entwicklung des leichten Mehrzweckjägers F/A-50, versehen mit einem leistungsfähigeren Bordradar APG-67, Kampfelektronik und größerer Treibstoffkapazität. Der Erstflug dieser Variante soll 2010 stattfinden. Konstruktiv unterscheiden sich die verschiedenen Ausführungen kaum voneinander, sondern nur durch ihre Ausrüstung. Alle verfügen über ein Fly-By-Wire-Steuerungssystem und Cockpitausrüstung mit HUD.
Hersteller: Korean Aerospace Industries (KAI), Inchon, Werk Sachon, Republik Südkorea.

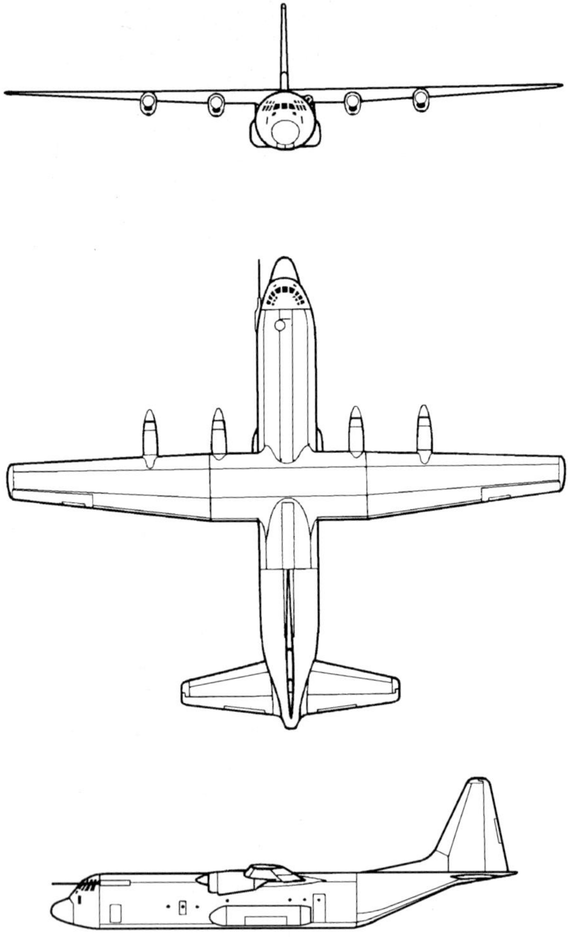

Abmessungen:
Spannweite 40,41 m
Länge (C-130J) 29,79 m, (C-130J-30) 34,36 m,
Höhe 11,71 m
Flügelfläche 162,12 m²

LOCKHEED MARTIN C-130J HERCULES II

Ursprungsland: USA.
Kategorie: Mittelschwerer militärischer und ziviler Transporter.
Triebwerke: Vier Propellerturbinen Allison AE2100 von je 6000 WPS (4500 kW) reduziert auf 4640 WPS (3460 kW) Leistung.
Leistungen: Max. Reisegeschwindigkeit 645 km/h, norm. Reisegeschwindigkeit 556 km/h; Anfangssteiggeschwindigkeit 10,7 m/Sek; Dienstgipfelhöhe 9315 m; Reichweite mit einer Nutzlast von 21625 kg über 2600 km, mit 18144 kg 5250 km.
Gewichte: Rüstgewicht (J) 34274 kg, (J-30) 35965 kg; max. Abfluggewicht 79380 kg.
Zuladung: Zwei Piloten und eine Nutzlast von 22000 kg.
Entwicklungsstand: Die erste C-130J fliegt seit 5. April 1996. Bisherige Bestellungen: Dänemark 4, RAF 25, RAAF 12 C-130J-30, Italien 22 C-130J/-30, Kanada 17, Norwegen 4. Die USA haben für USAF, USMC und USCG bisher 172 Maschinen der unterschiedlichen Versionen erworben. Über 100 davon sind bereits abgeliefert. Neueste Auftraggeber: Indien 6, Irak 6, Israel 9, Qatar 4. Von der Ausführung C-130J waren Ende 2008 rund 185 Einheiten hergestellt. Jährlich werden rund ein Dutzend gebaut.
Bemerkungen: Die Version C-130J ist gegenüber der bisherigen C-130H in wesentlichen Teilen überarbeitet und verbessert worden. Nebst neuen Triebwerken mit Sechsblattrotoren neuester Technologie ist ein völlig neues Zweimann-Cockpit mit vier großen LCD-Anzeigen und einem HUD eingebaut. Weiter hat Lockheed zur Leistungserhöhung und zur Vereinfachung der Wartung das elektrische System, die Betankungsanlage sowie die gesamte Elektronik neu konzipiert. Alle diese Maßnahmen führen dazu, dass bei um 17% reduziertem Treibstoffverbrauch sowie einer um 15% höheren Geschwindigkeit die Nutzlast-/Reichweitenleistung um nicht weniger als 61% verbessert wird. Zudem hat man Teile der Struktur verstärkt. Die Ausführungen C-130J und C-130J-30 bzw. CC-130J unterscheiden sich nur durch die unterschiedliche Rumpflänge. Neu bestellte die USAF eine Version HC/MC-130J für Spezialeinsätze. Bei einem Bedarf von bis zu 115 Maschinen sind bisher sechs bestellt worden. Erste Studien bestehen für eine neue C-130 mit größerem Rumpfdurchmesser.
Hersteller: Lockheed Martin Marietta Corp., Marietta, Georgia, USA.

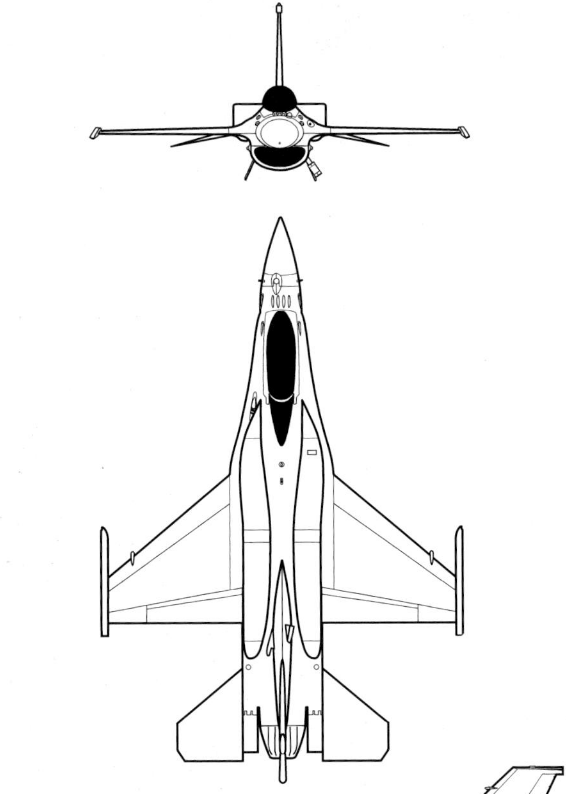

Abmessungen:
Spannweite 9,45 m
Länge 15,03 m
Höhe 5,09 m
Flügelfläche 27,87 m^2

LOCKHEED MARTIN F-16C/D FIGHTING FALCON

Ursprungsland: USA.
Kategorie: Einsitziger Mehrzweckjäger (F-16C) und zweisitziger operationeller Trainer (F-16D).
Triebwerke: Ein Mantelstromtriebwerk Pratt & Whitney F100-PW-229 von 8075 kp (79,20 kN) Standschub ohne und 13150 kp (129,40 kN) mit Nachbrenner bzw. General Electric F110-GE-129 von 8043 kp (78,90 kN) Standschub ohne und 12416 kp (131,60 kN) mit Nachbrenner.
Leistungen: Kurzzeitig erreichbare Höchstgeschwindigkeit 2145 km/h auf 12190 m (Mach 2,02), andauernde Höchstgeschwindigkeit 2007 km/h (Mach 1,89); Dienstgipfelhöhe 15240 m; (Block 50/52) taktischer Einsatzradius mit sechs 227-kg-Bomben 580 km; Überführungsreichweite mit Zusatztanks 3943 km.
Gewichte: Leergewicht 9207 kg; max. Startgewicht 19187 kg.
Bewaffnung: Eine sechsläufige 20-mm-Revolverkanone M61A-1 und, als Abfangjäger, bis zu sechs Luft-Luft-Lenkwaffen AIM-9L/M oder AIM-120, als Erdkämpfer bis zu 5638 kg Außenlasten.
Entwicklungsstand: Die F-16C/D Block 50/52 befindet sich seit 1991 im Einsatz. Die als F-16E/F (siehe Ausgabe 2008) bezeichneten Modelle des Blocks 60 sind an den einzigen Besteller UAE alle abgeliefert worden. Von allen Ausführungen sind bisher fast 4400 Einheiten für 25 Luftwaffen hergestellt worden. Derzeit werden pro Jahr rund 50 Einheiten gebaut. Neuester Besteller: Marokko 24 F-16C/D Block 52.
Bemerkungen: Gegenwärtig werden die Blöcke 50/52 abgeliefert. Neu beschaffte F-16 C/D können mit einer Mehrzahl optionaler Zusatzsysteme ausgerüstet werden. Beispiele sind: Vektorsteuerung des Triebwerks, Cockpit mit Helmdisplay, Mitführen von allwettertauglichen Stand-off-Waffen wie die AGM-84E Standoff Land-Attack-Lenkwaffe oder die AGM-142 Popeye II-Bombe. Neu wird auch ein Mikrowellen-Landesystem angeboten, welches den Endanflug wesentlich erleichtert. Eine F-16 hat kürzlich damit sogar eine automatische Landung ohne Einwirken des Piloten absolviert. Ältere Modelle können mit einem Active Combat Radar von Raytheon nachgerüstet werden.
Hersteller: Lockheed Martin Marietta Corp., Fort Worth Division, Fort Worth, Texas, USA.

Abmessungen:
Spannweite 13,56 m
Länge 18,87 m
Höhe 5,05 m
Flügelfläche 77,1 m²

LOCKHEED MARTIN/BOEING F/A-22 RAPTOR

Ursprungsland: USA.
Kategorie: Luftüberlegenheits- und Mehrzweckkampfflugzeug.
Triebwerke: Zwei Mantelstromtriebwerke Pratt & Whitney F119-PW-100 von je 11900 kp (116 kN) Standschub ohne und 15900 kp (156 kN) mit Nachverbrennung und schwenkbarem Triebwerkstrahl.
Leistungen: Höchstgeschwindigkeit in geringer Höhe 1470 km/h (Mach 1,20) oder 1915 km/h über 10975 m (Mach 1,80); max. Dauergeschwindigkeit 1595 km/h über 10975 m (Mach 1,50); Dienstgipfelhöhe 16700+ m; Aktionsradius mit interner Treibstoffzuladung und voller Zahl Luft-Luft-Lenkwaffen 1450 km.
Gewichte: Leergewicht 14365 kg; max. Startgewicht 27216 kg.
Bewaffnung: Eine sechsläufige 20-mm-Revolverkanone M61A2 und zwei Kurzstrecken-Luft-Luft-Lenkwaffen AIM-9 je in einem separaten Schacht seitlich am Rumpf sowie bis zu sechs Mittelstrecken-Luft-Luft-Lenkwaffen AIM-120 im zentralen Waffenschacht. Für Erdkampfeinsätze können darin auch spezielle 450-kg-Bomben sowie Lenkwaffen oder Zusatztanks an vier Aufhängungen unter den Flügeln mitgeführt werden; max. Außenlasten 2270 kg.
Entwicklungsstand: Der Serienprototyp der F-22 startete am 7. September 1997 zum Erstflug, das erste Serienflugzeug am 16. September 2002. Die Trainingseinheit hat im September 2003 die ersten F-22 Raptor erhalten. 2005 folgte die erste Einsatzstaffel. Voraussichtlich erhält die USAF bis 2011 nur noch 187 Maschinen. Ohne Anschlussaufträge läuft die Serienfertigung 2011 aus.
Bemerkungen: Die Raptor ist auch für Tiefangriffe ausgelegt und kann entsprechende Munition in den Waffenschächten, als auch an Aufhängepunkten unter den Flügeln mitführen. Deshalb hat man die ursprünglich als F-22 bezeichnete Raptor neu auf F/A-22 umbenannt. Stealth-Eigenschaften, hohe, kaum Einschränkungen unterworfene Wendigkeit, modernste Kampfelektronik mit AESA-Radar und die Fähigkeit, ohne Nachbrenner eine Dauergeschwindigkeit von Mach 1,58 zu erzielen, machen die Raptor zum derzeit leistungsfähigsten Jagdflugzeug der Welt. Derzeit wird eine Aufdatierung des Radars erprobt, welches die F/A-22 im Rahmen von Nachrüstungen erhalten sollen.
Hersteller: Lockheed Martin Marietta Corp., Marietta, Georgia und Boeing Military Airplanes, Seattle, Washington, USA.

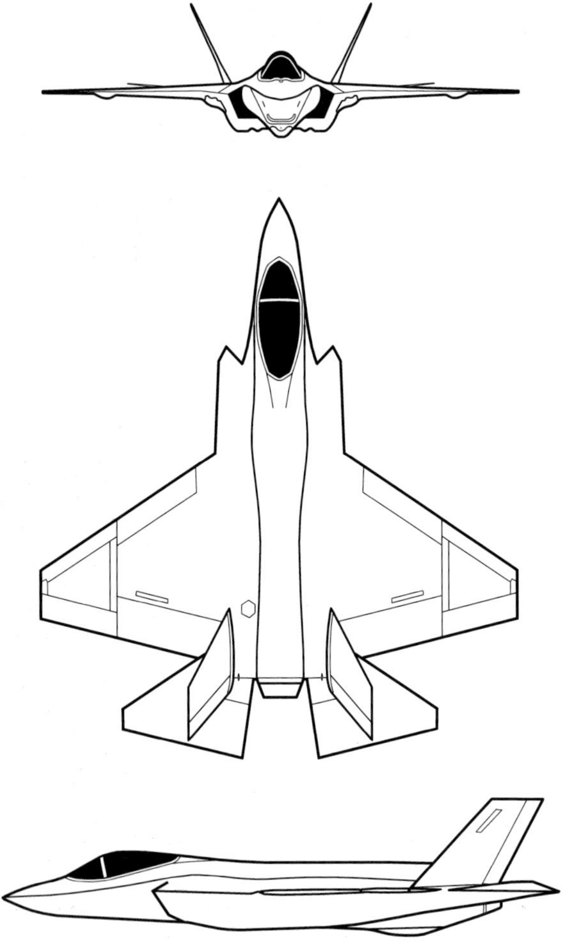

Abmeßungen:
Spannweite 10,67 m
Länge 15,67 m
Flügelfläche 42,70 m^2

LOCKHEED MARTIN F-35A Lightning II

Ursprungsland: USA (Großbritannien).
Kategorie: Landgestütztes Mehrzweckkampfflugzeug.
Triebwerke: Ein Mantelstromtriebwerk Pratt & Whitney F135 von 10615 kp (104,10 kN) ohne und 18487 kp (181,30 kN) mit Nachbrenner oder als Alternative General Electric/Rolls Royce F136 mit etwa gleichen Leistungen.
Leistungen (geschätzt): Höchstgeschwindigkeit etwa Mach 1,6; Dienstgipfelhöhe 15240 m+; Aktionsradius mehr als 1100 km.
Gewichte: Leergewicht 11370 kg; max. Startgewicht 22280 kg.
Bewaffnung: Eine 27 mm-Mauserkanone BK-27 und 6800 kg Waffen.
Entwicklungsstand: Das erste weitgehend der Serienausführung entsprechende Muster F-35AA-1 nahm die Flugerprobung am 15. Dezember 2006 auf. Insgesamt sind 15 Testflugzeuge der Ausführungen F-35A, B, C geplant, welche alle bis Ende 2009 fliegen sollen. Die USAF will heutigen Plänen zufolge 1763 F-35A Lightning II beschaffen. Italien plant 131 Einheiten zu erwerben. Israel hat 2008 25 Einheiten (+50 Optionen) bestellt, die Türkei wird 100 F-35A beschaffen. Insgesamt sollen rund 3000 F-35 gebaut werden. Bisher hat die USAF nebst den Prototypen acht F-35A bestellt, die ab 2010 abgeliefert werden.
Bemerkungen: Folgende Ausführungen sind vorgesehen: Landversion F-35A für die USAF sowie für die meisten der Entwicklungs- und Industriepartner (z.Z. Australien, Dänemark, Kanada, Niederlande, Norwegen, Türkei); STOVL-Version F-35B für das USMC, Italien und die RN, das trägergestützte CTOL-Mehrzweckkampfflugzeug F-35C (siehe Dreiseitenriss) für die USN (für beide siehe Seiten 232/233). Allen gemeinsam sind weitgehend der Rumpf, die Seitenleitwerke und das Höhenleitwerk. Konstruktiv werden die drei Ausführungen zu weiten Teilen gleich sein. Das Cockpit neuester Technologie weist hoch auflösende Bildschirme auf. Viele Funktionen lassen sich durch Sprachbefehle oder via Pilotenhelm-Display steuern. Neu wird ab den Modellen des sog. Blocks 3 ein anstelle des synthetischen Normalband-Bordradars ein Breitband-Bordradar eingebaut.
Hersteller: Lockheed Martin Marietta Corp., Marietta, Georgia, Werk Fort Worth, Texas, USA.

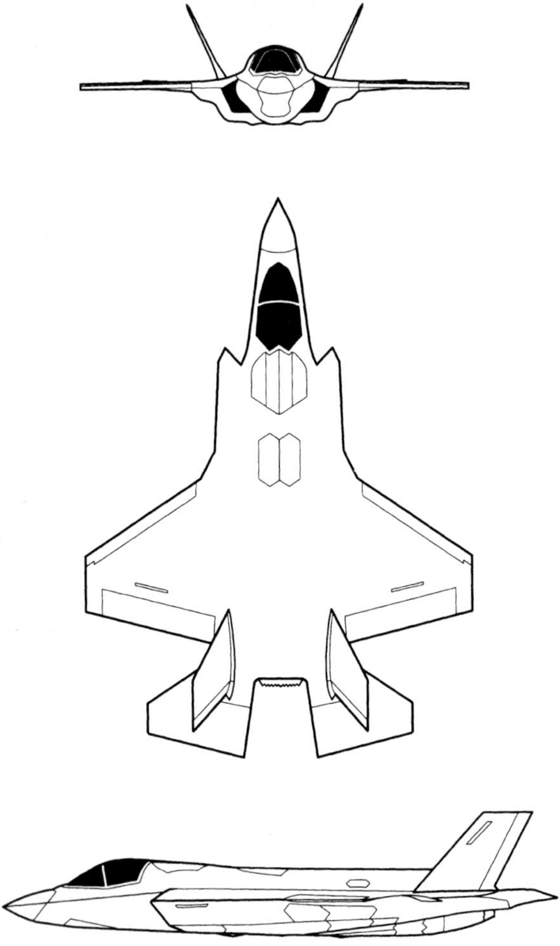

Abmessungen:
Spannweite (F-35B) 10,67 m, (F-35C) 13,11 m
Länge (F-35B) 15,61 m, (F-35C) 15,67 m
Flügelfläche (F-35B) 42,70 m², (F-35C) 62,06 m²

LOCKHEED MARTIN F-35B/C Lightning II

Ursprungsland: USA (Großbritannien).
Kategorie: Bordgestütztes (F-35B) STOVL- bzw. (F-35C) CTOL-Mehrzweckkampfflugzeug.
Triebwerke: Ein Mantelstromtriebwerk Pratt & Whitney F135 von 10615 kp (104,10 kN) ohne und 18487 kp (181,30 kN) mit Nachbrenner oder als Alternative General Electric/Rolls Royce F136 mit etwa gleichen Leistungen.
Leistungen (geschätzt): Höchstgeschwindigkeit etwa Mach 1,6; Dienstgipfelhöhe 15240 m+; Aktionsradius (F-35B) mehr als 830 km, (F-35C) 1110 km.
Gewichte: Leergewicht (F-35B) 14588 kg, (F-35C) 14478 kg; max. Startgewicht 22280 kg.
Bewaffnung: Eine 27 mm-Mauserkanone BK-27 und ca. 7000 kg Waffen.
Entwicklungsstand: Die X-35B entstand aus dem Umbau der X-35C und flog in dieser Konfiguration erstmals am 24. Juni 2001. Der erste eigentliche Prototyp F-35B nahm die Flugerprobung am 11. Juni 2008 auf. Drei weitere sollen folgen. Großbritannien beschafft 138 Maschinen ausschließlich dieser Variante, vorwiegend zur Stationierung auf den neu zu bauenden Flugzeugträgern. Italien erhält voraussichtlich 22 F-35B. Das USMC kauft ab 2012 340 Lightning II. Als letzte der drei Basisversionen wird die bordgestützte F-35C im Mai 2009 den Erstflug ausführen. Drei F-35C nehmen an der Erprobung teil. Es ist vorgesehen, dass die USN ab 2015 340 F-35C beschafft.
Bemerkungen: Bei der STOVL-Version F-35B (siehe Foto und Dreiseitenriss) ist das Triebwerk mit einem durch eine Gelenkwelle verbundenen Lift-Fan ausgerüstet, mit Einlassöffnung und Austrittsdüse unten am vorderen Teil des Rumpfs. Zudem lässt sich der Heckteil des Triebwerks um bis zu 900 nach unten schwenken. Damit werden vollständige VTOL-Eigenschaften erreicht. Im Übrigen ist die F-35B mit den F-35A/C zu rund 90% baugleich. Die konventionell startende und landende F-35C verzichtet auf Schwenkmechanismus und Lift-Fan, erhält aber für den Einsatz ab Flugzeugträgern Flügel mit deutlich größerer Fläche und verändertem Klappenmechanismus. Damit werden deutlich bessere Start- und Landeeigenschaften erzielt.
Hersteller: Lockheed Martin Marietta Corp., Marietta, Georgia, Werk Fort Worth, Texas, USA.

Abmessungen:
Spannweite (MiG-29SMT/MiG-35) 11,41 m, (MiG-29K) 11,99 m
Länge 17,16 m
Höhe 4,36 m
Flügelfläche (MiG-29SMT/MiG-35) 38,00 m², (MiG-29K) 42,00 m²

MIKOJAN MIG-29SMT/MIG-35

Ursprungsland: Russland.
Kategorie: Ein- oder zweisitziges Mehrzweckkampfflugzeug.
Triebwerke: Zwei Mantelstromtriebwerke (MiG-29SMT) Klimow/Sarkisow RD-33 Serie 3/RD-33MK von je 5035 kp (49,40 kN) Standschub ohne und 9300 kp (91,00 kN) mit Nachbrenner bzw. (MiG-35) RD33MKB mit etwa gleicher Leistung und optionaler Schubvektor-Steuerung.
Leistungen (MiG-29SMT): Höchstgeschwindigkeit mit vier Luft-Luft-Lenkwaffen 2445 km/h auf 11000 m (Mach 2,3) oder 1500 km/h auf Meereshöhe (Mach 1,3); max. Anfangssteiggeschwindigkeit 330 m/Sek; Dienstgipfelhöhe 17700 m; Einsatzradius (Abfangmission mit 1500-l-Zusatztanks und vier Luft-Luft-Lenkwaffen) 1015 km; max. Reichweite mit drei Zusatztanks 3500 km.
Gewichte (-29SMT/-35): Norm. Startgewicht 16200/17500 kg; max. Startgewicht 20600/23500 kg.
Bewaffnung: Eine 30-mm-Revolverkanone GSh-301 und eine maximale Waffenlast von 4500 kg an zehn Außenstationen.
Entwicklungsstand: Die Umbauversion MiG-29SMT fliegt seit 20. April 1998. 200 ältere Versionen der russischen Luftwaffe sollen entsprechend modifiziert werden. Die MiG-35 wurde erstmals im August 2005 vorgestellt. Rund 1600 MiG-29 aller Versionen sind für etwa 30 Luftwaffen hergestellt worden. Jüngste Bestellungen: Russland 34 MiG-29SMT-2 (ex. Algerien), Syrien bis zu 50 MiG-29SMT.
Bemerkungen: Merkmale der MiG-29SMT sind u.a.: Neues Kampfradar N-019, Head-Up-Display, MIL-STD-1553 Databus sowie Cockpit mit multifunktionalen Flachbildschirmen. Ein Satteltank hinter dem Cockpit ermöglicht zudem bessere Reichweitenleistungen. Die Trägerversion MiG-29K (siehe Dreiseitenriss) basiert auf der MiG-29SMT, ist aber u.a. mit vergrößerten Faltflügeln und verstärktem Fahrwerk ausgerüstet. Die Steuerung erfolgt via digitalem Dreifach-Fly-By-Wire-System. Die jüngste Ausführung heißt MiG-35, früher als MiG-29OVT bezeichnet. Sie hat neue Triebwerke mit Schubvektor-Steuerung, welche dieser Version eine außergewöhnliche Manövrierfähigkeit bescheren. Dazu kommt noch ein modifiziertes Fly-By-Wire-Steuersystem und das elektronisch aktiv scannende Bordradar Phazotron-NIIR Zhuk-MA, welches Flugzeuge bis zu einer Distanz von 160 km erkennt.
Hersteller: Russian Aircraft Corporation MiG und MAPO, Moskau, Russland.

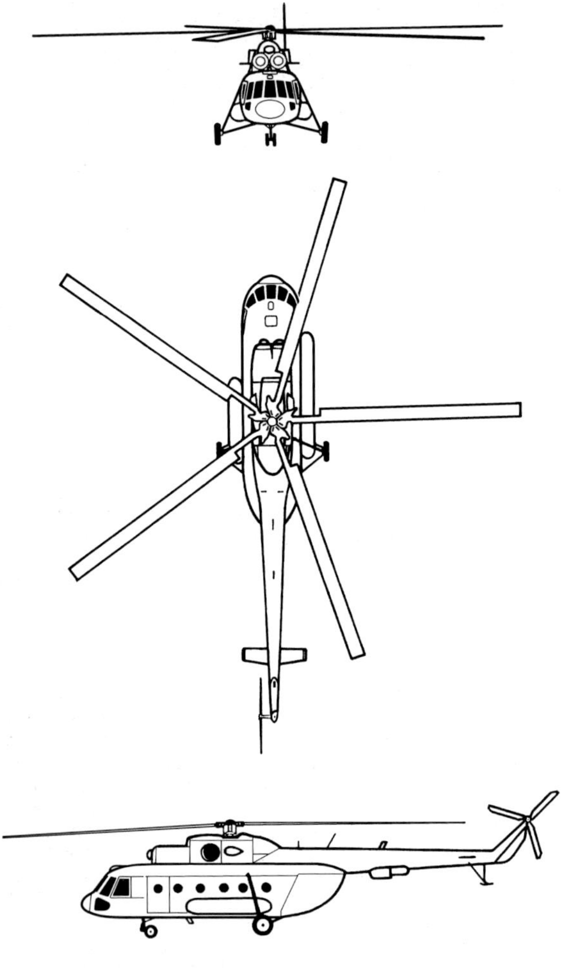

Abmessungen:
Rotordurchmesser 21,29 m
Rumpflänge ohne rotierenden Heckrotor 18,50 m
Höhe inkl. Rotorkopf 4,75 m

MIL/KAZAN MI-17M/MD

Ursprungsland: Russland.
Kategorie: Mittelschwerer militärischer und ziviler Mehrzweckhubschrauber.
Triebwerke: Zwei Gasturbinen Klimow TV3-117VM von je 2200 WPS (1620 kW) Leistung.
Leistungen: Höchstgeschwindigkeit in 1000 m 250 km/h; bei max. Startgewicht 230 km/h; Reisegeschwindigkeit 220 km/h; Dienstgipfelhöhe 6000 m; Schwebehöhe mit Bodeneffekt 4000 m, ohne Bodeneffekt 1760 m; Reichweite mit normaler Zuladung 500 km, mit vier externen Zusatztanks bis zu 1600 km.
Gewichte: Rüstgewicht 7100 kg; normales Startgewicht 11000 kg, maximal 13000 kg.
Zuladung: Zwei Piloten im Cockpit und bis zu 36 Soldaten bzw. 40 Passagiere; max. Nutzlast intern 4000 kg, extern 5000 kg.
Entwicklungsstand: Ein Prototyp der Version MD fliegt seit 1995. Die Mi-17 in ihren verschiedenen Ausführungen erfreut sich weiterhin großer Nachfrage, sowohl von militärischen Stellen als auch von zivilen Nutzern. Neuester Besteller: Mongolei 2, Thailand 6, Pakistan weitere 4. Indien erhält 80 Mi-17 und modernisiert seine bisherige Flotte von 172 Mi-8/17. Von allen Typen der Mi-8/-17-Familie sind mittlerweile über 12000 Exemplare gebaut worden. Nachdem die VR China bereits rund 250 Mi-8/17 beschafft hat, wird dieser Typ seit 2008 in China in Lizenz hergestellt.
Bemerkungen: Als vorläufig letzte Ausführung wird die Mi-17MD bzw. Mi-171 vom Werk Kazan angeboten. Äußerlich unterscheidet sie sich durch eine neue Buggestaltung mit Farb-Wetterradar. Weitere Merkmale: Notschwimmausrüstung mit aufblasbaren Ballonen, größere Schiebetüren auf beiden Seiten, mechanische Frachttransportausrüstung im Heck, Platz für vier zusätzliche Passagiere. Als Option kann eine Rettungswinde mit einer Tragkraft von 300 kg installiert werden. Unter der Bezeichnung Mi-172 fliegt eine Ausführung mit Honeywell Glas-Cockpit, 1553-Databus, Multi-Sensor-Optiksystem und Missionssystem von BAE als Option. Weitere verbesserte Varianten befinden sich in Prüfung, so beispielsweise die Mi-8X, welche mit der Mi-38 (siehe Seiten 240/241) Triebwerke, Getriebe und Rotor gemeinsam hat.
Hersteller: Mil/Kazan Helicopters, Moskau/Kazan, Russland.

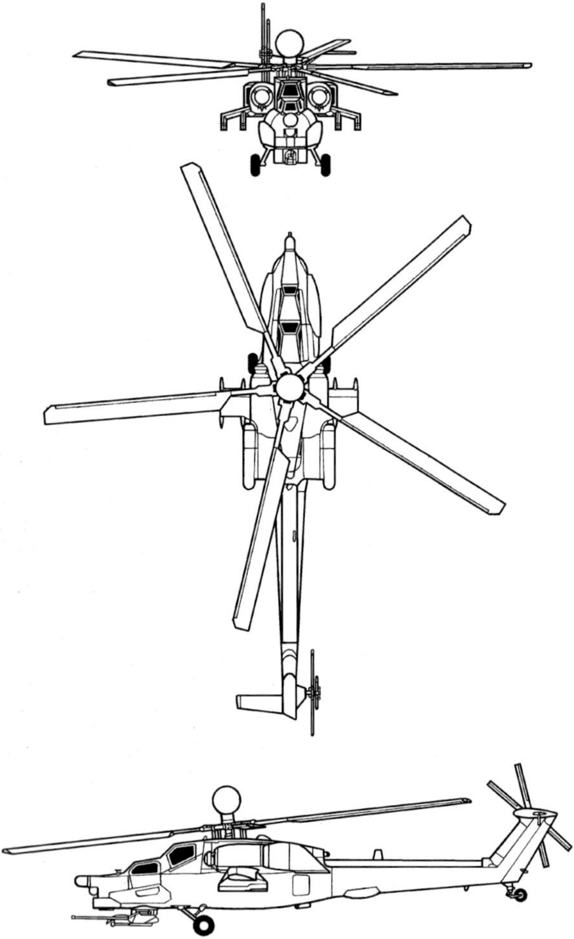

Abmessungen:
Rotordurchmesser 17,30 m
Rumpflänge 16,85 m
Höhe inkl. Rotorkopf 4,86 m

MIL/ROSTVERTOL MI-28N

Ursprungsland: Russland.
Kategorie: Zweisitziger Kampfhubschrauber.
Triebwerke: Zwei Gasturbinen (Prototypen und Vorserie) Klimow TV3-117VMA von je 2200 WPS (1640 kW) bzw. (Serienausführung) Klimow VK-2500 von je 2400 WPS (1790 kW) Leistung.
Leistungen: Höchstgeschwindigkeit 305 km/h; max. Reisegeschwindigkeit 270 km/h; max. Schrägsteiggeschwindigkeit 13,6 m/Sek; Dienstgipfelhöhe 5800 m; Schwebehöhe ohne Bodeneffekt 3600 m; Reichweite mit max. Treibstoffzuladung 990 km.
Gewichte: Leergewicht 8590 kg; norm. Startgewicht 11000 kg; max. Startgewicht 12100 kg.
Bewaffnung: Eine 30-mm-2A42-Kanone in einem Turm unter der Rumpfnase und je zwei Waffenstationen mit einer Tragkraft von 480 kg an beiden Stummelflügeln. Typische Bewaffnung: Panzerabwehrlenkwaffen 9M114 »Shturm« und Luft-Luft-Lenkwaffen 9M39 »Igla«; max. Nutzlast 2000 kg.
Entwicklungsstand: Der Prototyp der Weiterentwicklung Mi-28N nahm am 14. November 1996 die Flugerprobung auf. Eine erste Serienmaschine flog erstmals im Dezember 2005. Aktueller Planung zufolge erhält die russische Luftwaffe bis 2015 67 Einheiten. Die ersten Maschinen wurden Mitte 2008 übergeben. Venezuela ist ebenfalls an der Beschaffung der Mi-28N interessiert.
Bemerkungen: Die Mi-28N ist der zurzeit kampfstärkste Hubschrauber dieser Klasse. Sie verfügt über Panzerung aus Titan und Verbundwerkstoffen, um die Piloten, die Rumpftanks sowie weitere lebenswichtige Systeme zu schützen. Ähnlich wie die AH-64D (siehe Seiten 90/91) ist die Mi-28N mit einem im Mastvisier eingebauten 360°-Millimeter-Wellenradar ausgerüstet. Dank der hoch entwickelten elektronischen Kampfausrüstung ist sie allwetter- und nachtkampftauglich. Die Serienausführung besitzt neue Kunststoff-Rotorblätter mit nach hinten gepfeilten Spitzen.
Hersteller: Mil/Rostvertol, Werk Rostow, Moskau, Russland.

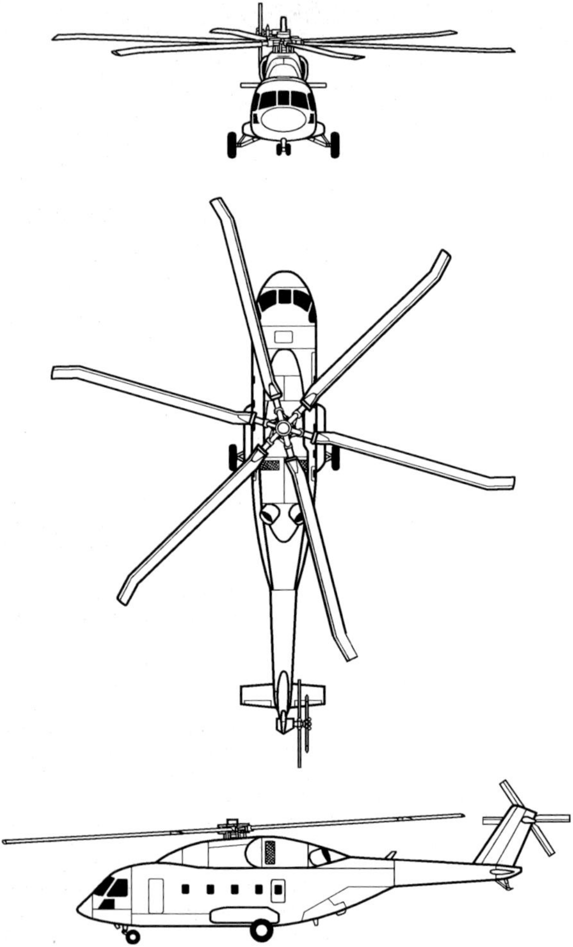

Abmessungen:
Rotordurchmesser 21,10 m
Rumpflänge 19,95 m
Höhe inkl. Rotor 5,20 m

Mil/KAZAN Mi-38

Ursprungsland: Russland.
Kategorie: Mittelschwerer militärischer und ziviler Mehrzweckhubschrauber.
Triebwerke: Zwei Gasturbinen Pratt & Whitney Canada PW127T/S von je 2500 WPS (1865 kW) oder Klimow VK-3000/127 von je auf 2465 WPS (1838 kW) reduzierter Leistung.
Leistungen (nach Angaben des Herstellers): Höchstgeschwindigkeit 275 km/h; Reisegeschwindigkeit 250 km/h; Dienstgipfelhöhe 6500 m; Schwebehöhe ohne Bodeneffekt 2500 m; Reichweite mit einer Nutzlast von 3500 kg 800 km, mit Zusatztanks maximal 1300 km.
Gewichte: Leergewicht 8620 kg; max. Startgewicht 15600 kg.
Zuladung: Zwei Piloten und 30 bis zu 44 Passagiere. Max. Nutzlast intern 5000 bis 6000 kg, extern 7000 kg.
Entwicklungsstand: Nach jahrelangen Verzögerungen nahm der Prototyp Mi-38 die Flugerprobung am 22. Dezember 2003 auf. Zwei weitere Erprobungsmuster befinden sich im Bau. Die bisherigen Tests erforderten einige Modifikationen, was eine weitere Verschiebung des Programms nach sich zieht. Neuesten Informationen zufolge rechnet der Hersteller nun mit dem Start der Auslieferungen ab 2012. Von russischen Firmen seien Letters of Intent für über 100 Maschinen eingegangen.
Bemerkungen: Die Mi-38 soll die große Zahl von Mi-8-Helikoptern ersetzen. Zwei Versionen sind geplant: Die militärische Mi-383 mit einer Frachtkapazität von 6000 kg sowie die zivile Mi-382 in Passagierkonfiguration. In Konzeption und Auslegung gleicht die Mi-38 sehr der AW101 (siehe Seiten 20/21). Sie weist den gleichen sechsblättrigen Hauptrotor aus Verbundwerkstoffen und elastomeren Gelenken der Mi-28N (siehe Seiten 238/239) auf. Der Heckrotor besteht aus zwei unabhängigen zweiblättrigen Rotoren in einer X-Anordnung. Das Fahrwerk ist einziehbar. Die Kabine weist folgende Innenmaße auf: Länge 6,80 m, Breite 2,20 m, Höhe 1.80 m. Zur Erleichterung des Ladevorganges ist eine große Heckladeklappe vorhanden. Die gesamte Flugsteuerung erfolgt durch ein Fly-By-Wire-System. Zur Entwicklung und zum Vertrieb ist Mil mit Eurocopter eine Beteiligung unter dem Namen Euromil eingegangen. Der Verkaufspreis soll zwischen US$ 12 und 15 Mio. liegen.
Hersteller: Mil/Kazan (Euromil) Helicopters, Moskau/Kazan, Russland.

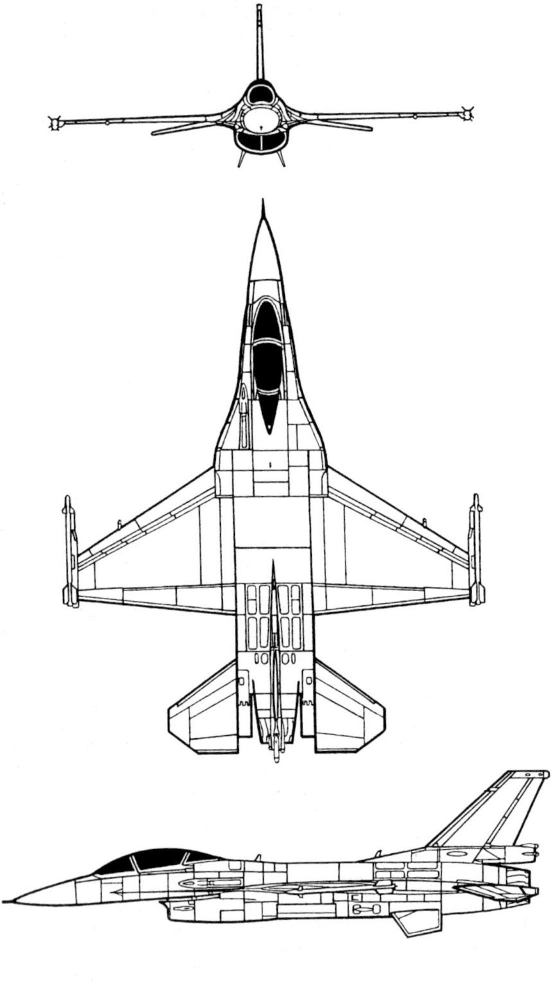

Abmessungen:
Spannweite 11,13 m
Länge 15,52 m
Höhe 4,96 m
Flügelfläche 34,84 m^2

MITSUBISHI F-2

Ursprungsland: Japan (USA).
Kategorie: (F-2A) Einsitziger bzw. (F-2B) doppelsitziger Mehrzweckjäger.
Triebwerke: Ein Mantelstromtriebwerk General Electric F110-GE-129 von 7711 kp (75,5 kN) Standschub ohne und 13880 kp (131,7 kN) mit Nachverbrennung.
Leistungen (Schätzungen): Höchstgeschwindigkeit in großen Höhen Mach 2,0, in Bodennähe mehr als Mach 1,0; Anfangssteiggeschwindigkeit 255 m/Sek; Dienstgipfelhöhe 17900 m; Einsatzradius mit Antischiffs-Lenkwaffen 830 km; Überführungsreichweite 3500 km.
Gewichte: Leergewicht 9527 kg; norm. Startgewicht 18500 kg, max. 22000 kg.
Bewaffnung: Eine sechsläufige 20-mm-Revolverkanone M61A-1 und eine max. Waffenlast 9000 kg, die u.a. die japanischen Eigenentwicklungen Mitsubishi AAM-3-Luft-Luft- sowie die XASM-2-Anti-Schiffs-Lenkwaffen umfasst.
Entwicklungsstand: Erstflug des ersten von vier Prototypen FS-X am 7. Oktober 1995, des letzten am 24. Mai 1996. Die Ablieferungen an die japanischen Luftstreitkräfte begannen im September 2000. Von den ursprünglich 130 geplanten Einheiten werden definitiv nur deren 94 gebaut, rund 80 davon sind bereits abgeliefert. Die Produktion wird voraussichtlich Ende 2009 eingestellt.
Bemerkungen: Die F-2 ist von der Lockheed F-16 abgeleitet. Im Laufe der Entwicklung hat sie sich technisch vom Ausgangsmuster immer weiter entfernt, so dass heute fast von einem vollständig neu entwickelten Typ gesprochen werden kann. Vorderrumpf und Heck sind leicht länger und der Flügel aus Kunststoff ist eine völlige Neuentwicklung. In amerikanisch-japanischer Zusammenarbeit wurde auch ein neuartiges Mehrzweck-Bordradar mit Aktiv-Steuerung und einer Reichweite bis zu 190 km konstruiert, welches gleichzeitig zehn Ziele verfolgen kann. Die übrige Elektronik stammt vollständig aus japanischer Entwicklung, wie das Weitwinkel-Head-Up Display, die fünf Flüssigkristallanzeigen im Cockpit sowie ein umfangreiches integriertes System für die elektronische Kampfführung. Diverse Teile des Rumpfes sind mit Radar-absorbierendem Material ausgestattet.
Hersteller: Mitsubishi Heavy Industries Ltd., Werk Nagoya, Tokio, Japan.

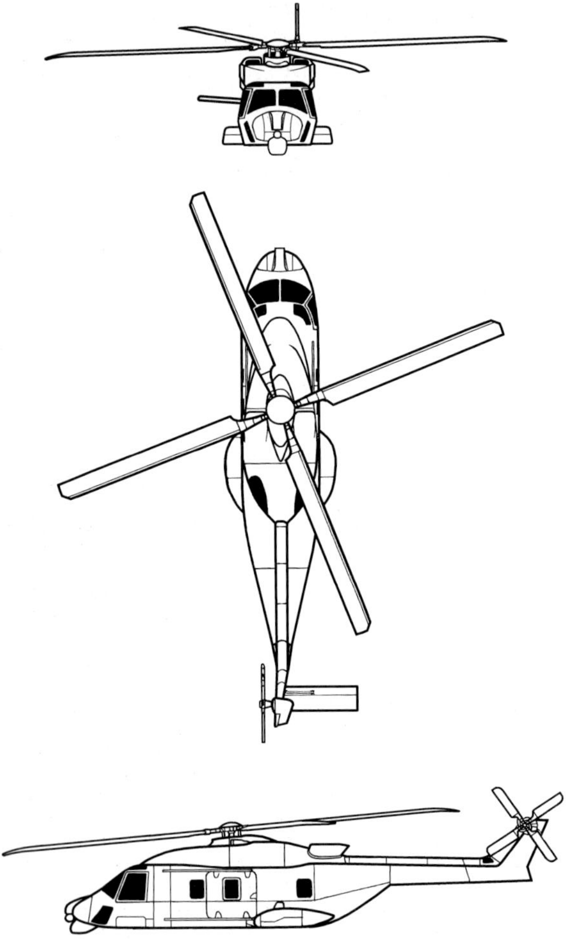

Abmessungen:
Rotordurchmesser 16,30 m
Rumpflänge 16,23 m
Höhe über Heckrotor 5,44 m

NH INDUSTRIES NH90 TTH

Ursprungsland: Deutschland, Frankreich, Italien, Niederlande.
Kategorie: Mittelschwerer militärischer Mehrzweckhubschrauber.
Triebwerke: Zwei Gasturbinen Rolls-Royce-Turboméca RTM322-01/9 bzw. General Electric T700-T6E von je 1680 WPS (1253 kW) Leistung.
Leistungen: Höchstgeschwindigkeit 305 km/h; normale Reisegeschwindigkeit 260 km/h; Schrägsteiggeschwindigkeit 11 m/Sek; Dienstgipfelhöhe 6000 m; Schwebehöhe mit Bodeneffekt 2960 m, ohne Bodeneffekt 2355 m; Einsatzradius mit 2000 kg Nutzlast 300 km; Überführungsreichweite 1200 km; Einsatzdauer 4 Std 35 Min.
Gewichte: Leer 5945 kg; normales Startgewicht 10600 kg, max. 11400 kg.
Zuladung: Zwei Piloten und 20 Soldaten bzw. 12 Verwundete; Nutzlast 2500 kg.
Bewaffnung: Kanonenbehälter und zwei schwenkbare Maschinengewehre bei den Seitentüren.
Entwicklungsstand: Der erste von fünf Erprobungsmustern (vier TTH, ein NFH) fliegt seit dem 18. Dezember 1995, die ersten Serienmuster seit Mitte 2004. Bisher wurden 456 NH90 TTH fest bestellt: Australien 46 als MRH 90 bezeichnete Hubschrauber, Belgien 4 (+ 2 Optionen), Deutschland (Luftwaffe 42, Heer 80), Finnland 20, Frankreich 34 (+ 34 Optionen), Griechenland 20 (+ 14 Optionen), Italien 60 UH-90, Neuseeland 8, Oman 20, Portugal 10, Saudi Arabien 54, Schweden 13, Spanien 45. Mit Anschlussaufträgen wird gerechnet. Erste Ablieferungen an Kunden erfolgten 2004. Bis Ende 2008 waren über 30 Einheiten hergestellt.
Bemerkungen: In der Grundkonzeption sind die NH90 TTH sowie die NH90 NFH (siehe Seiten 246/247) weitgehend gleich. Die vorwiegend für taktische Aufgaben konzipierte TTH besitzt eine Heckladerampe. Recht umfangreiche Lasten können in der Kabine transportiert werden. Sie weist folgende Innenmaße auf: Länge ohne Rampe 4,80 m, Breite 2,05 m und Höhe 1,58 m (Schweden 1,82 m). Die NH90 verfügt über eine weitgehend aus Verbundstoff bestehende Zelle und eine Fly-By-Wire-Steuerung. Derzeit wird geprüft, eine CSAR-Variante (Combat-Search-and-Rescue, Rettungseinsätze in Kampfgebieten) zu entwickeln. Aufträge dafür liegen jedoch noch nicht vor.
Hersteller: NH Industries, Aix-en-Provence, Frankreich.

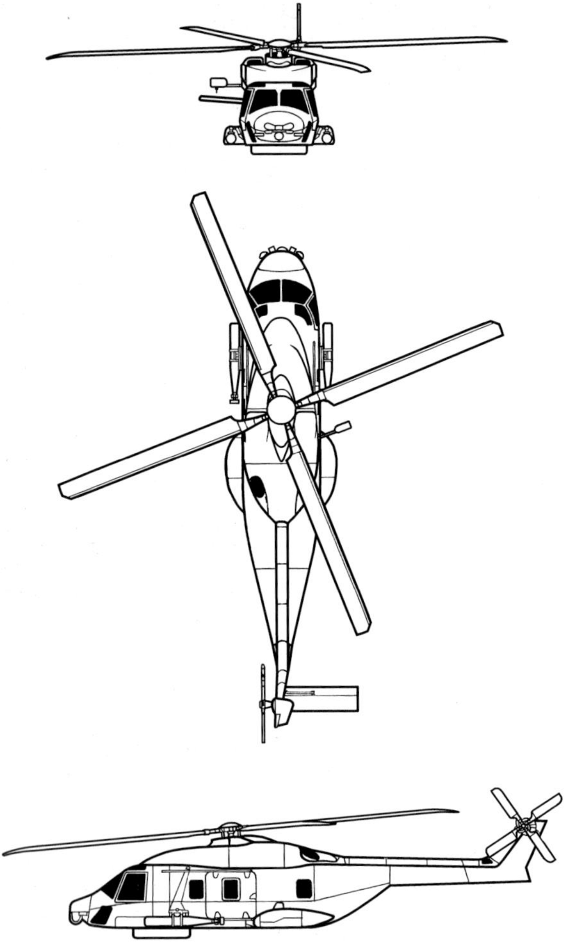

Abmessungen:
Rotordurchmesser 16,30 m
Rumpflänge 15,88 m
Höhe über Heckrotor 5,44 m

NH INDUSTRIES NH90 NFH

Ursprungsland: Deutschland, Frankreich, Italien, Niederlande.
Kategorie: Mittelschwerer bordgestützter U-Bootjagdhubschrauber.
Triebwerke: Zwei Gasturbinen Rolls-Royce-Turboméca RTM322-01/9 bzw. General Electric T700-T6E von je 1680 WPS (1253 kW) Leistung.
Leistungen: Max. Reisegeschwindigkeit 290 km/h; normale Reisegeschwindigkeit auf Meereshöhe 245 km/h; Schrägsteiggeschwindigkeit 11 m/Sek; Dienstgipfelhöhe 6000 m; Schwebehöhe mit Bodeneffekt 3140 m, ohne Bodeneffekt 2515 m; Flugzeit rund 110 km vom Schiff entfernt 3 Std. 20 Min; max. Einsatzdauer 4 Std. 45 Min; Überführungsreichweite 1200 km.
Gewichte: Leergewicht ohne Missionsausrüstung 6288 kg; normales Startgewicht 10600 kg, max. 11400 kg.
Zuladung: Zwei Piloten und bis vier Systemoperateure.
Bewaffnung: Je zwei Torpedos oder Anti-Schiffslenkwaffen an Trägern seitlich am Rumpf.
Entwicklungsstand: Der bisher einzige Prototyp der Marineausführung NFH nahm die Flugerprobung 1997 auf. Das erste Serienmuster für die Aéronavale startete am 12. Mai 2006 zum Erstflug. Geplante Beschaffungen: Belgien 4, Deutschland 30, Frankreich 27, Italien 46, Niederlande 20, Norwegen 14 (+ 10 Optionen), Saudi Arabien 10, Schweden 5. Mit der Indienststellung wird 2009 gerechnet.
Bemerkungen: NH90 TTH (siehe Seiten 244/245) und NH90 NFH sind in ihrer Grundkonzeption weitgehend gleich. Die Marineausführung NFH verzichtet auf die Rampe, besitzt dafür faltbare Rotoren, ein beiklappbares Rumpfheck und zwei Schwimmer. Die Bordavionik umfasst u.a. taktisches Radar, FLIR, Sonar sowie zahlreiche weitere Sensorsysteme. Im Hinterrumpf befindet sich ein Ausstoß-System für Düppel, Infrarotfackeln und Sonarbojen. Die NH90 verfügt über eine weitgehend aus Verbundstoff bestehende Zelle und eine Fly-By-Wire-Steuerung.
Hersteller: NH Industries, Aix-en-Provence, Frankreich.

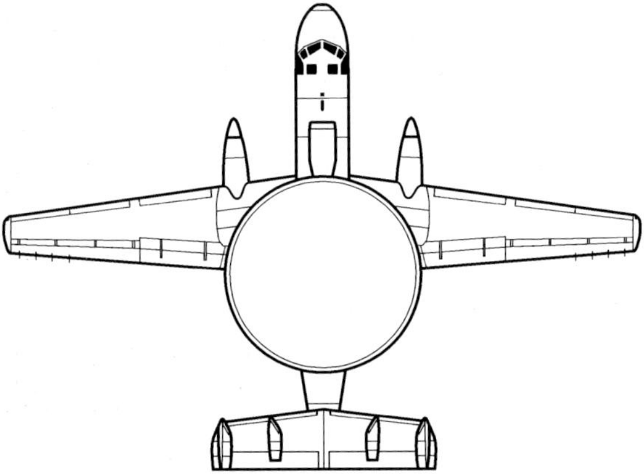

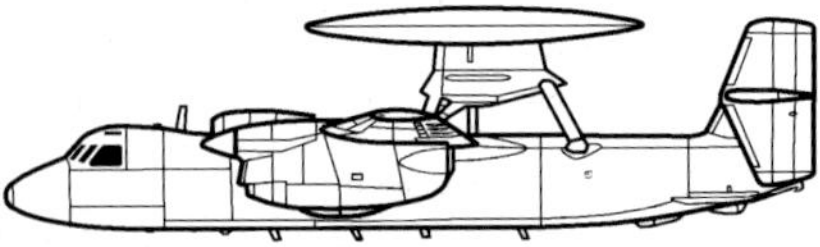

Abmessungen:
Spannweite 24,56 m
Länge 17,55 m
Höhe 5,69 m
Flügelfläche 65,03 m²

NORTHROP GRUMMAN E-2D ADVANCED HAWKEYE

Ursprungsland: USA.
Kategorie: Bordgestütztes Frühwarn- und Überwachungsflugzeug sowie fliegende Kommandozentrale.
Triebwerke: Zwei Propellerturbinen Rolls-Royce (Allison) T56-A-427A von je 5250 WPS (3917 kW) Leistung.
Leistungen: Höchstgeschwindigkeit 598 km/h; max. Reisegeschwindigkeit 576 km/h; Anfangssteiggeschwindigkeit 12,8 m/Sek; Dienstgipfelhöhe 9390 m; Einsatzdauer 4 Std. bei einem Aktionsradius von 370 km; max. Flugdauer 6,1 Std; Überführungsreichweite 2580 km.
Gewichte: Leer 17265 kg; max. Startgewicht 25850 kg.
Zuladung: Fünf Mann Besatzung, bestehend aus zwei Piloten und drei Ingenieuren im zentralen Einsatzraum.
Entwicklungsstand: Die neueste Ausführung E-2D absolvierte ihren Erstflug am 3. August 2007. Ein zweiter Prototyp folgte am 29. November 2007. Aktuellen Plänen zufolge soll die USN insgesamt 75 Einheiten beschaffen, welche ab 2011 zu liefern sind. Von den verschiedenen Ausführungen der E-2C sind bisher beschafft worden: USN 101, Ägypten 6, Frankreich 3 (+ 1), Japan 13, Mexico 3 (ex. Israel), Singapur 4 und Taiwan 6. Die US Küstenwache setzt vier, die US Zollbehörde eine von der US Navy gemietete E-2C zur Drogenbekämpfung ein.
Bemerkungen: Die E-2D stellt gegenüber der Vorversion Hawkeye 2000 in verschiedener Hinsicht einen wesentlichen Fortschritt dar. Obwohl von außen kaum Unterschiede feststellbar sind, ist das »Innenleben« weitgehend neu. Das Herz der E-2D ist das neue Radar AN/APY-9. Es arbeitet ebenfalls im UHF-Frequenzbereich, kann jedoch besonders kleine Ziele auf große Distanzen auch in einem gestörten Umfeld besser erkennen. Dank der hohen Rechenleistung ist es in der Lage, kleine bewegliche Ziele wie beispielsweise Marschflugkörper knapp über dem Boden zu verfolgen. Auf einer Höhe von 7600 m deckt die E-2D mit einem Radius von 550 km eine um 250 Prozent größere Fläche als die E-2C ab. Später soll die Advanced Hawkeye mit einer Luftbetankungssonde ausgerüstet werden.
Hersteller: Northrop Grumman Corporation, Werk St. Augustine, Florida, Los Angeles, Kalifornien, USA.

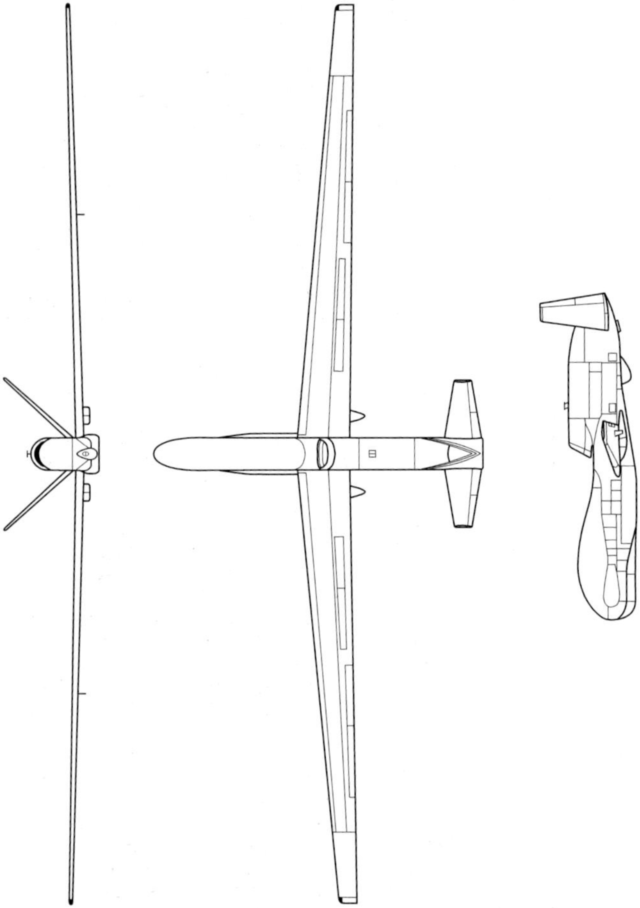

Abmessungen:
Spannweite 39,89 m
Länge 14,50 m
Höhe 4,63 m
Flügelfläche (RQ-4A) 50,10 m²

NORTHROP GRUMMAN RQ-4B GLOBAL HAWK

Ursprungsland: USA.
Kategorie: Unbemannter hochfliegender Langstreckenaufklärer.
Triebwerke: Ein Mantelstromtriebwerk Rolls-Royce Allison AE3007H von 3760 kp (36,8 kN) Standschub.
Leistungen: Höchstgeschwindigkeit ca. Mach 0,60, Patrouillengeschwindigkeit 635 km/h; Dienstgipfelhöhe 19800 m; max. Flugdauer 36 Std; Aktionsradius mit einer Aufenthaltsdauer von 24 Std. am Zielort 5500 km, Reichweite bis zu (RQ-4A) 25015 km, (RQ-4B) 22780 km.
Gewichte: Leergewicht 4173 kg; max. Startgewicht 14640 kg.
Zuladung: Aufklärungssysteme im Gesamtgewicht von 1360 kg.
Entwicklungsstand: Der erste Prototyp RQ-4A nahm die Flugerprobung am 28. Februar 1998 auf. 15 Prototypen bzw. RQ-4A Block 10 wurden für die USAF und die USN (2) gebaut. Ab dem neunten Serienexemplar stellte man auf die leistungsfähigere RQ-4B Block 20 um (Erstflug im November 2006). Bei einem Bedarf von 54 Einheiten gab die USAF bisher 30 Systeme in Auftrag, rund 25 davon waren Ende 2008 gebaut. 68 RQ-4N erhält die US Navy ab 2011 (siehe Foto des ersten Musters). Südkorea will zwischen zwei und vier Systeme beschaffen.
Bemerkungen: Die Global Hawk kann unbemannt aus 20 km Höhe in 24 Std. ein Gebiet der Größe Griechenlands flächendeckend aufklären und die gewonnenen Daten via Satellit weltweit online übertragen. Zur Erfüllung dieser Aufgaben ist sie mit modernsten Systemen ausgerüstet, u.a. allwettertaugliches Seitensichtradar, CCD-Kamera für hochauflösende Bilder, Wärmebildsensoren usw. Während der Rumpf konventionell aus Aluminium besteht, sind die Flügel vollständig aus Kohlefasern hergestellt und trotz großer Spannweite äußerst steif ausgelegt. Auch das gesamte Leitwerk ist aus Verbundwerkstoffen. Um ein hohes Maß an Ausfallsicherheit zu erreichen, ist die gesamte Flugsteuerung doppelt vorhanden, das gleiche gilt auch für die meisten Computer. Derzeit werden die Ausführungen RQ-4B Block 20 und Block 30 gebaut. Letztere verfügt zusätzlich über eine sog. Airborne Signals Intelligence-Nutzlast. Fünf als EuroHawk bezeichnete ELINT-Variante der RQ-4B werden als Ersatz der deutschen Breguet Atlantic ELINT sowie für die NATO beschafft (Ablieferung ab 2010).
Hersteller: Northrop Grumman Corp., Werk San Diego, Kalifornien, USA.

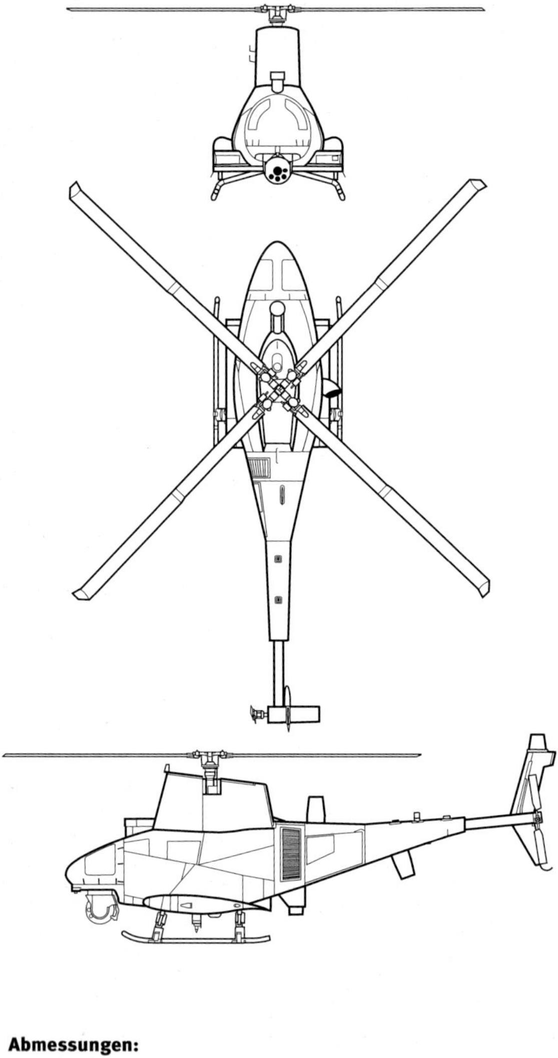

Abmessungen:
Rotordurchmesser 8,38 m
Rumpflänge 7,01 m
Höhe 2,87 m

NORTHROP GRUMMAN RQ-8A/MQ-8B FIRE SCOUT

Ursprungsland: USA.
Kategorie: Unbemannter Überwachungs- und Aufklärungshubschrauber.
Triebwerke: Eine Gasturbine Rolls-Royce 250-C20W von 420 WPS, reduziert auf (RQ-8A) 250 WPS (186,3 kW) bzw. (MQ-8B) 340 WPS (253,5 kW) Leistung.
Leistungen: Höchstgeschwindigkeit 230 km/h; Dienstgipfelhöhe 6100 m; Aufenthaltsdauer max. 6 Std, 200 km vom Mutterschiff entfernt 4 Std.
Gewichte (RQ-8A/MQ-8B): Startgewicht 1200/1425 kg.
Zuladung: Aufklärungsmittel, Elektronik- und Sensorenausrüstung von max. (RQ-8A) 57 kg, (MQ-8B) 272 kg.
Entwicklungsstand: Ein firmeneigener Prototyp begann die Erprobung am 19. Mai 2002. Derzeit befinden sich drei in der Flugversuchsphase. Die Weiterentwicklung MQ-8B der Fire Scout gelangt bei der US Army auf Brigadeebene zum Einsatz. Sieben Prototypen werden gebaut, der erste fliegt seit 20. Dezember 2006. Daneben hat die US Navy vorerst neun, die US Army acht Seriensysteme bestellt, welche ab 2009 zur Ablieferung gelangen.
Bemerkungen: Der unbemannte Drehflügler RQ-8A ist eine Ableitung des Leichthubschraubers Schweizer 333 (siehe Ausgabe 2004). Sein Aufgabengebiet umfasst Real-Time-Aufklärungs- und Überwachungseinsätze sowie Zieldarstellungen ab kleinen Schiffen in einem Radius von etwa 200 km. Dazu verfügt er über elektro-optische Sensoren, Infrarotausrüstung und einen Laser-Zielzuweiser. Zum gesamten Integral-System gehört nebst dem Fluggerät auch eine containerisierte Boden- bzw. Schiffstation S-280 zur Lenkung der Einsätze und zum Empfang der Informationen. Hubschrauber und Empfangsstation lassen sich schnell mit einem Transporter C-17 verlegen. Später sind auch leichte Waffeneinsätze denkbar. Es sind daher Versuche mit der Luft-Boden-Lenkwaffe AGM-114 Hellfire durchgeführt worden. Die Serienausführung heißt MQ-8B und umfasst einen Vierblattrotor, größere Treibstoffkapazität und erlaubt ein höheres Startgewicht. Auch die USN beschafft anstelle der RQ-8A diese Variante.
Hersteller: Northrop Grumman Corp., Los Angeles, Kalifornien, USA.

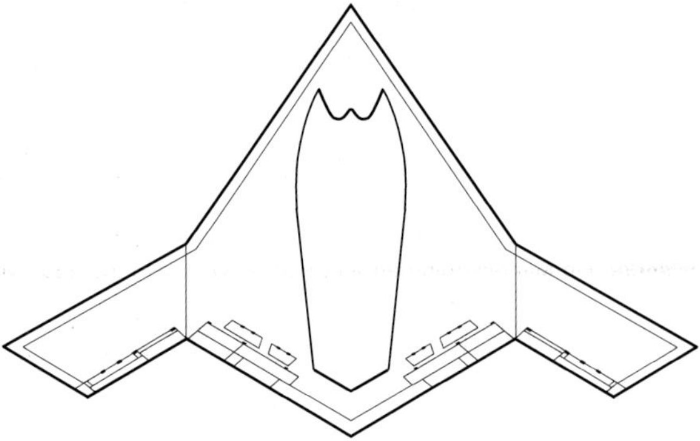

Abmessungen:
Spannweite 18,93 m, gefaltet 9,40 m
Länge 11,63 m
Höhe 3,10 m

NORTHROP GRUMMAN X-47B PEGASUS

Ursprungsland: USA.
Kategorie: Unbemanntes land- und bordgestütztes Kampfflugzeug.
Triebwerke: Ein Mantelstromtriebwerk Pratt & Whitney F100-220U von 6630 kp (65,00 kN) Standschub.
Leistungen (sehr provisorische Angaben): Einsatzgeschwindigkeit im hohen Unterschallbereich; Dienstgipfelhöhe 12190 m; Einsatzradius 2770 km; Überführungsreichweite 6500 km.
Gewichte: Max. Startgewicht bis zu 20190 kg.
Bewaffnung: Eine Waffenlast von rund 2045 kg.
Entwicklungsstand: Die Weiterentwicklung X-47B soll Ende 2009 erstmals fliegen. Vorerst werden zwei Prototypen für die USN hergestellt. Der auf eigenes Risiko der Herstellerin gebaute Erprobungsträger X-47A nahm die Flugerprobung am 23. Februar 2003 auf. Es wurde nur ein Prototyp gebaut.
Bemerkungen: Von der X-47A abgeleitet wird ein wesentlich vergrößertes Muster X-47B UCAS-D gebaut. Mit ihm will man beweisen, dass unbemannte Waffensysteme auf Flugzeugträgern einsatztauglich gemacht werden können. Diese Ausführung ist für Aufklärungs- und Kampfeinsätze »der ersten Stunde« gedacht, d.h. für besonders gefährliche Missionen, wie sie oft bei Beginn von Konflikten vorkommen. Sie soll Waffeneinsätze von bis zu 12 Std. fliegen können. Ein integriertes Waffensystem mit einem »Synthetic Aperture Radar« (= Radar mit synthetischer Blendenöffnung) ist dafür vorgesehen. Weitgehend aus Verbundwerkstoffen gebaut, verfügt die X-47B über ausgezeichnete »Stealth«-Eigenschaften. Die als offenes System konzipierte Elektronik von BAE Systems erlaubt u.a. sehr präzise Landungen auf Flugzeugträgern. Neuerdings wird auch eine Luftbetankungsvariante geprüft. Aus diesem weiterentwickelten Erprobungsträger soll dann eine Serienausführung für die US Navy abgeleitet werden. Mit der Einsatzbereitschaft dieser Ausführung wird 2020 gerechnet.
Hersteller: Northrop Grumman Corporation, Werk Palmdale, Kalifornien, USA.

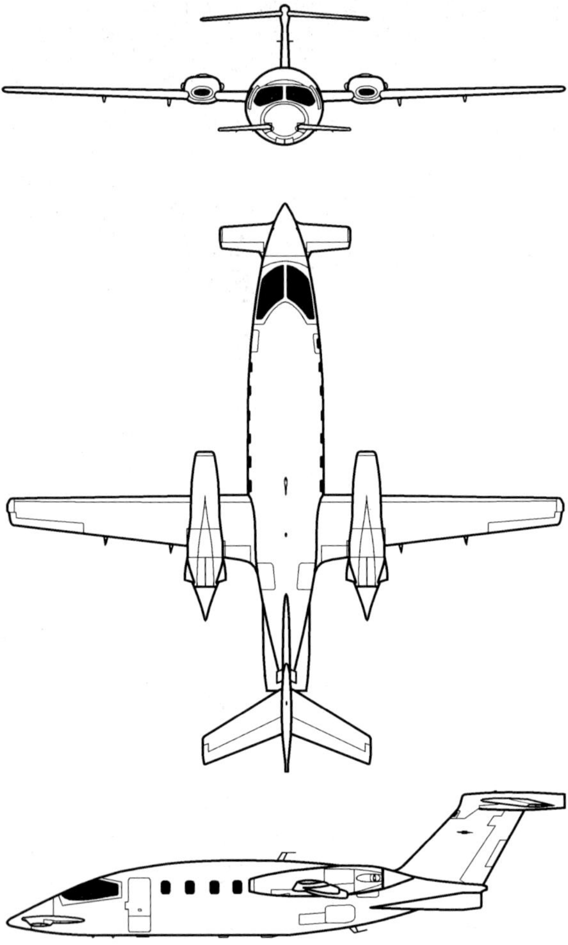

Abmessungen:
Spannweite 14,03 m
Länge 14,41 m
Höhe 3,98 m
Flügelfläche 16,00 m²

PIAGGIO P180 AVANTI II

Ursprungsland: Italien.
Kategorie: Firmenflugzeug und militärisches Mehrzweckflugzeug.
Triebwerke: Zwei Propellerturbinen Pratt & Whitney Canada PT6A-66B von je auf 850 WPS (634 kW) reduzierter Leistung.
Leistungen: Höchstgeschwindigkeit 737 km/h auf 8538 m; max. Dauergeschwindigkeit 644 km/h auf 11885 m; Anfangssteiggeschwindigkeit 15,0 m/Sek; Dienstgipfelhöhe 12500 m, Reichweite mit einer Nutzlast von sechs Personen und IFR-Reserven 2637 km; max. Reichweite mit VFR-Reserven 3148 km.
Gewichte: Rüstgewicht 3538 kg; max. Startgewicht 5489 kg.
Zuladung: Ein oder zwei Piloten und sieben bis acht Passagiere bei Standard-Innenausstattung. Für EMS-Einsätze zwei liegende Verwundete, als Frachter max. 1860 kg.
Entwicklungsstand: Erstflug des ersten von zwei Prototypen am 23. September 1986, das erste Serienflugzeug folgte am 29. Januar 1990. Ab dem 105. Exemplar wurde die Produktion auf die Avanti II umgestellt. Bisher fliegen von beiden Ausführungen rund 170 Maschinen. Jährlich werden gegen 40 Maschinen gebaut.
Bemerkungen: Die Avanti basiert mit ihrem futuristischen Aussehen auf dem sog. »Drei-Flächen-Konzept«, wobei der vorn platzierte kleine Stützflügel das Flugzeug in allen Flugphasen ausbalanciert und das Höhenleitwerk nur für die Richtungsänderungen benötigt wird. Der Flügel besitzt ein Laminarprofil und eine hohe Streckung bei vergleichsweise geringer Fläche. Die Avanti besteht zum großen Teil aus Leichtmetall, doch sind Kunststoffteile am Leitwerk, den Triebwerkverkleidungen, an der Rumpfspitze, dem Stützflügel und dem Hauptflügel eingesetzt. Die unkonventionelle Form beschert der Avanti eine der größten Kabinen ihrer Klasse (Länge 4,55 m, Breite 1,85 m, Höhe 1,75 m). Die 2005 neu lancierte Avanti II verfügt über das Avionik-Set Pro Line 21 von Rockwell Collins. Leistungsstärkere Triebwerke und ein erhöhtes Abfluggewicht verbessern insbesondere das Nutzlast-/Reichweiteverhältnis. Seit 2008 bietet Piaggio eine neue Inneneinrichtung mit modernisiertem Kommunikationssystem an.
Hersteller: Rinaldo Piaggio S.p.A., Genua-Sestri, Italien.

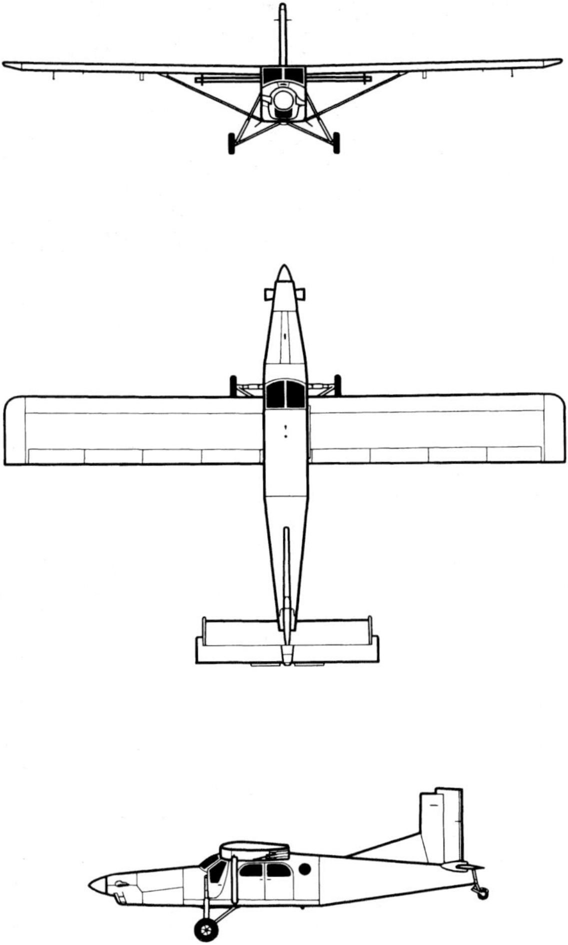

Abmessungen:
Spannweite 15,87 m
Länge 10,90 m
Höhe 3,20 m
Flügelfläche 30,15 m^2

PILATUS PC-6/B2-H4 TURBO PORTER

Ursprungsland: Schweiz.
Kategorie: Einmotoriges STOL-Mehrzweckflugzeug.
Triebwerke: Eine Propellerturbine Pratt & Whitney Canada PT6A-27 mit einer auf 550 WPS (410 kW) reduzierten Leistung.
Leistungen: Höchstgeschwindigkeit 280 km/h; normale Reisegeschwindigkeit 232 km/h auf Meereshöhe; Anfangssteiggeschwindigkeit 5,20 m/Sek; Dienstgipfelhöhe 7620 m; Reichweite mit max. Nutzlast 926 km, mit max. Treibstoffzuladung und Unterflügeltanks 1611 km.
Gewichte: Rüstgewicht 1270 kg, max. Startgewicht mit Skies 2600 kg, mit Rädern 2800 kg.
Zuladung: Pilot und normal sieben, maximal bis zu zehn Passagiere. Als Frachter eine maximale Zuladung von 1200 kg.
Entwicklungsstand: Erstflug des Ausgangsmusters PC-6A am 4. Mai 1959. In ununterbrochener Reihenfolge wurden bisher etwa 550 Maschinen hergestellt, in den letzten Jahren jedoch nur noch in kleinen Stückzahlen. Diese sind in über 50 Ländern im Einsatz, ein Teil davon für militärische Einsätze.
Bemerkungen: Dieses robuste Ganzmetallflugzeug zeichnet sich durch außerordentlich kurze Start- und Landeeigenschaften aus. Eine Piste von etwa 200 m genügt bereits für einen Start. Weltweit wird der Turbo Porter für die vielfältigsten Aufgaben eingesetzt, wie z.B. Transporte in entlegene Gegenden mit bescheidener Infrastruktur, Ambulanzeinsätze, Luftvermessung und -beobachtung, Transport und Absetzen von Fallschirmspringern usw. Zur Erleichterung von Ein- und Auslad sind an beiden Rumpfseiten große Schiebetüren vorhanden. Wegen seiner stabilen Flugeigenschaften eignet sich der PC-6 auch ideal für Spezialmissionen. Nebst Radfahrwerk kann der Turbo Porter auch mit Skies oder Schwimmern ausgerüstet werden. Der Basispreis einer Turbo Porter beträgt rund US$ 1,7 Mio.
Hersteller: Pilatus Flugzeugwerke AG, Stans, Schweiz.

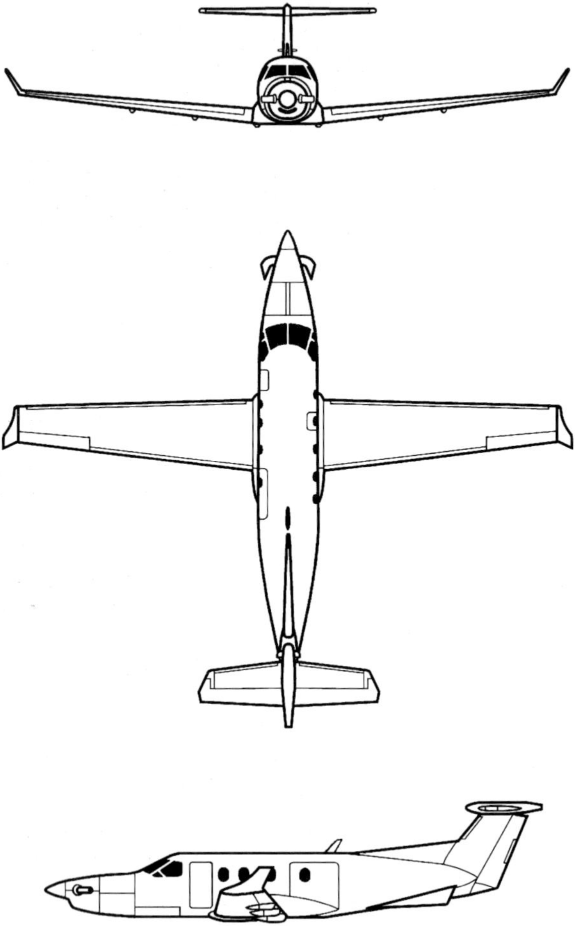

Abmessungen:
Spannweite 16,28 m
Länge 14,40 m
Höhe 4,26 m
Flügelfläche 25,81 m²

PILATUS PC-12NG

Ursprungsland: Schweiz.
Kategorie: Leichtes Mehrzweck- und Firmenflugzeug.
Triebwerke: Eine Propellerturbine Pratt & Whitney Canada PT6A-67B mit einer von 1605 WPS auf 1200 WPS (895 kW) reduzierten Leistung.
Leistungen: Max. Reisegeschwindigkeit 519 km/h auf 7620 m; Anfangssteiggeschwindigkeit 9,75 m/Sek; Dienstgipfelhöhe 9144 m; Reichweite mit drei Passagieren und IFR-Bedingungen 2900 km.
Gewichte: Leergewicht Frachter 2484 kg, mit Passagiereinrichtung 2974 kg; max. Startgewicht 4740 kg.
Zuladung: Pilot und Copilot/Passagier im Cockpit und bis zu neun Passagiere in Einzelsitzen; als Firmenflugzeug sechs bis acht Passagiere. Zuladung mit vollen Treibstofftanks 467 kg, max. Zuladung 1036 kg.
Entwicklungsstand: Der erste von zwei Prototypen startete am 31. Mai 1991 zum Erstflug. Im Mai 1994 begannen die Kundenauslieferungen. Die Ausführung PC-12NG wird seit Mitte 2008 ausgeliefert. Bisher wurden über 800 Maschinen gebaut. Die Jahresproduktion beläuft sich auf rund 100 Exemplare.
Bemerkungen: Das Mehrzweckflugzeug ist für den Einsatz in der Geschäftsfliegerei bis hin zum Transporter für Fracht geeignet. Die Zelle vermag Fracht bis zu 9,34 m³ zu laden. Eine kombinierte Variante für vier Passagiere und 5,95 m³ Fracht wird ebenfalls angeboten. Dank einer Passagiertüre vorn und einer großen Frachttüre hinten wird der Ladevorgang erleichtert. Die PC-12 ist mit einer umfangreichen Avionik von AlliedSignal Bendix/King ausgerüstet. Die 2006 vorgestellte Ausführung PC-12/47 bietet bei einem höheren Startgewicht entweder eine um 240 kg größere Nutzlast oder eine Reichweitenverbesserung von rund 550 km an. Zudem sind die Winglets überarbeitet. Eine weiter entwickelte Variante PC-12NG wurde 2006 angekündigt, ausgerüstet u.a. mit Primus Apex Avionik, neuem Cockpit-Design und Verbesserungen in der Ergonomie. Dank Einbau der stärkeren PT6A-67P-Turbine verbessern sich diverse Leistungsparameter. Weiterhin angeboten werden Spezialvarianten, z.B. für Überwachungseinsätze.
Hersteller: Pilatus Flugzeugwerke AG, Stans, Schweiz.

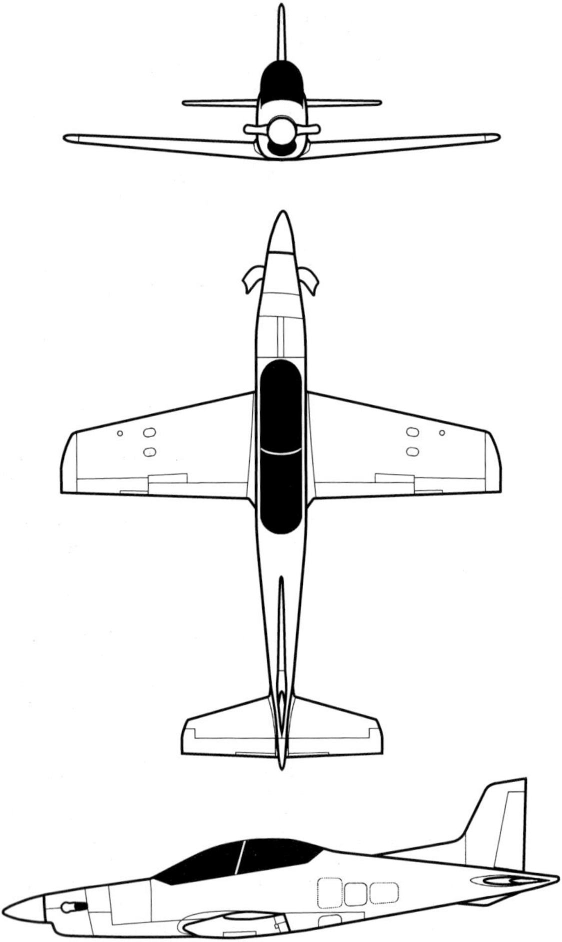

Abmessungen:
Spannweite 9,10 m
Länge 11,23 m
Höhe 3,75 m
Flügelfläche 15,22 m²

PILATUS PC-21

Ursprungsland: Schweiz.
Kategorie: Zweisitziges Trainingsflugzeug für Basic-, Advanced- und Fighter-Lead-In-Training.
Triebwerke: Eine Propellerturbine Pratt & Whitney Canada PT6A-68B mit einer von 1962 WPS (1463 kW) auf 1609 WPS (1200 kW) reduzierten Leistung.
Leistungen: Höchstgeschwindigkeit 625 km/h auf 3050 m, 600 km/h auf Meereshöhe; Anfangssteiggeschwindigkeit 22 m/Sek; Dienstgipfelhöhe 11400 m; Reichweite 1200 km.
Gewichte: Leergewicht 2270 kg; Startgewicht für Akrobatik-Einsätze 3100 kg; max. Startgewicht 4250 kg.
Entwicklungsstand: Ein Erprobungsträger fliegt seit Mai 2001, der eigentliche Prototyp nahm die Flugerprobung am 1. Juli 2002 auf. Ein zweiter folgte am 7. Juni 2004. Das Vorserienflugzeug fliegt seit 29. August 2005. Folgende Auslieferungen sind bisher erfolgt: Schweiz sechs, Singapur 19.
Bemerkungen: Unter der Bezeichnung PC-21 entwickelte Pilatus ein vollständig neues Flugzeug als Nachfolge des PC-7/9 (siehe Ausgabe 2008). Die Besonderheit des integrierten, flexiblen PC-21-Trainingssystems besteht darin, dass man das ganze Spektrum vom Anfangstraining bis hin zur Fortgeschrittenenschulung mit einem einzigen Muster abdeckt. Die Einsatz-Software wird so programmiert, dass verschiedene Kategorien von Flugzeugtypen realistisch dargestellt und geübt werden können. Jedes Cockpit mit drei EFIS-Hauptbildschirmen ist voll digitalisiert und NVG-kompatibel. Im vorderen Cockpit ist ein HUD installiert. Die Systemeingaben erfolgen u.a. über das HOTAS. Gegenüber des PC-9 unterscheidet sich der PC-21 nebst neuer Flugzeugstruktur durch ein leistungsstärkeres Triebwerk mit elektronischer Leistungsregelung, Fünfblattpropeller, Hochleistungs-Pfeilflügel mit Spoilern, Druckkabine mit automatischer Klimaanlage und Anit-g-System. Eingebaut ist auch das neueste Modell des Mk.16L-Schleudersitzes von Martin Baker mit Zero-Zero-Ausschussleistung.
Hersteller: Pilatus Flugzeugwerke AG, Stans, Schweiz.

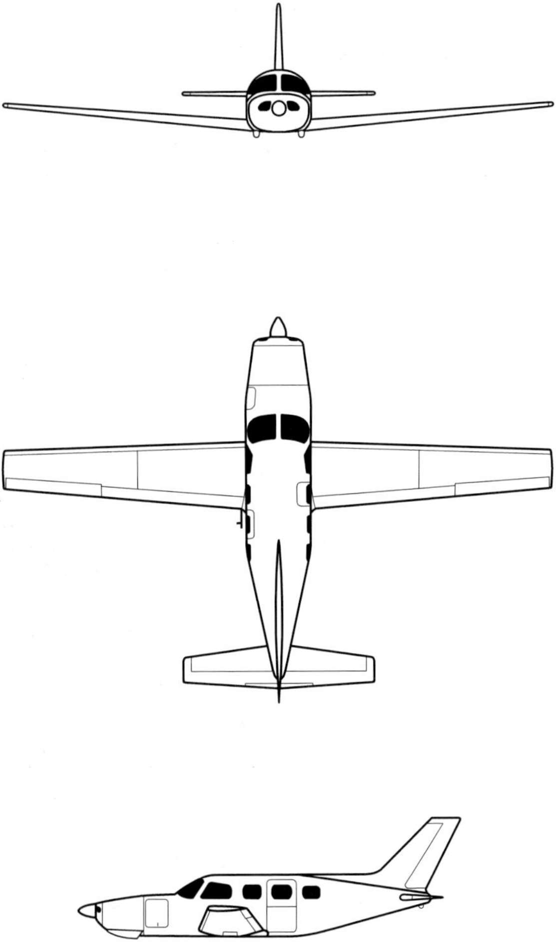

Abmessungen:
Spannweite 13,10 m
Länge 8,81 m
Höhe 3,44 m
Flügelfläche 16,26 m²

PIPER PA-46 MATRIX

Ursprungsland: USA.
Kategorie: Leichtes Reiseflugzeug.
Triebwerke: Ein luftgekühlter Sechszylinder-Boxermotor Textron Lycoming TIO-540-AE2A von 350 PS (261 kW) Leistung.
Leistungen: Maximale Reisegeschwindigkeit 395 km/h; normale Reisegeschwindigkeit 350 km/h; Anfangssteiggeschwindigkeit 6,2 m/Sek; Dienstgipfelhöhe 7620 m; Reichweite bei max. Reisegeschwindigkeit, vollen Treibstofftanks und 45 Min. Reserven 1889 km, bei Langstrecken-Reisegeschwindigkeit 2500 km.
Gewichte: Rüstgewicht 1367 kg; max. Startgewicht 1969 kg.
Zuladung: Pilot und fünf Passagiere in drei Zweierreihen hintereinander; max. Nutzlast 600 kg.
Entwicklungsstand: Piper hat diese neue Ausführung Ende 2007 vorgestellt. Bis Ende 2008 sind fast 100 Maschinen ausgeliefert worden. Jährlich sollen von den Ausführungen Malibu Mirage und Matrix rund 100 Einheiten gebaut werden.
Bemerkungen: Die Matrix basiert auf der Malibu Mirage (siehe Ausgabe 2000). Ziel dieser neuen Variante ist, den Komfort der Malibu Mirage weitgehend zu erhalten, aber durch Verzicht auf einige Elemente den Anschaffungspreis möglichst tief zu halten. Derzeit wird die Matrix für US$ 757000.– angeboten, also deutlich tiefer als die Malibu Mirage. Dafür müssen Erwerber beispielsweise auf die Druckkabine verzichten. Die Dienstgipfelhöhe kann daher nur mit Tragen von Sauerstoffmasken erreicht werden. Von der Konstruktion ist die Matrix sehr konventionell, Flügel und Zelle bestehen aus Aluminium. Die Standard-Avionik umfasst u.a. eine Cockpitausrüstung Avidyne Entegra mit Flachbildschirmen, Datalink Receiver MLB700 und ein Sirius Satellitenradio.
Hersteller: Piper Aircraft Inc., Vero Beach, Florida, USA.

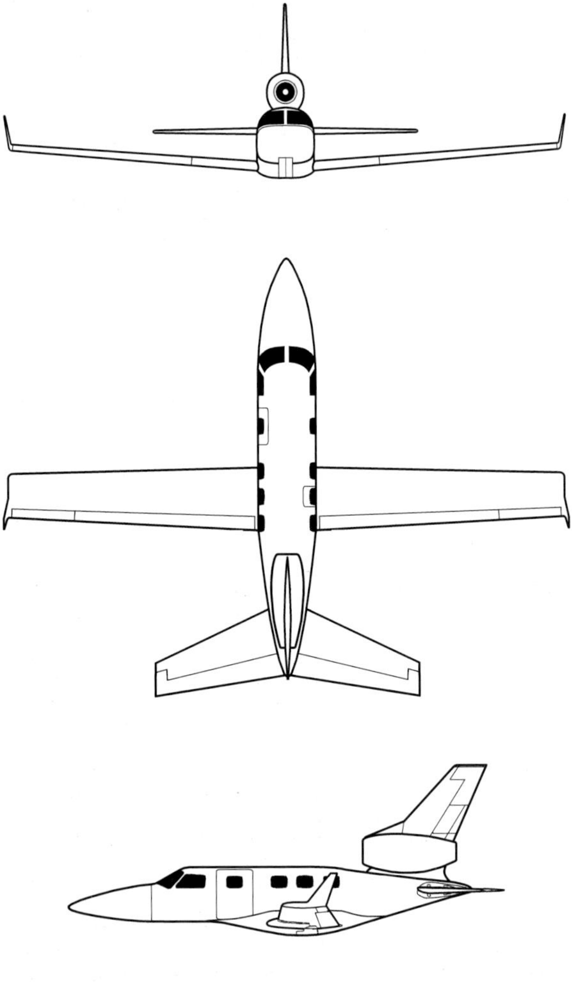

Abmessungen:
Spannweite 13,50 m
Länge m
Höhe 4,82 m

PIPER PA-47 PIPERJET

Ursprungsland: USA.
Kategorie: Taxi- und Firmenflugzeug.
Triebwerke: Ein Mantelstromtriebwerk Williams International FJ44-3AP von 1129 kp (11,07 kN) Standschub.
Leistungen (nach Angaben des Herstellers): Max. Reisegeschwindigkeit 666 km/h; Dienstgipfelhöhe 10668 m; Reichweite maximal 2410 km.
Gewichte: Max. Startgewicht 3290 kg.
Zuladung: Pilot und fünf Passagiere und Toilette. Bei Verzicht auf letztere können einschließlich des Piloten sieben Personen mitgeführt werden; Nutzlast bei vollen Tanks 360 kg.
Entwicklungsstand: Ein Erprobungsträger flog erstmals am 30. Juli 2008. Wann die definitive Ausführung die Flugerprobung aufnimmt, ist derzeit nicht bekannt. Erste Ablieferungen an Kunden sollen im ersten Quartal 2012 erfolgen. Gemäß Piper sind bereits über 200 Einheiten bestellt worden.
Bemerkungen: Mit der PiperJet versucht dieser Hersteller ebenfalls mit einem Muster im mittlerweile umfangreichen Angebot von VLJ zu reussieren. Das besondere Unterscheidungsmerkmal zu Mitwebern in dieser Klasse ist die Anordnung des Triebwerks in der Wurzel des Seitenleitwerks. Um eine möglichst gute Aerodynamik zu erreichen, wurde eine neuartige Verbindungstechnik für die Aluminiumkomponenten eingeführt. Der leicht gepfeilte Flügel ist auf gute Gleitwerte ausgelegt. Die Kabine stammt weitgehend vom propellergetriebenen Muster Piper Meridian (siehe Ausgabe 2005) ab. Der Hersteller gibt einen Kaufpreis für Erstbesteller von US$ 2,2 Mio. an. Aus der PiperJet soll eine ganze Familie von kleinen Firmenjets abgeleitet werden. Als nächstes ist eine größere Ausführung vorgesehen.
Hersteller: Piper Aircraft Inc., Vero Beach, Florida, USA.

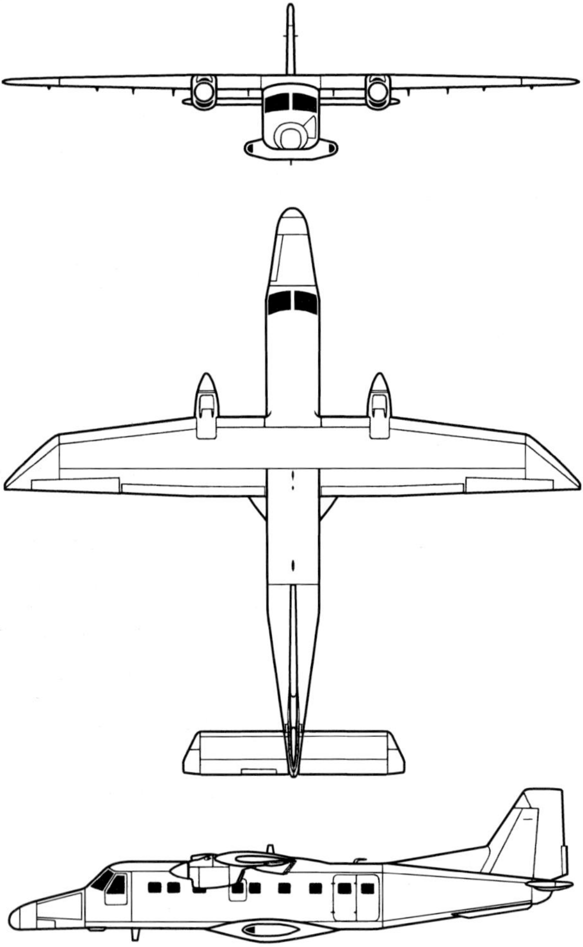

Abmessungen:
Spannweite 16,97 m
Länge 16,55 m
Höhe 4,86 m
Flügelfläche 32,00 m²

RUAG (DORNIER) DO-228-212 NEW GENERATION

Ursprungsland: Deutschland, Indien und Schweiz.
Kategorie: Regionalverkehrsflugzeug, Mehrzwecktransporter und Marine-Patrouillenflugzeug.
Triebwerke: Zwei Propellerturbinen Garrett (Honeywell) TPE 331-10 von je 776 WPS (579 kW) Leistung.
Leistungen (Do-228-212): Max. Reisegeschwindigkeit 428 km/h auf 3050 m bzw. 370 km/h auf Meereshöhe, (New Generation) 435 km/h, Dauer-Reisegeschwindigkeit 333 km/h; max. Schrägsteiggeschwindigkeit 9,1 m/Sek; Dienstgipfelhöhe 9000 m; Reichweite mit 19 Passagiere inkl. Reserven 1000 km.
Gewichte (Do-228-212): Leergewicht 3742 kg; max. Startgewicht 6400 kg, mit Überlast 6600 kg.
Zuladung: Zwei Mann Cockpitbesatzung und je nach Innenausstattung bis zu 19 Passagiere, als Frachter max. Nutzlast (New Generation) 2200 kg.
Entwicklungsstand: Der Prototyp der Do 228-100 flog erstmals am 29. März 1981, derjenige der Do 228-200 am 9. Mai 1981. Bis zur Produktionseinstellung 1998 wurden über 200 Einheiten der verschiedenen Ausführungen gebaut. In Indien produziert HAL diesen Typ bei einem Bedarf von rund 150 Einheiten weiterhin in geringen jährlichen Stückzahlen. Das Erprobungsmuster der Neuauflage Do 228-212 New Generation fliegt seit September 2008, das erste der Serie entsprechende Muster soll im Laufe von 2009 folgen. Eine erste Bestellung für sechs Einheiten liegt vor.
Bemerkungen: Die ursprünglich von Dornier entwickelte Do 228 war als robustes, einfaches und kostengünstiges Arbeitsflugzeug bekannt. Der rechteckige Rumpfdurchmesser ließ sich sehr gut beladen. Dafür musste auf die Druckkabine verzichtet werden. Bekannt wurde dieser Typ auch durch den für damalige Verhältnisse sehr aerodynamischen Flügel mit superkritischer Auslegung. Unter der Verantwortung der schweizerischen RUAG wird nun eine überarbeitete Fassung neu aufgelegt. In wesentlichen Teilen gleich wie das Ursprungsmuster, fällt die neue Ausführung u.a. durch leistungsfähigere Fünfblatt-Propeller auf. Dies führt zu gewissen Leistungssteigerungen und zu geringerer Lärmentwicklung. Weiter wird ein neues Cockpit heutiger Technologie eingebaut. Wesentliche Teile des neuen Musters werden in Indien durch HAL hergestellt, die Endmontage erfolgt in Deutschland.
Hersteller: RUAG Aerospace Ltd., Emmen, Schweiz; Werk Oberpfaffenhofen/Wessling, Bayern, Deutschland.

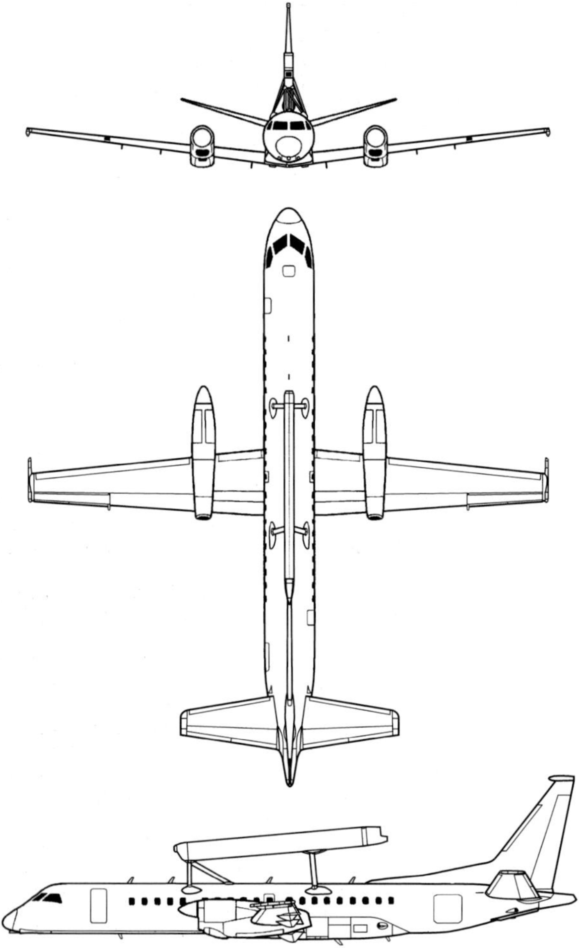

Abmessungen:
Spannweite 24,76 m
Länge 27,03 m
Höhe 7,73 m
Flügelfläche 55,74 m^2

SAAB 2000AEW&C

Ursprungsland: Schweden.
Kategorie: Frühwarnradar-Überwachungsflugzeug.
Triebwerke: Zwei Propellerturbinen Allison GMA 2100A von je 4152 WPS (3093 kW) Leistung inkl. automatischer Leistungsreserve.
Leistungen: Normale Reisegeschwindigkeit 630 km/h auf 7620 m, Patrouilliergeschwindigkeit 296 km/h; Anfangssteiggeschwindigkeit 11,8 m/Sek; Dienstgipfelhöhe 9450 m; maximale Reichweite mehr als 3700 km; maximale Einsatzdauer 9,5 Std.
Gewichte (Saab 2000): Leergewicht 13900 kg; max. Startgewicht 22800 kg.
Zuladung: Zwei Mann Cockpitbesatzung und normalerweise fünf Systemoperateure.
Entwicklungsstand: Die Flugerprobung der Passagierausführung begann mit dem Erstflug am 26. März 1992. Zwischen 1994 und 1999 wurden insgesamt nur 63 Einheiten gebaut. Anfang 2008 stellte Saab die AEW&C-Version vor, der Erstflug erfolgte am 29. April 2008. Vorläufig einziger Besteller ist die pakistanische Luftwaffe mit fünf Maschinen.
Bemerkungen: Die Saab 2000 ist eine erhebliche Weiterentwicklung der Saab 340B (siehe Ausgabe 1997). Bei gleichem Rumpfdurchmesser und in der Grundauslegung gleicher Flügelstruktur wurden Länge und Spannweite wesentlich vergrößert. Besonderen Wert legte man bei der Definition dieses Musters auf Schnelligkeit und hohe Anfangssteigleistungen. Die neu vorgestellte Radarfrühwarnvariante 2000 AEW&C verfügt über ein Überwachungsradar Erieye der jüngsten Generation auf Stützen über dem Rumpf mit einer Reichweite von 450 km. Das sog. AESA-Radar (**A**ctive **E**lectronically **S**canned **A**rray) ist in der Lage, auch kleine Ziele ausfindig zu machen wie beispielsweise Hubschrauber, Cruise Missiles und kleine Boote auf dem Meer. Zu deren Erkennung verfügt sie über ein Automatic Identification System (AIS). Die gewonnenen Daten können via Satelliten direkt an eine Bodenstation online übertragen werden. Zur Steigerung der Reichweite sind im Rumpf noch Zusatztanks eingebaut.
Hersteller: Saab-Scania Akiebolag, Linköping, Schweden.

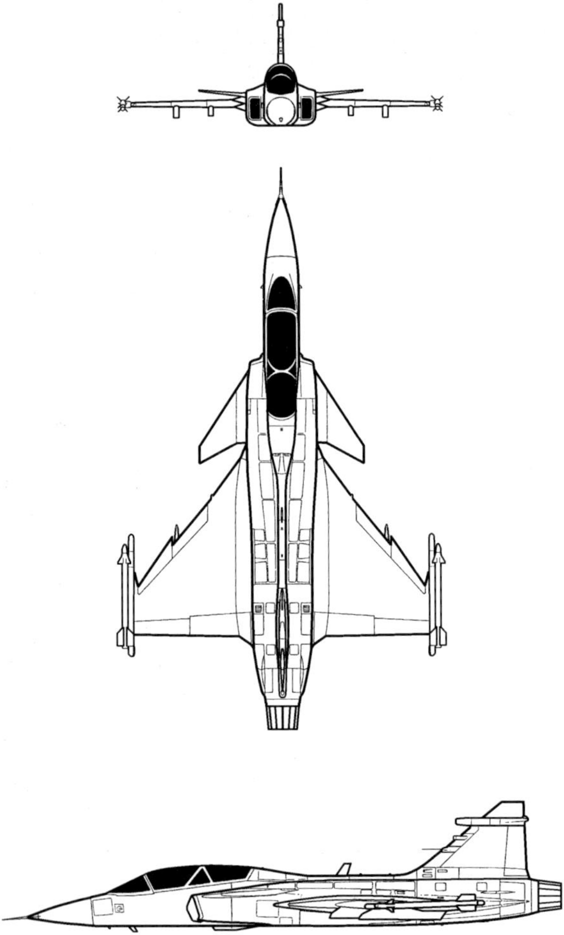

Abmessungen:
Spannweite 8,40 m
Länge (Einsitzer) 14,10 m, (Doppelsitzer) 14,80 m
Höhe 4,50 m
Flügelfläche 30 m²

SAAB JAS 39 NEW GRIPEN

Ursprungsland: Schweden.
Kategorie: Ein- oder zweisitziger Mehrzweckjäger.
Triebwerke: Ein Mantelstromtriebwerk General Electric F414G von 6470 kp (63,40 kN) ohne und 9978 kp (98,00 kN) mit Nachbrenner.
Leistungen (JAS 39C/D): Höchstgeschwindigkeit auf Meereshöhe 1470 km/h (Mach 1,2) bzw. Mach 2,0 auf 11000 m; Dienstgipfelhöhe 18000 m; Einsatzradius als Abfangjäger mit zwei Rb24 Sidewinder und Rb72 Sky Flash 800 km; Überführungsreichweite 3000 km.
Gewichte: Max. Startgewicht 16000 kg.
Bewaffnung: Eine 27-mm-Kanone Mauser BK27. Sechs Flügelstationen (inkl. zwei an den Flügelspitzen) für bis zu vier Luft-Luft-Lenkwaffen AIM-120 AMRAAM bzw. Rb72 Sky Flash und zwei Rb24 Sidewinder. Unter dem Rumpf befinden sich weitere zwei Waffenstationen; max. Waffenlast 5200 kg.
Entwicklungsstand: Die neueste Ausführung New Gripen nahm die Flugerprobung am 27. Mai 2008 auf. Ob dieses Muster als Gripen Next Generation in Serie geht, hängt von allfälligen Bestellungen ab. Die Ursprungsausführung JAS 39 flog erstmals am 9. Dezember 1988. Von den Varianten A,B,C und D wurden bisher bestellt und weitgehend bereits gebaut: Schwedische Luftwaffe 146 (alle Versionen), Südafrika 19 JAS39C, 9 JAS 39D, Ungarn 12 JAS 39C, 2 JAS 39D, Tschechien 12 JAS 39C, 2 JAS 39D und neu Thailand 6 (+ 6 Optionen) JAS 39C/D.
Bemerkungen: Mit der New Gripen lancierte Saab eine deutlich verbesserte Variante, welche u.a. auch als Konkurrenzmuster zur Lockheed Martin F-35A (siehe Seiten 230/231) gedacht ist. Das stärkere Triebwerk erlaubt die Verbesserung der meisten Leistungsparameter. So soll diese Version Supercruise-Fähigkeiten besitzen. Die erhöhte Nutzlast erlaubt das Mitführen von 1000 kg mehr Waffen. Zwei zusätzliche Aufhängepunkte unter dem Rumpf sind vorhanden. Erhöht wurde auch die Tankkapazität um 1400 l. Das verstärkte Hauptfahrwerk wurde neu unter den Flügeln positioniert und weist eine breitere Spur auf. Schließlich besitzt die New Gripen eine AESA-Radarantenne von Thales und die ganze Avionik ist nun modular aufgebaut.
Hersteller: Saab-Scania Aktiebolag, Linköping, Schweden.

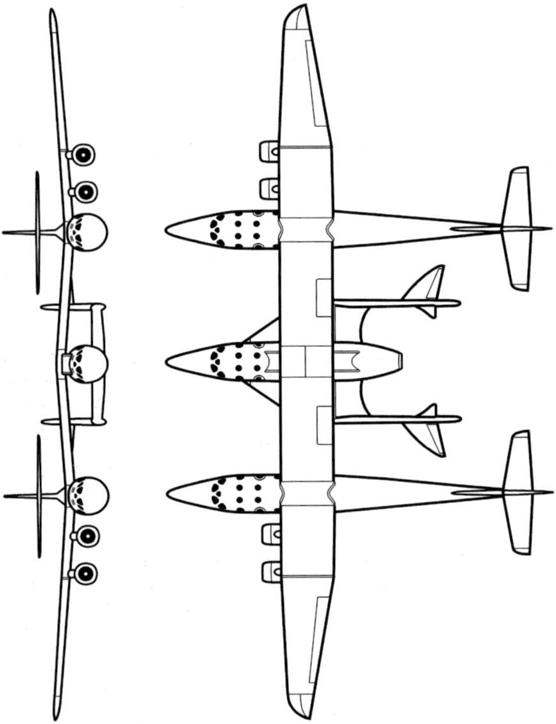

Abmessungen (White Knight II/Space Ship II):
Spannweite 42,67/12,80 m
Länge 23,77/18,29 m
Höhe 7,62/4,57 m
Flügelfläche m^2

SCALED COMPOSITES WHITE KNIGHT II/SPACE SHIP II

Ursprungsland: USA.
Kategorie (White Knight II): Transporter und Startplattform für Space Ship II, (Space Ship II): Weltraumgleiter.
Triebwerke (White Knight II): Vier Mantelstromtriebwerke Pratt & Whitney PW308A von je 3130 kp (30,69 kN) Standschub; (Space Ship II): Regel- und abschaltbares Raketentriebwerk noch unbekannter Leistung; Zusatztriebwerke zur Lagesteuerung im All.
Leistungen (White Knight II): Es sind noch keine Leistungsdaten publiziert worden, außer eine Dienstgipfelhöhe von 18300 m und eine Überführungsreichweite von 5400 km; (Space Ship II): Höchstgeschwindigkeit 4200 km/h; Dienstgipfelhöhe je nach Nutzlast zwischen 110 und 140 km.
Gewichte: Noch keine Daten bekannt.
Zuladung: Zwei Mann Cockpitbesatzung und (White Knight II) für Trainingseinsätze bis zu sechs Personen bzw. eine maximale Nutzlast von 17000 kg, beispielsweise das Space Ship II. Dieses kann sechs Passagiere mitführen.
Entwicklungsstand: Die erste White Knight II nahm am 21. Dezember 2008 die Flugerprobung auf. Insgesamt sollen vorläufig zwei White Knight II und fünf Space Ship II (sieben Optionen) gebaut werden. Die ersten Einsätze sind für 2009 vorgesehen. Als bisher einziger Betreiber ist die Virgin Galactic gegründet worden.
Bemerkungen: Das Weltraum-Transportsystem ist für kommerzielle Passagierflüge ins Weltall konzipiert und besteht aus zwei Teilen: Als Transporter für den Weltraumgleiter dient die White Knight II. Dieser besteht weitgehend aus Kohlefasern und kann zwischen den beiden Rümpfen diverse Nutzlasten, vorderhand das Space Ship II mitführen. Auf einer Höhe von rund 15000 m wird dieses ausgeklinkt. Wenige Sekunden danach startet das Space Ship II sein Raketentriebwerk. In kurzer Zeit erreicht es rund 4200 km/h in einer Höhe von 110 km. Nach etwa vier bis fünf Minuten der Schwerelosigkeit gleitet das Space Ship II in einer ballistischen Bahn zurück zur Erde und landet konventionell auf dem Startflughafen. Der Ausflug dauert rund zwei Stunden. Das Space Ship II ist ebenfalls eine Kohlenfaser-Konstruktion, welche an den besonders exponierten Stellen durch Hitzeschutzschilder ergänzt wird. Während der Gleitphase werden die Flügel 900 nach oben geklappt.
Hersteller: Scaled Composites Co., Mojave, Kalifornien, USA.

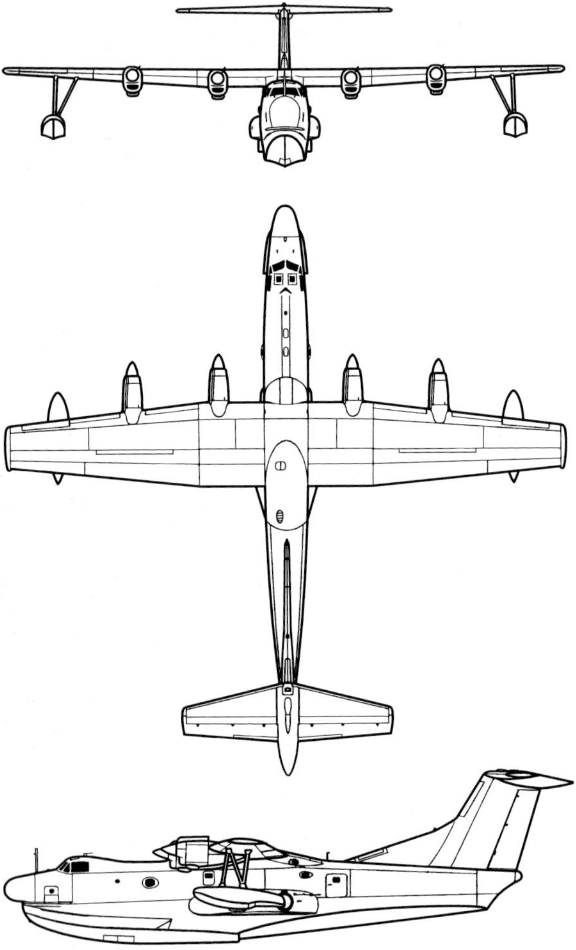

Abmessungen:
Spannweite 33,15 m
Länge 33,46 m
Höhe 9,80 m
Flügelfläche 135,82 m²

SHIN MAYWA US-2 KAI

Ursprungsland: Japan.
Kategorie: Amphibisches SAR-Flugzeug für Langstrecken.
Triebwerke: Vier Propellerturbinen Rolls-Royce AE2100J von je 4500 WPS (3356 kW) Leistung.
Leistungen: Höchstgeschwindigkeit 555 km/h; Reisegeschwindigkeit 425 km/h; Dienstgipfelhöhe 7195 m; Reichweite ab Landflughafen 3815 km.
Gewichte: Rüstgewicht 25630 kg; max. Startgewicht ab Wasser 43000 kg, ab Land 45000 kg.
Zuladung: Zwei Piloten und 20 Passagiere oder 12 Tragen.
Entwicklungsstand: Der erste von zwei Prototypen dieser Weiterentwicklung der ursprünglichen US-1 nahm am 18. Dezember 2003 die Flugerprobung auf, der zweite folgte Mitte 2004. Die japanische Marine plant ab 2008 14 Maschinen zu beschaffen. Sieben Serienmaschinen sind mittlerweile bestellt. Von der bisherigen Such- und Rettungsversion US-1 sind 19 gebaut worden und noch etwa 10 Einheiten befinden sich im Einsatz.
Bemerkungen: Nachdem die US-1 seit vielen Jahren im Dienst ist, soll die verbesserte Ausführung US-2 (früher als US-1A bezeichnet) die Nachfolge antreten. In wesentlichen Teilen handelt es sich dabei um eine Neukonstruktion. So werden die T64-Triebwerke von General Electric durch die wesentlich leistungsfähigeren von Rolls-Royce ersetzt, die mit sechsblättrigen Propellern aus Verbundwerkstoffen verbunden sind. Damit erzielt die US-2 KAI deutlich bessere Flugleistungen im gesamten Spektrum. Die Startstrecke ab dem Wasser soll sich beispielsweise um 50% verkürzen lassen. Um diese Werte zu erreichen, ist zusätzlich ein Triebwerk Rolls Royce Honeywell CTS800-4K eingebaut, welches für die Reduktion von Luftwirbeln Teile der Flügel anbläst. Das Triebwerk-Management übernimmt ein FADEC-System. Die Flügel werden durch solche weitgehend aus Verbundwerkstoffen ersetzt, der Rumpf ist in einzelnen Teilen druckbelüftet. Neu sind ebenfalls das Cockpit mit Flachbildschirmen und die gesamte Avionik. Die US-2 erhält auch ein neues Suchradar Ocean Master von Thales. Shin Maywa versucht, eine zivile Version als Lösch- oder Passagierflugzeug zu vermarkten. Erstere hätte eine Wasserkapazität von 12000 l.
Hersteller: Shin Maywa Industries Ltd., Werk Konan, Chiyoda-ku, Tokyo, Japan.

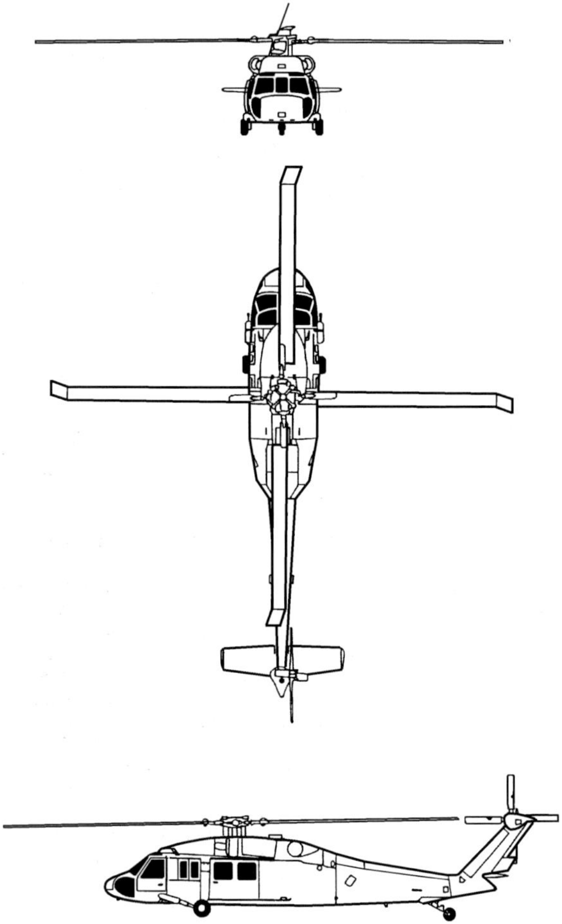

Abmessungen:
Rotordurchmesser 16,36 m
Rumpflänge 15,26 m
Höhe inkl. Rotormast 3,76 m

SIKORSKY UH-60M BLACKHAWK

Ursprungsland: USA.
Kategorie: Taktischer Transporthubschrauber.
Triebwerke: Zwei Gasturbinen General Electric T700-GE-701D von je 2215 WPS (1651 kW) Leistung.
Leistungen: Höchstgeschwindigkeit bei einem Gewicht von 7620 kg 281 km/h; vertikale Steiggeschwindigkeit 5,04 m/Sek; Dienstgipfelhöhe 5837 m; Schwebehöhe ohne Bodeneffekt 3390 m; Reichweite mit 30 Min. Reserven 637 km, mit zwei 870-l-Zusatztanks 1667 km.
Gewichte: Leer 5670 kg; max. Startgewicht mit Außenlasten 10433 kg.
Zuladung: Drei Mann Besatzung und elf voll ausgerüstete Soldaten. Als Transporter bis zu 4100 kg Außenlasten am Frachthaken.
Entwicklungsstand: Die neueste Variante der mittlerweile umfangreichen S-70/H-70-Familie, die UH-60M flog erstmals am 17. September 2003. Neuerdings sollen nur noch rund 1000 neue Hubschrauber für die US Army in jährlichen Tranchen von etwa 80 Maschinen ab 2007 beschafft werden. Ein Anschlussauftrag über 354 UH/HH-60M (+ Optionen) wurde 2008 unterzeichnet. Neun UH-60M erhält Bahrain. Seit 29. August 2008 fliegt ein Erprobungsmuster UH-60M Upgrade mit u.a. Fly-by-Wire-Steuerungssystem. Bis auf weiteres bleibt auch die UH-60L (siehe Ausgabe 2001) in Produktion. Gegen 2900 Blackhawks sind bisher an 26 militärische oder paramilitärische Organisationen, aber auch vereinzelt an Private in rund 26 Ländern geliefert worden. Neueste Nachbestellungen: Brasilien 15 UH-60L, Japan 2 UH-60JA, Armee Saudi Arabiens 22 UH-60L.
Bemerkungen: Die UH-60M stellt eine wesentlich weiter entwickelte Ausführung der UH-60L dar. Durch verschiedene Verbesserungen steigt die Lebensdauer der Triebwerke an. Ihre Leistung konnte zudem um 4% verbessert werden. Weitere Merkmale der UH-60M sind die größere Treibstoffkapazität, breitere Rotorblätter und ein neues Glascockpit. Die Avionik umfasst auch ein GPS sowie einen neuen Autopiloten. Zudem musste die Struktur verstärkt werden. Später kommen vielleicht ein Fly-By-Wire-System und auch neue Triebwerke GE CT7-8C der Leistungsklasse 3000 WPS hinzu. Die US Army hat entschieden, auf den Umbau von älteren UH-60A/L in die Version M zu verzichten und ausschließlich neue Maschinen anzuschaffen. Neu wird eine als S-70i bezeichnete Weiterentwicklung der UH-60L angeboten, die über eine Crash-resistentere Kabine verfügt.
Hersteller: Sikorsky Aircraft, Stratford, Connecticut, USA.

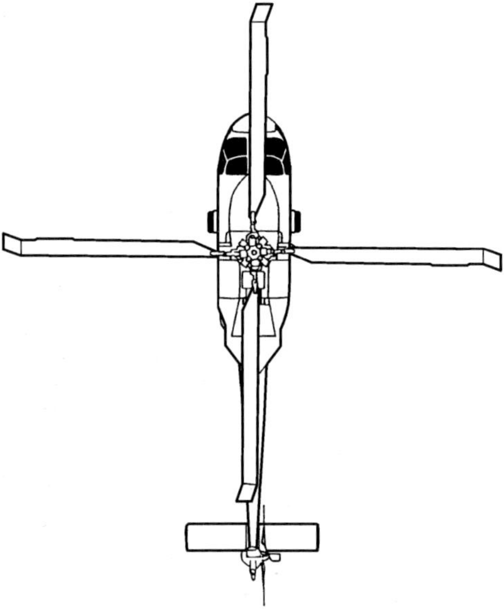

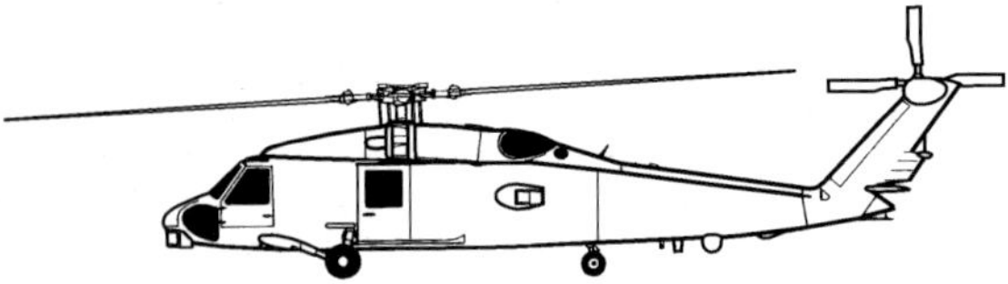

Abmessungen:
Rotordurchmesser 16,36 m
Rumpflänge 15,26 m
Höhe inkl. Rotormast 3,79 m

SIKORSKY MH-60R STRIKEHAWK

Ursprungsland: USA.
Kategorie: Bordgestützter U-Bootjäger- und Mehrzweckhubschrauber.
Triebwerke: Zwei Gasturbinen General Electric T700-GE-401C von je 1900 WPS (1417 kW) Leistung.
Leistungen: Höchstgeschwindigkeit 272 km/h auf Meereshöhe; max. Reisegeschwindigkeit 249 km/h auf 1525 m; Aufenthaltsdauer 3 Std. 50 Min. in 92 km bzw. 45 Min. in 483 km Entfernung vom Stützpunkt.
Gewichte: Leergewicht 6191 kg; max. Startgewicht 10700 kg.
Bewaffnung: Zwei Torpedos Mk.46 oder zwei Antischiffslenkwaffen Penguin sowie AGM-114 Hellfire-Panzerabwehrlenkwaffen und ein 7,62 mm-Maschinengewehr.
Entwicklungsstand: Eine aus einer SH-60B umgebaute MH-60R flog erstmals am 19. Juli 2001, die erste voll ausgerüstete Ausführung am 4. April 2002. Neu sollen rund 298 statt der bisher vorgesehenen 254 Strikehawks durch die US Navy beschafft werden, 277 davon sind bereits bestellt. Die erste Staffel hat im Oktober 2007 die Einsatzfähigkeit erlangt. Von den verschiedenen Versionen der SH/HH-60 wurden über 500 Einheiten an zehn Marinen oder Küstenwachen geliefert. Die SH-60B wird weiterhin gebaut, neuester Besteller: Marine Brasiliens 4 (+ 2 Optionen).
Bemerkungen: Während die Grundstruktur der MH-60R gegenüber dem Ausgangsmuster in etwa gleich bleibt, stellt sie in vielen Bereichen eine Neukonstruktion dar. So verfügt sie u.a. über ein EFIS-Glascockpit, APS-147-Mehrzweckradar, AQS-22-Sonar, Akustik-Prozessor. FLIR-Sensor und ECM-Ausrüstung sind ebenfalls völlig neu. Später sollen neue Triebwerke der 3000 WPS-Klasse (2240 kW) eingebaut werden, welche sowohl die Flugleistungen als auch die Wirtschaftlichkeit verbessern. Die Ausrüstung der MH-60R ermöglicht es, mehrere Aufgaben der früheren SH-60B/SH-60F/HH-60H-Versionen in einem Muster zu vereinen. Die SH-60K der japanischen Marine ist eine verbesserte Ausführung der SH-60J mit einer der MH-60R ähnlichen Aufdatierung (bisher 28 bestellt, 16 weitere geplant).
Hersteller: Sikorsky Aircraft, Stratford, Connecticut, USA.

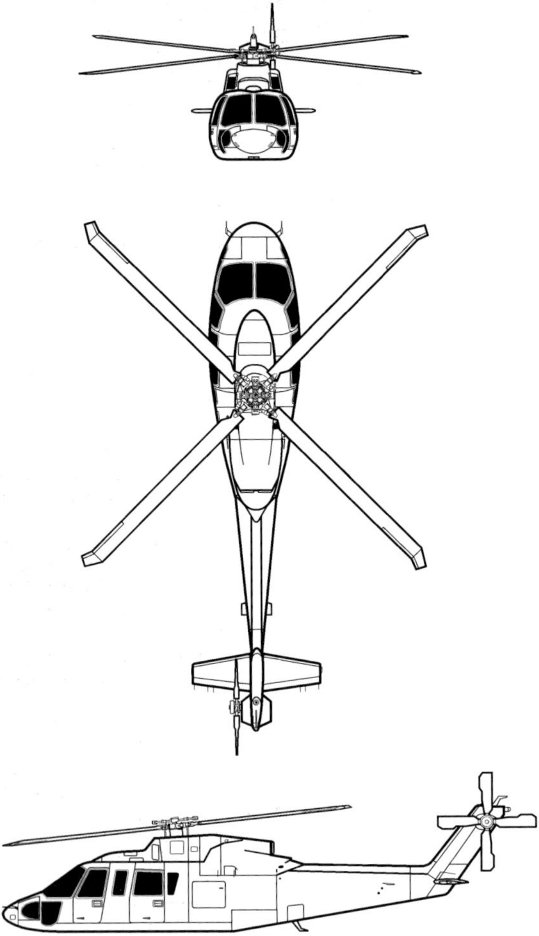

Abmessungen:
Rotordurchmesser 13,41 m
Rumpflänge 13,22 m
Höhe über Heckleitwerk 3,58 m

SIKORSKY S-76C++/D

Ursprungsland: USA.
Kategorie: Ziviler Mehrzweck- und Transporthubschrauber.
Triebwerke (S-76C++): Zwei Gasturbinen Pratt & Whitney PT6B-36A von je 981 WPS (723 kW) oder Turboméca Arriel 2S1 von je 856 WPS (638 kW) Leistung.
Leistungen (S-76C++): Höchstgeschwindigkeit 287 km/h auf Meereshöhe; max. Reisegeschwindigkeit ebenfalls 287 km/h; max. Schrägsteiggeschwindigkeit 8,2 m/Sek; Dienstgipfelhöhe 3871 m; Schwebehöhe mit bzw. ohne Bodeneffekt 2149 bzw. 1006 m; Reichweite mit normaler Treibstoffzuladung und 30 Min. Reserven 639 km.
Gewichte: Leer (Utility/Executive) 3177/3731 kg; max. Startgewicht 5306 kg.
Zuladung: Ein bis zwei Piloten und normal sechs, maximal 12 Passagiere; max. Nutzlast (Utility/Executive) 2129/1571 kg.
Entwicklungsstand: Der Prototyp der S-76C++ hob erstmals anfangs 2005 ab. Die Ablieferungen begannen Ende 2005. Von allen Versionen sind bisher über 650 Einheiten gebaut worden. Die neueste Ausführung S-76D startete am 7. Februar 2009 zum Erstflug und soll ab Ende 2009 erhältlich sein. Rund 100 Einheiten sind bereits bestellt.
Bemerkungen: Die S-76C+ wurde in der Produktion von der S-76C++ abgelöst. Gegenüber der S-76C+ sind maßgebliche Änderungen vorgenommen worden. So sind leistungsstärkere Triebwerke eingebaut, die auf einem leiseren Getriebe laufen. Ein neues integriertes Cockpit mit LCD-Flachbildschirmen steht zur Verfügung. Schließlich erhielt die S-76C++ einen leiseren Heckrotor und ein vibrationsärmeres Interieur. Die S-76D wird mit verbrauchsgünstigeren Pratt & Whitney PW210-Triebwerken von je 1000 WPS (745 kW) und TopDeck-Avionik von Thales ausgerüstet. Sie zielt primär auf den VIP-Hubschraubermarkt und erhält eine dementsprechend komfortable Inneneinrichtung. Im Flug soll sie noch vibrations- und geräuschärmer sein.
Hersteller: Sikorsky Aircraft, Stratford, Connecticut, USA.

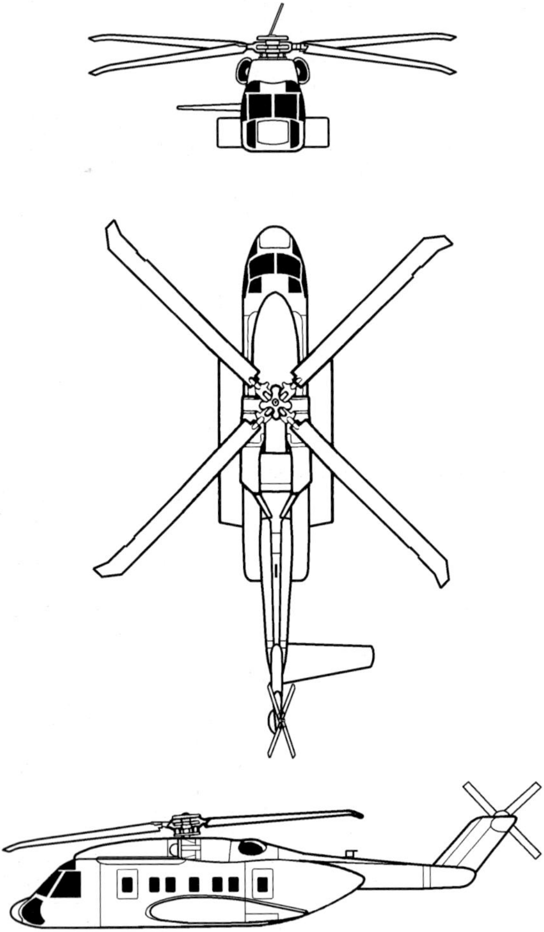

Abmessungen:
Rotordurchmesser 17,17 m
Rumpflänge 17,10 m
Höhe inkl. Rotorkopf 4,71 m

SIKORSKY S-92 HELIBUS/SUPERHAWK

Ursprungsland: USA.
Kategorie: Ziviler und militärischer Mehrzweckhubschrauber.
Triebwerke: Zwei Gasturbinen General Electric CT7-8 von je 2400 WPS (1790 kW) Leistung.
Leistungen: Höchstgeschwindigkeit 305 km/h; max. Reisegeschwindigkeit 280 km/h; normale Reisegeschwindigkeit 254 km/h; Dienstgipfelhöhe 4570 m; Schwebehöhe mit Bodeneffekt 3261 m, ohne Bodeneffekt 1942 m; Reichweite mit 19 Passagieren ohne Reserven 996 km, max. 1272 km.
Gewichte: Leergewicht 7212 kg; max. Startgewicht mit interner Nutzlast 11862 kg, mit externer Nutzlast 12837 kg.
Zuladung: Zwei Piloten und zwischen 19 und 22 Passagiere; max. externe Nutzlast 4535 kg.
Entwicklungsstand: Das erste von vier Erprobungsexemplaren S-92A startete am 23. Dezember 1998 zum Erstflug. Die Ablieferung an Kunden begann Mitte 2004. Bisher sind Bestellungen für über 130 Einheiten (+ Optionen) bekannt gegeben worden, darunter mehrere als Staatshubschrauber (Bahrain, Qatar, Südkorea, Thailand, Türkei, Turkmenistan). 28 Einheiten einer Mehrzweckversion CH-148 Cyclone (Erstflug 15. November 2008) erhält die Marine Kanadas. Taiwan beschafft drei S-92 als Such- und Rettungshubschrauber, die englische Küstenwache vier. Die bisher größten Besteller sind CHC Helicopters mit 30 und Bristow mit 18 Einheiten. Der neueste Auftrag ging vom Saudi Arabischen Innenministerium für 16 Einheiten ein. Bis Ende 2008 waren rund 60 S-92 abgeliefert.
Bemerkungen: Während der Rumpf eine völlige Neukonstruktion darstellt, sind die meisten dynamischen Komponenten (Haupt- und Heckrotor, Rotorkopf) von der S-70 übernommen. Die geräumige Kabine (Länge 5,67 m, Breite 2,00 m, Höhe 1,83 m) bietet einen Komfort wie ein Linienflugzeug, so z.B. bezüglich Lärm und Vibration. Das Fahrwerk ist einziehbar. Zum besseren Beladen ist eine Heckladerampe vorhanden. Nebst der heute üblichen Elektronik verfügt die S-92 über die Besonderheit eines digitalen Flugkontrollsystems (AFCS), das den Hubschrauber auch im Schwebeflug automatisch steuert. Als Avionik gelangt die Collins Pro Line 21 zum Einbau. Die S-92 soll dank verschiedener Kits für eine Vielfalt von Aufgaben einsetzbar sein, u.a. Offshore-Einsätze, SAR-, ASW-Aufgaben sowie für VIP- und Commuterflüge.
Hersteller: Sikorsky Aircraft, Stratford, Connecticut, USA.

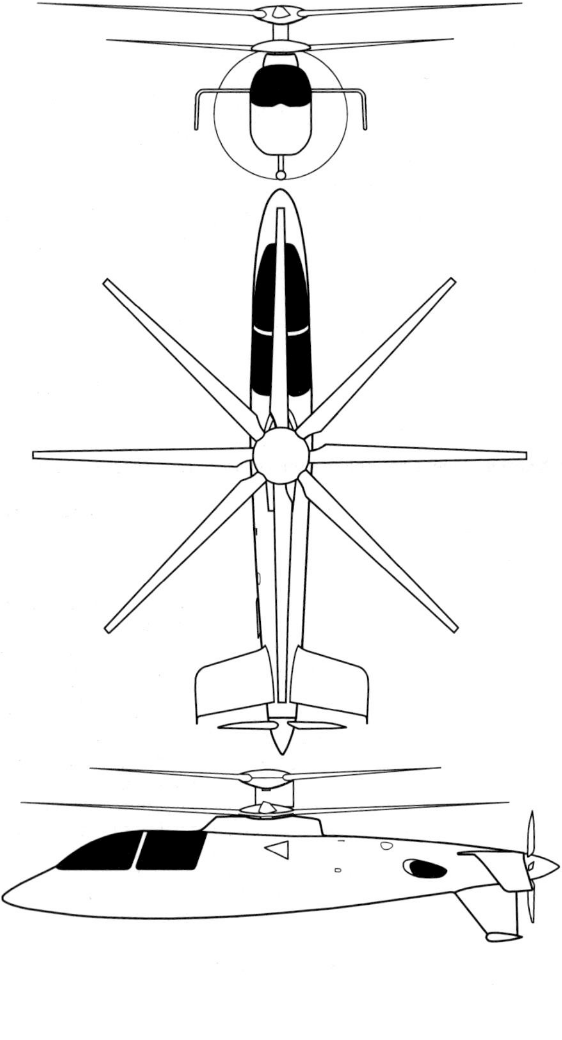

Abmessungen:
Noch keine Angaben erhältich.

SIKORSKY X-2

Ursprungsland: USA.
Kategorie: Zweisitziger Technologieträger.
Triebwerke: Eine Gasturbine Honeywell LHTEC T800-801 von rund 1600 WPS (1200 kW) Leistung.
Leistungen (nach Angaben des Herstellers): Höchstgeschwindigkeit 465 km/h; Reichweite 1300 km.
Gewichte (geschätzt): Max. Startgewicht 3600 kg.
Zuladung: Zwei Mann Besatzung in Tandem-Anordnung.
Entwicklungsstand: Der vorläufig einzige Prototyp startete am 27. August 2008 zum Erstflug. Vorderhand ist ein sechzehn-monatiges Erprobungsprogramm vorgesehen, bei dem die Leistungsparameter immer weiter ausgedehnt werden sollen. Ob daraus eine für zivile oder militärische Zwecke abgeleitete Serienmaschine entsteht, ist noch offen.
Bemerkungen: 2005 kündigte Sikorsky den Programmstart für den Erprobungsträger neuer Technologien X-2 an. Hervorstechendes Merkmal ist der Koaxialantrieb, also zwei gegenläufig drehende Hauptrotoren verbunden mit einem Schubpropeller. Bereits früher hat Sikorsky dieses Prinzip erprobt. Damit will man die Vorteile des Hubschraubers mit denen eines Flächenflugzeuges verbinden, ohne auf das Prinzip des Schwenkrotors greifen zu müssen. Für Hub und Vortrieb genügt ein einziges Triebwerk, was die Komplexität des Prinzips erheblich reduziert. Die gesamte Steuerung nach Fly-by-Wire-Prinzip ist völlig neu entwickelt. Ein Aktivsystem soll die bei Hubschraubern bekannten Vibrationen weitgehend eliminieren.
Hersteller: Sikorsky Aircraft, Werk Schweizer Elmira, New York, Stratford, Connecticut, USA.

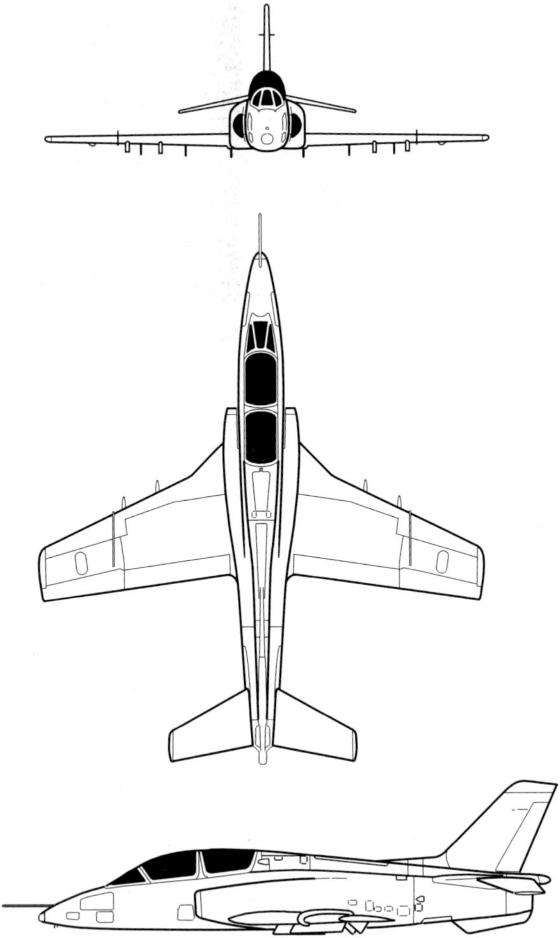

Abmessungen:
Spannweite 9,88 m
Länge 11,86 m
Höhe 4,28 m
Flügelfläche 19,50 m^2

SOKO G-4MD SUPER GALEB

Ursprungsland: Republik Jugoslawien/Serbien/Bosnien-Herzegowina.
Kategorie: Zweisitziger Basis- und Fortgeschrittenentrainer und leichter Erdkämpfer.
Triebwerke: Ein Strahltriebwerk Rolls-Royce Viper 32-48 von 1814 kp (17,78 kN) Standschub.
Leistungen: Höchstgeschwindigkeit 910 km/h auf 6000 m; Anfangssteiggeschwindigkeit 30 m/Sek; Steigzeit auf 8000 m 6,0 Min; Dienstgipfelhöhe 15000 m; Aktionsradius mit einem Kanonenbehälter und zwei Raketenwerfern, Einsatzprofil tief-tief-tief 300 km; max. Reichweite 1300 km.
Gewichte: Leergewicht 3250 kg; max. Startgewicht als Trainer 4760 kg, als Erdkämpfer mit Überlast 6330 kg.
Bewaffnung: Eine doppelläufige 23-mm-Kanone GSh-23L unter dem Rumpf sowie verschiedene Außenlasten, verteilt unter vier Flügelstationen von je zweimal 350 kg bzw. 250 kg Tragkraft.
Entwicklungsstand: Der erste von zwei Prototpyen nahm am 17. Juli 1979 die Flugerprobung auf. Die Indienststellung bei der Luftwaffe Jugoslawiens begann 1983. Ingesamt wurden 85 Maschinen gebaut, wobei sechs an die Luftwaffe von Myanmar gingen. Heute setzt Serbien noch rund 25 Maschinen ein, davon sollen 15 modernisiert werden.
Bemerkungen: Die neu als G-4MD Super Galeb bezeichnete Umbauvariante wird primär folgende Verbesserungen aufweisen: Überarbeitete Avionik u.a. mit HUD, Multifunktions-Displays, verstärkter Flügel mit leicht vergrößerter Spannweite, der Waffenlasten von insgesamt 1800 kg zulässt, verteilt auf je zwei Flügelstationen für 500 und 350 kg. Schließlich sollen moderne Lenk- und Abstandswaffen mitgeführt werden können.
Hersteller: Ehemals SOKO, Mostar, Jugoslawien, heute Bosnien-Herzegowina.

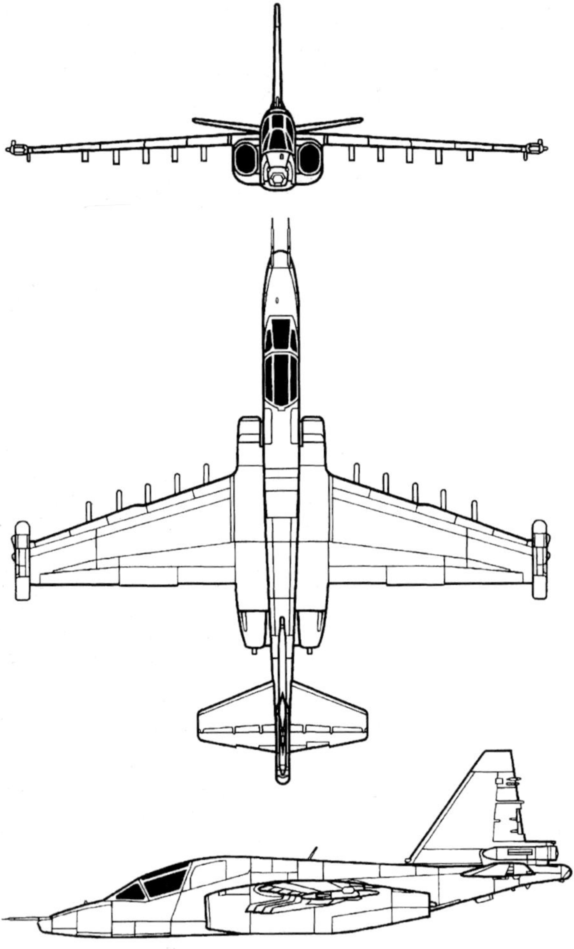

Abmessungen:
Spannweite 14,36 m
Länge 15,53 m
Höhe 5,20 m,
Flügelfläche 30,10 m²

SUCHOJ SU-25TM/SU-39

Ursprungsland: Russland/Georgien.
Kategorie: (Su-25TM) Einsitziges Allwetter-Mehrzweckkampf- und Nahunterstützungsflugzeug, (Su-25UBM) zweisitziger Einsatztrainer.
Triebwerke: Zwei Strahltriebwerke Soyuz/Gavrilov R-195Sh von je 4500 kp (44,18 kN) Standschub.
Leistungen: Höchstgeschwindigkeit 950 km/h (Mach 0,82); Anfangssteiggeschwindigkeit 58 m/Sek; Dienstgipfelhöhe 12000 m; Einsatzradius mit 2000 kg Waffen im Tiefflug 400 km; max. Reichweite 2500 km.
Gewichte: Leergewicht 10740kg; normales Startgewicht 16950 kg; max. 21500 kg.
Bewaffnung: Eine doppelläufige 30-mm-Kanone GSh-2 und Kombinationen von Panzerbekämpfungs-Lenkwaffen Vihkr-M, Antischiffs-Lenkwaffen Kh-35, Luft-Boden-Lenkwaffen Kh-31, Antiradar-Lenkwaffen Kh-58U Raduga sowie Mittelstrecken-Luft-Luft-Lenkwaffen Vympel R-77 an zehn Stationen unter den Flügeln und unter dem Rumpf in einem Gesamtgewicht von 5000 kg.
Entwicklungsstand: Der erste Prototyp Su-25TM, in Quellen teilweise auch als Su-39 bezeichnet, wurde im August 1995 vorgestellt. 1999 nahm Suchoj die Produktion dieser Ausführung in kleinen Stückzahlen für die russische Luftwaffe auf. Weitere ältere Su-25 werden in diese Version umgebaut. Von allen Su-25 stellte Suchoj bisher rund 1100 Einheiten her. Im Werk Ulan-Ude werden derzeit einige wenige Su-25TM gebaut, dagegen steht die Produktionsstraße in Tbilisi still. Der Prototyp Su-25UBM flog erstmals am 6. Dezember 2008.
Bemerkungen: Die Weiterentwicklung Su-25TM 9 des 1975 erstmals geflogenen Erdkämpfers verfügt über eine wesentlich leistungsfähigere Elektronik. Diese umfasst u.a. das Mehrzweckradar Phazotron Kopyo 25, welches in einem Behälter unter dem Rumpf montiert ist und dieser Version Allwettereinsätze ermöglicht. An den Flügelenden sind zudem ECM-Behälter angebracht. Durch Optimierung der Silhouette und Kühlung der Triebwerkaustritte wurde erreicht, dass die Radar- und Infrarotreflexion der Su-25TM nur noch etwa ein Viertel so groß ist wie beim Ausgangsmuster. Der Doppelsitzer Su-25UBM verfügt über stärkere Tumanksi R-195-Triebwerke sowie eine weiter überarbeitete Avionik.
Hersteller: Suchoj Design Bureau/KnAAPO, Werke Tbilisi (Einsitzer), Georgien und Ulan-Ude (Doppelsitzer), Russland.

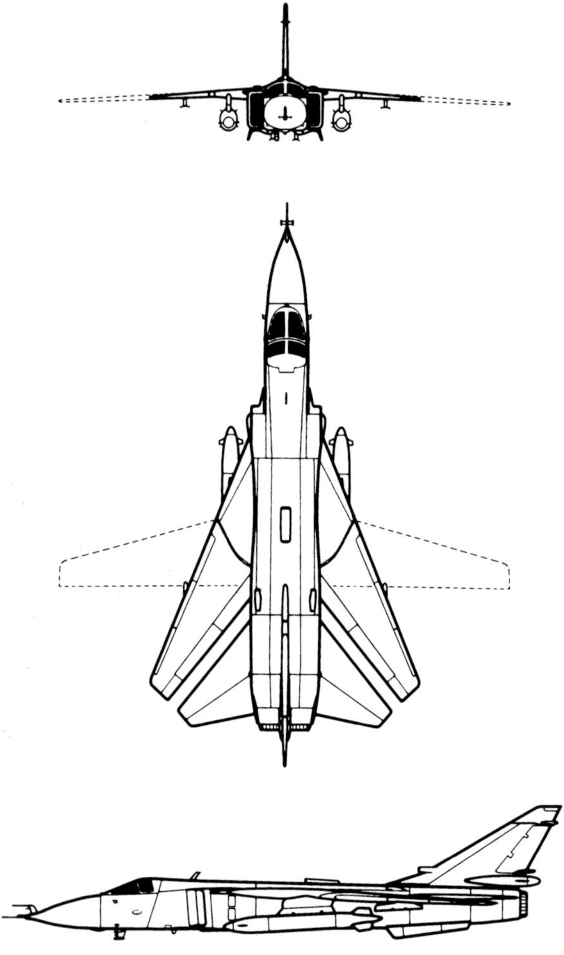

Abmessungen:
Spannweite 10,36 m (68°) bis 17,63 m (16°)
Länge inkl. Sonde 24,53 m
Höhe 4,97 m
Flügelfläche 42,00 m²

SUCHOJ SU-24M2

Ursprungsland: Russland.
Kategorie: Zweisitziges Mehrzweckkampfflugzeug, Aufklärer und elektronisches Störflugzeug.
Triebwerke: Zwei Strahltriebwerke NPO Saturn (Lyulka) AL-21F-3A von je 7800 kp (76,5 kN) Standschub ohne und 11200 kp (110 kN) mit Nachbrenner.
Leistungen (SU-24M): Höchstgeschwindigkeit ohne Außenlasten 2317 km/h auf 11000 m (Mach 2,18); 1320 km/h auf 1500 m (Mach 1,15); Dienstgipfelhöhe 11000 m; taktischer Aktionsradius (Flugprofil hoch-tief-hoch) mit zwei 1250-l-Zusatztanks und einer Waffenlast von 3000 kg 1050 km, bei einer Nutzlast von 2500 kg (Flugprofil tief-tief-hoch) 950 km.
Gewichte: Rüstgewicht 21150 kg; normal beladen 36000 kg; max. Startgewicht 39700 kg.
Bewaffnung: Eine sechsläufige 30-mm-Revolverkanone und bis zu 8000 kg Außenlasten, verteilt auf je vier Rumpf- und Flügelstationen, darunter verschiedene Luft-Boden-Lenkwaffen.
Entwicklungsstand: Zwischen 1974 und Mitte der neunziger Jahre wurden rund 800 Fencer an die damalige sowjetische Luftwaffe und rund 60 an die Marine geliefert. Weitere Exemplare der Exportversion Su-24 MK gingen u.a. an Algerien 35, Irak ca. 24, Iran ca. 30, Libyen 20 und Syrien 20. Das modernisierte Muster Su-24M2 fliegt seit 1999. Die ersten Maschinen erhielt die russische Luftwaffe 2007. Wieviele der noch rund 400 im Einsatz befindlichen Su-24 umgebaut werden, ist nicht bekannt.
Bemerkungen: Aufgrund in diversen Konflikten gemachter Erfahrungen kann die russische Luftwaffe auf die Su-24 nicht verzichten. Sie wird nun einem Modernisierungsprogramm unterzogen und dann als Su-24M2 bezeichnet. Die wesentlichsten Verbesserungen umfassen einen neuen zentralen Computer, u.a. mit einem Navigationssystem, welches auch ein GPS umfasst. Im Cockpit werden ein HUD sowie neue Radarschirme eingebaut. Auch das Kommunikationssystem wird überarbeitet. Diese Maßnahmen verbessern primär die Einsatztauglichkeit bei Nacht. Schließlich besteht neu die Möglichkeit, unter den Flügeln Zusatztanks für längere Einsätze mitzuführen. Dank der diversen Maßnahmen können moderne Waffen mitgeführt werden, u.a. Lenkbomben.
Hersteller: AVPK Suchoj, Moskau, Russland.

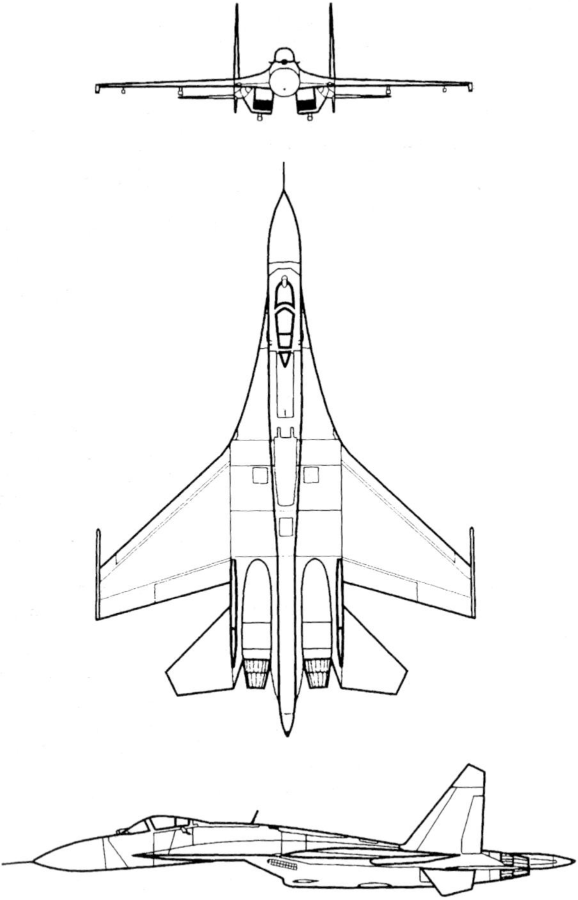

Abmessungen:
Spannweite 14,70 m
Länge 21,94 m
Höhe 6,35 m
Flügelfläche 62,00 m^2

SUCHOJ SU-27SKM/J-11

Ursprungsland: Russland.
Kategorie: Einsitziges Jagd- und Mehrzweckkampfflugzeug.
Triebwerke: Zwei Mantelstromtriebwerke Saturn AL-31F von je 8100 kp (79,43 kN) Standschub ohne und 12500 kp (122,60 kN) mit Nachbrenner.
Leistungen: Höchstgeschwindigkeit Mach 2,15 auf 11000 m, 1400 km/h auf Meereshöhe; Anfangssteiggeschwindigkeit 330 m/Sek; Dienstgipfelhöhe 17750 m; Einsatzradius im Unterschallbereich und mit je vier Luft-Luft-Lenkwaffen R-27 und R-73 1500 km; Reichweite mit max. Treibstoffzuladung 3530 km.
Gewichte: Leergewicht 16870 kg; normales Startgewicht 24000 kg, max. 33000 kg.
Bewaffnung: Eine sechsläufige 30-mm-Revolverkanone und bis zu zehn Luft-Luft-Lenkwaffen bzw. 8000 kg Waffen aller Art an zehn Aufhängepunkten unter Rumpf und Flügel.
Entwicklungsstand: Die Jagdversion Su-27SK fliegt seit 1984. Sie steht in großer Zahl bei der russischen Luftwaffe im Einsatz. Die Volksrepublik China erhielt 76 als J-11A bezeichnete Su-27SK/UB. Weitere 100 wurden bei Shenyang in Lizenz gebaut, bevor China für die restlichen 100 Anfang 2008 auf die Version J-11B gewechselt hat. Die neueste Ausführung Su-27SKM fliegt seit einigen Jahren. Ein erstes russisches Regiment erhält ab Ende 2008 die Su-27SKM. Weiterer Besteller dieser Ausführung: Indonesien 6.
Bemerkungen: Die Su-27SKM ist das Mehrzweckkampfflugzeug-Modell des Jägers Su-27SK. Entsprechend angepasst wurde die Einsatzelektronik. Dadurch kann eine Vielzahl von Erdkampfwaffen neuester Auslegung mitgeführt werden. Im Cockpit ist ein verbessertes Managementsystem eingebaut. Die Su-27SKM verfügt auch über neue Navigations- und Kommunikationsmittel. Bei der chinesischen Ausführung JF-11B wurden rund 90% aller Systeme durch solche aus einheimischer Produktion ersetzt. Dies umfasst u.a. das Multifunktionsradar sowie das Triebwerk WS-10A, welches ähnliche Leistungen des bisherigen Al-31F erbringt. Auch ist diese Ausführung für neue chinesische Lenkwaffen kalibriert. Ein als J-11BS bezeichneter Doppelsitzer wird derzeit entwickelt.
Hersteller: Suchoj Design Bureau/KnAAPO, Werke Komsomolsk-na-Amur und Irkutsk, Moskau, Russland und Shenyang Aircraft Corporation, Shenyang, VR China.

Abmessungen (Su-30MK):
Spannweite 14,70 m
Länge 21,93 m
Höhe 6,35 m
Flügelfläche 63,20 m²

SUCHOJ SU-30MKK/MKI

Ursprungsland: Russland.
Kategorie: Zweisitziges Mehrzweckkampfflugzeug.
Triebwerke: Zwei Mantelstromtriebwerke Saturn (Lyulka) AL-31F von je 8100 kp (79,43 kN) Standschub ohne und 12500 kp (122,60 kN) mit Nachbrenner.
Leistungen (Su-30MK): Höchstgeschwindigkeit Mach 2,0 in großer Höhe; 1350 km/h auf Meereshöhe (Mach 1,1); Anfangssteiggeschwindigkeit 330 m/Sek; Dienstgipfelhöhe 17300 m; Einsatzradius im Tiefflug 1270 km, Reichweite in großen Höhen 3000 km, mit einer Flugbetankung 5200 km.
Gewichte (Su-30MKK): Leergewicht 17700 kg; Startgewicht norm. 26090 kg; max. 34500 kg.
Bewaffnung: Eine sechsläufige 30-mm-Revolverkanone und Waffen aller Art bis zu 8000 kg an zwölf Aufhängepunkten.
Entwicklungsstand: Die Mehrzweckversion Su-30M fliegt seit 30. Dezember 1989, gefolgt von der Su-30MKK 1993 und der Su-30MKI am 26. November 2000. Mehr als 200 Su-30MKK bzw. Su-30MK2 beschafft die chinesische Luftwaffe, 24 die Marine. Weitere Besteller: Algerien 28 Su-30MKI, Indien 50 (18 Su-30K, 32 Su-30MKI + neu 180 MKI im Lizenzbau), Indonesien 12 Su-30MK, Malaysia 18 Su-30MKM, Venezuela 24 Su-30MKV, Vietnam 4 Su-30MKK (+ Optionen).
Bemerkungen: Die doppelsitzige Ausführung Su-30M ist vorwiegend für Jagdbomber-Einsätze vorgesehen. Entsprechend dem Aufgabenspektrum wurden anstelle des Abfangradars ein neues Kampfelektroniksystem sowie ein Navigationssystem Loran eingebaut. Besonders die Heckpartie wurde überarbeitet und verstärkt. Eine Exportversion heißt Su-30MK und ist ebenfalls mit Vorflügeln und auf Wunsch mit zusätzlicher Vektorsteuerung (Su-30MKI) ausgerüstet. Ein weiterer Unterschied zur Su-30M besteht in der Kampfelektronik. 2002 wurde unter der Bezeichnung Su-30KN eine Weiterentwicklung mit digitalem Cockpit, neuem Missions-Computer und überarbeitetem Waffenkontrollsystem vorgestellt. Die russische Luftwaffe soll vorderhand sechs Exemplare erhalten. Ganz neu ist die Su-30MK2, u.a. für die Luftwaffe Chinas. Sie weist verbesserte Erdkampffähigkeiten auf und kann Präzisionswaffen neuester Generation mitführen.
Hersteller: Suchoj Design Bureau/KnAAPO, Werke Komsomolsk-na-Amur und Irkutsk, Moskau, Russland.

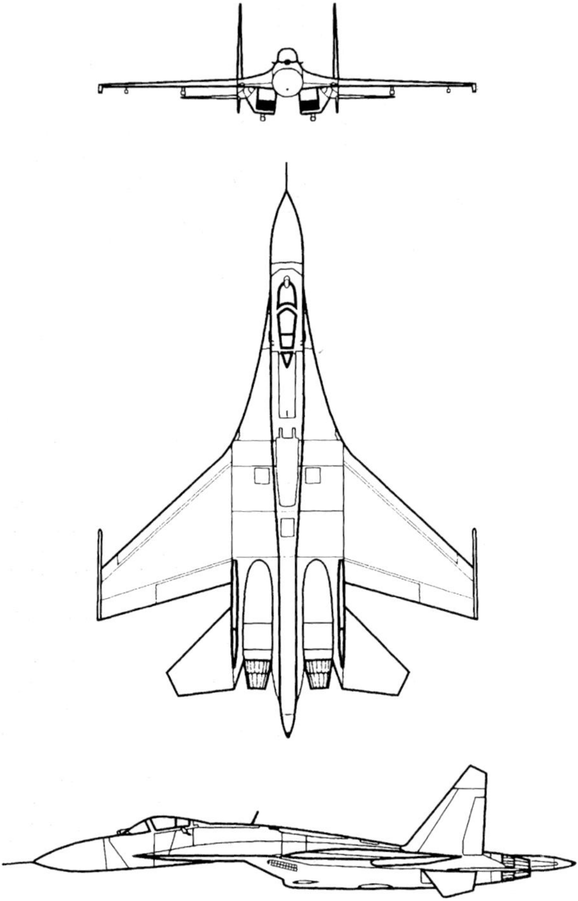

Abmessungen:
Spannweite 15,30 m
Länge 21,93 m
Höhe 5,90 m

SUCHOJ SU-35M-1

Ursprungsland: Russland.
Kategorie: Einsitziger Luftüberlegenheits- und Mehrzweckjäger.
Triebwerke: Zwei Mantelstromtriebwerke NPO Saturn 117S mit Schubvektorsteuerung von je 8800 kp (86,27 kN) ohne und 14500 kp (142,97 kN) mit Nachbrenner.
Leistungen: Höchstgeschwindigkeit Mach 2,25 in großer Höhe; 1400 km/h auf Meereshöhe; Anfangssteiggeschwindigkeit 330 m/Sek; Dienstgipfelhöhe 18000 m; Einsatzradius im Tiefflug 1270 km, Reichweite auf Meereshöhe 1580 km, in großen Höhen 3600 km, mit Zusatztanks 4500 km.
Gewichte: Leergewicht 17000 kg; max. Startgewicht 3400 kg, mit Überlast 38800 kg.
Bewaffnung: Eine sechsläufige 30-mm-Revolverkanone und Waffen aller Art bis zu 8000 kg an zwölf Aufhängepunkten.
Entwicklungsstand: Der erste Prototyp nahm die Flugerprobung am 19. Februar 2008 ab, gefolgt vom zweiten am 2. Oktober 2008. Die russische Luftwaffe plant diesen Typ zu beschaffen. Ein Kaufinteresse für 35 Einheiten liegt seitens Libyens vor. Die Einsatzbereitschaft wird für 2010 oder 2011 erwartet.
Bemerkungen: Erste Bemühungen, die einsitzige Su-27 weiterzuentwickeln, gab es bereits Mitte der neunziger Jahre. Immer wieder wurden weitere Varianten vorgestellt, die aber alle im Prototypstadium stecken blieben. Die neueste als Su-35-1 bezeichnete Ausführung der Generation 4++ besitzt einen überarbeiteten Flügel. Dafür wurde auf die Vorflügel verzichtet. Dank stärkerer Triebwerke mit Schubvektorsteuerung verbessern sich diverse Leistungsparameter. So besitzt die Su-35M-1 Supercruise-Fähigkeiten. Eingebaut wird das derzeit modernste russische Kampfradar Tikhomirov NIIIP Irbis-E mit neuester Phased-Array-Funktion (= elektronische Strahlablenkung). Weitere Elektroniksysteme z.B. zur Suche via Infrarot und zur Verfolgung von Zielen sind vorgesehen. Völlig neu ist das Cockpit mit u.a. sog. HOTAS-Bedienung (**H**ands-**o**n-**t**hrottle-**a**nd-**s**tick). Angesichts des erhöhten Startgewichts wurde das Fahrwerk verstärkt und das vordere mit Zwillingsrädern versehen.
Hersteller: Suchoj Design Bureau/KnAAPO, Werk Komsomolsk-na-Amur, Moskau, Russland.

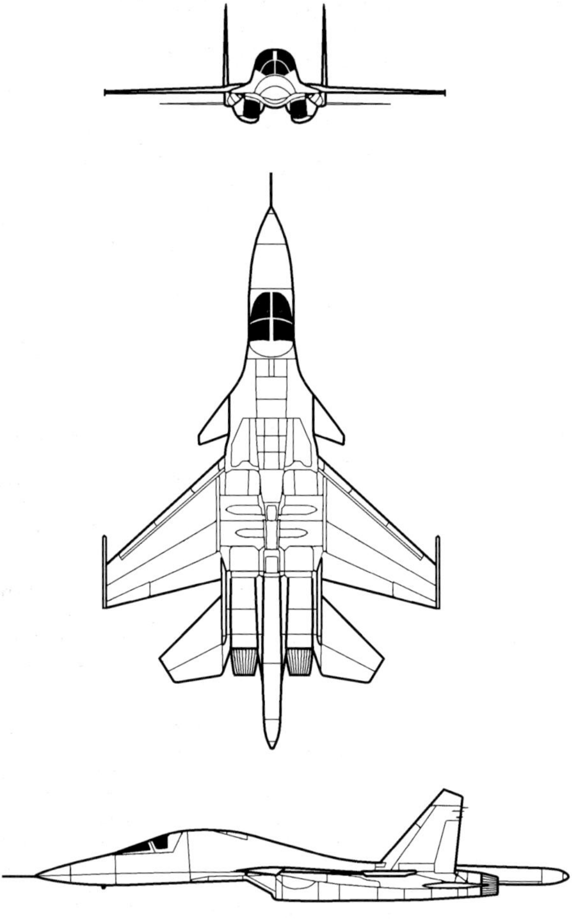

Abmessungen:
Spannweite 14,70 m
Länge 23,24 m
Höhe 6,10 m
Flügelfläche 62,00 m^2

SUCHOJ SU-34

Ursprungsland: Russland.
Kategorie: Zweisitziger Jagdbomber.
Triebwerke: Zwei Mantelstromtriebwerke Saturn AL-35FM von je 14734 kp (144,50 kN) Standschub mit Nachbrenner.
Leistungen: Höchstgeschwindigkeit 1900 km/h auf 11000 m (Mach 1,80), auf Meereshöhe 1400 km/h (Mach 1,14; Dienstgipfelhöhe 15000 m; Aktionsradius mit internem Kraftstoff und tief-tief-tief-Profil 600 km; max. Reichweite 4000 km.
Gewichte: Max. Startgewicht 44360 kg.
Bewaffnung: Eine eingebaute 30-mm-Kanone und eine Waffenlast von 8200 kg, z.B. Luft-Boden-Lenkwaffen Kh-25M, Kh-29, Kh-58, Antiradar-Lenkwaffen Kh-31P oder Antischiffs-Raketen Kh-31A oder Kh-35 sowie gelenkte und frei fallende Bomben aller Art. Zudem können Luft-Luft-Lenkwaffen R-73 oder RVV-Ae (R-77) mitgeführt werden.
Entwicklungsstand: Der als Su-27IB bezeichnete Prototyp startete am 13. April 1990 zum Erstflug. Im September 1993 folgte der erste von drei auf Su-34 umbenannte Serienprototyp. Die beschränkte Serienproduktion von sieben, zwischendurch wieder als Su-27IB bezeichnet, begann 1996. Neuerdings heißt der Typ wiederum Su-34. 70, später allenfalls sogar 200 davon beschafft die Luftwaffe Russlands. Die ersten wurden anfangs 2007 ausgeliefert.
Bemerkungen: Der augenfälligste Unterschied zum Ausgangsmuster Su-27 ist der völlig neu konstruierte Vorderrumpf mit Sitzen nebeneinander. Die Piloten verfügen über ein geräumiges, z.T. gepanzertes Cockpit. Die Su-34 ist mit kleinen Vorflügeln hinter dem Cockpit sowie mit bis an die Nase weiter gezogenen Flügelvorderkanten ausgerüstet. Für den harten Erdkampfeinsatz ist sie zudem punktuell verstärkt und verfügt über ein neues Hauptfahrwerk mit Doppelrädern hintereinander. Gegenüber dem Prototypen wurde der Heckkonus vergrößert, um Platz für einen Bremsfallschirm und ein rückwärts gerichtetes Radar zu schaffen. Zudem ist das Seitenleitwerk etwas kleiner. Einem Prototypen wurde ein modernstes Mehrzweckradar Leninetz mit hochauflösender Kartendarstellung sowie ein Inertial-Navigationssystem mit GPS eingebaut. An den Flügelspitzen sind ECM-Pods Sorbtsiya-S montiert.
Hersteller: Suchoj Design Bureau, Werk Nowosibirsk, Moskau, Russland.

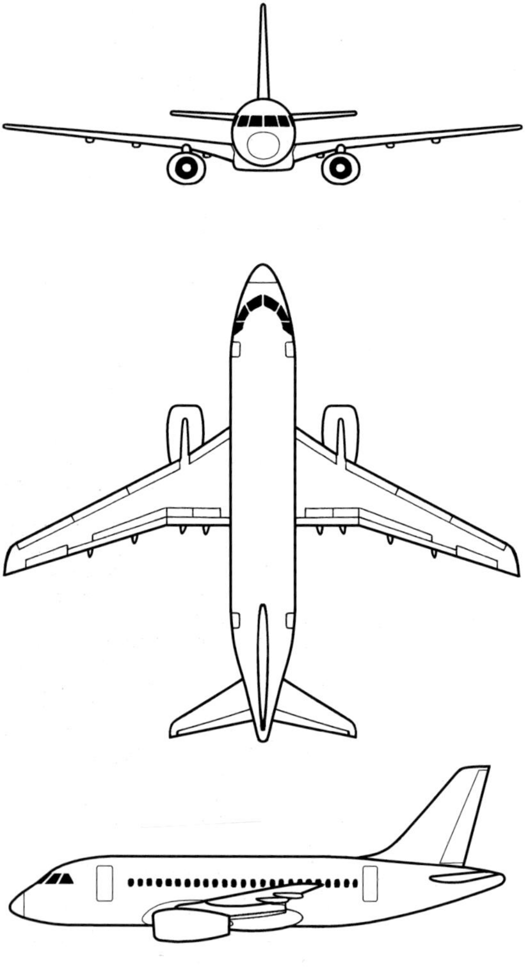

Abmessungen:
Spannweite 27,80 m
Länge (SSJ 100-75) 26,33 m, (SSJ 100-95) 29,83 m
Höhe 10,28 m
Flügelfläche 84,00 m²

SUCHOJ SUPERJET 100

Ursprungsland: Russland.
Kategorie: Kurz- und Mittelstrecken-Verkehrsflugzeug.
Triebwerke: Zwei Mantelstromtriebwerke Snecma/NPO Saturn SaM-146 von je (SSJ 100-75) 6985 kp (68,50 kN) bzw. (SSJ 100-95) von je 7937 kp (77,85) Standschub.
Leistungen (nach Angaben des Herstellers): Max. Reisegeschwindigkeit Mach 0,78; Dienstgipfelhöhe 12497 m; Reichweite mit max. Nutzlast (SSJ 100-75/LR) 2900/4550 km, (SSJ 100-95/LR) 2950/4420 km, als Option bis zu 4550 km.
Gewichte: Leergewicht zwischen 21900 und 24715 kg; max. Startgewicht (SSJ 100-75/LR) 38820/42280 kg bzw. (SSJ 100-95/LR) 42500/45880 kg.
Zuladung: Zwei Mann Cockpitbesatzung und je nach Ausführung (SSJ 100-75) 75 bzw. (SSJ 100-95) 98 Passagiersitze in Viererreihen. Max. Nutzlast (SSJ 100-75) 9130 kg und (SSJ 100-95) 12245 kg.
Entwicklungsstand: Anfänglich als RRJ95 bezeichnet, hat der erste Superjet 100 nach Verspätung am 19. Mai 2008 die Flugerprobung aufgenommen, die Zweite flog erstmals am 24. Dezember 2008. Angeblich sind bis Ende 2008 122 Bestellungen eingegangen, u.a. von Aeroflot 30, AIR-Union 15, Dalavia 6, FinanceLeasing 10+, ItAli Airlines 10 (+ 10 Optionen). Mit den Ablieferungen soll im dritten Quartal 2009 begonnen werden.
Bemerkungen: Mit dieser neuen Familie von mittelgroßen Commuter-Flugzeugen versucht sich Russland im nationalen wie auch im internationalen Zivilflugzeugmarkt zu etablieren. Um dies zu erreichen, wurden mehrere internationale Kooperationen eingegangen, so u.a. mit der italienischen Alenia. Beide Grundmuster des Superjets sind zu 95 % baugleich. Besondere Merkmale dieses Typs sind die robuste, möglichst einfach gehaltene Grundkonstruktion, welche eine sehr große Bandbreite von Bedürfnissen abdeckt. Der Superjet ist mit einem Fly-By-Wire-Steuersystem mit Sidesticks ausgerüstet. Er kann auf nur teilweise vorbereiteten Pisten starten und landen. Daher ist das Hauptfahrwerk mit vier Rädern ausgerüstet, was in dieser Klasse von Flugzeugen unüblich ist. Auf die Wirtschaftlichkeit wurde besonderer Wert gelegt.
Hersteller: Sukhoj Civil Aircraft Company, Moskau, Werk KnAAPO, Komsomolsk-na-Amur, Russland.

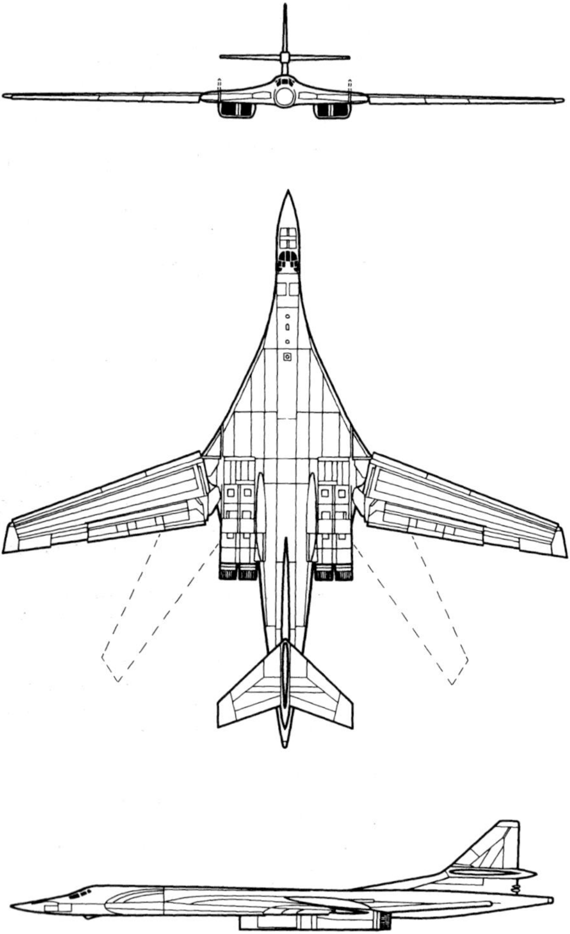

Abmessungen:
Spannweite bei 20° Pfeilung 55,70 m, bei 65° Pfeilung 35,60 m
Länge 54,10 m
Höhe 13,10 m
Flügelfläche 360,00 m²

TUPOLEW TU-160

Ursprungsland: Russland.
Kategorie: Strategischer Langstreckenbomber.
Triebwerke: Vier Mantelstromtriebwerke Samara NK-321 von je 25000 kp (245,14 kN) Standschub mit Nachverbrennung.
Leistungen: Kurzfristig erreichbare Höchstgeschwindigkeit 2020 km/h (Mach 1,9) auf 11000 m, 1030 km/h auf Meereshöhe; max. Dauergeschwindigkeit 1700 km/h (Mach 1,6); Langstrecken-Reisegeschwindigkeit 850 km/h auf 14000 m; Dienstgipfelhöhe 16000 m; Aktionsradius ohne Flugbetankung 7300 km; max. Reichweite 12300 km.
Gewichte: Rüstgewicht 117000 kg; max. Startgewicht 275000 kg.
Zuladung: Vier Mann Besatzung, wovon zwei Piloten und zwei Systemoperateure.
Bewaffnung: Waffenlast von max. 40000 kg in zwei hintereinander liegenden Schächten von je rund 10 m Länge. Die Hauptbewaffung sind 12 bis 24 Marschflugkörper Raduga Ch-55 und Kurzstrecken-Lenkwaffen.
Entwicklungsstand: Am 18. Dezember 1981 nahm die Tu-160 die Flugerprobung auf. Die Serienproduktion begann 1984/85 und wurde nach rund 40 Einheiten einschließlich der Prototypen 1993 eingestellt, 1999 aber wieder aufgenommen. 16 Einheiten befinden sich bei der russischen Luftwaffe im Einsatz. Anfang 2008 wurde ein weiteres Exemplar abgeliefert, die Produktion läuft in geringsten Stückzahlen weiter. So soll jedes zweite Jahr eine neue Maschine gebaut werden, bis die Sollzahl von 30 Einheiten erreicht ist.
Bemerkungen: Die Tu-160 ist der größte Interkontinentalbomber mit variabler Flügelgeometrie, der je hergestellt wurde. Dieses Ganzmetallflugzeug mit Fly-by-wire-Steuerung verfügt zur Erfüllung seiner Aufgaben über eine umfangreiche Waffenelektronik. 20% der gesamten Struktur bestehen aus Titan. Die neu gebaute Tu-160 weist einige Verbesserungen auf wie ein neues Waffensystem, aktualisierte Avionik- und Navigationssystem. Ältere Tu-160 sollen auf den gleichen Stand gebracht werden.
Hersteller: OKB Alexei A. Tupolew, Werk Kazan, Moskau, Russland.

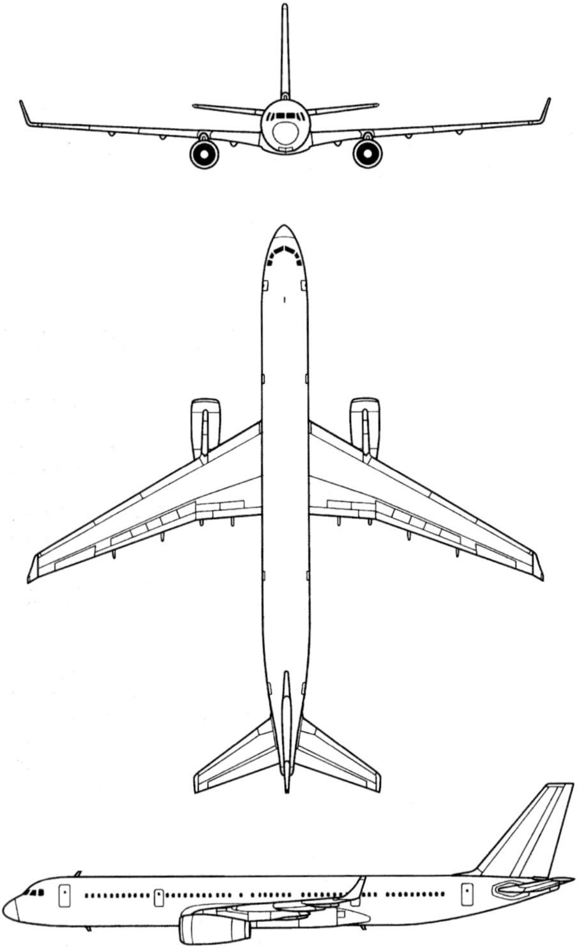

Abmessungen:
Spannweite 42,00 m
Länge (Tu-204-100/-120/-214) 46,10 m, (-300) 40,20 m
Höhe 13,90 m
Flügelfläche 184,1 m²

TUPOLEV TU-204/TU-214

Ursprungsland: Russland.
Kategorie: Mittelstrecken- (Tu-204) bis Langstrecken-Verkehrsflugzeug (Tu-204-300).
Triebwerke: Zwei Mantelstromtriebwerke (Tu-204-100) Perm (Solowiew) PS-90 von je 16000 kp (156,9 kN) oder (Tu-204-120) Rolls Royce RB.211-535E4 von je 19580 kp (193 kN) Standschub.
Leistungen (Tu-204-100): Max. Reisegeschwindigkeit 850 km/h auf 10650 m; Dienstgipfelhöhe 12505 m; Reichweite mit max. Nutzlast 4900 km, (Tu-204-300) 9250 km.
Gewichte (T-204-100): Leer 56500 kg; max. Startgewicht 103000 kg.
Zuladung: Zwei Mann Cockpitbesatzung und normalerweise in Dreiklassenbestuhlung 170, max. jedoch bei nur einer Klasse 214 Passagiere in Sechserreihen; max. Nutzlast als Frachter 24840 kg.
Entwicklungsstand: Der erste Prototyp der Tu-204 flog am 2. Januar 1989. 1997 begann die Auslieferung an die ersten Kunden. Rund 90 Maschinen (+ Optionen) der verschiedenen Ausführungen sind bestellt und bisher etwa 40 abgeliefert worden. Der Erstflug des ersten Serienflugzeugs Tu-214 fand Anfang 2001 statt, jener der Tu-204-300 im August 2003. Die Tu-204 soll auch in Iran in Lizenz gebaut werden. Die neueste Ausführung Tu-204SM soll 2009 erstmals fliegen, Ablieferung ab 2010 an den Erstbesteller Ilyushin Finance 31 (+ 30 Optionen).
Bemerkungen: Nebst der Grundausführung Tu-204-100 werden weitere Varianten angeboten. Die Tu-214 ermöglicht dank höherem Startgewicht von 110000 kg größere Reichweiten. Wie die Tu-204 besitzt sie russische Avionik. Wahlweise kann sie aber auch mit Rolls Royce-Triebwerken und mit westlicher Avionik ausgerüstet geliefert werden. Weiter ist der Frachter Tu-204-120C (bisher sechs bestellt) erhältlich sowie die um fast 6 m verkürzte Ausführung Tu-204-300. Ganz neu ist die Tu-204SM wahlweise mit PS-90A2- oder mit IAE V2500-Triebwerken, welche die früheren Versionen ablösen soll. Dank geringerem Strukturgewicht, neuem Zweimann-Cockpit und verbesserter Avionik soll primär die Wirtschaftlichkeit erhöht werden. Zudem ist der Passagierkomfort verbessert.
Hersteller: Tupolew Joint Stock Comp., Werke Ulyanovsk (Tu-204) und Kazan, Tatarstan (Tu-214), Moskau, Russland..

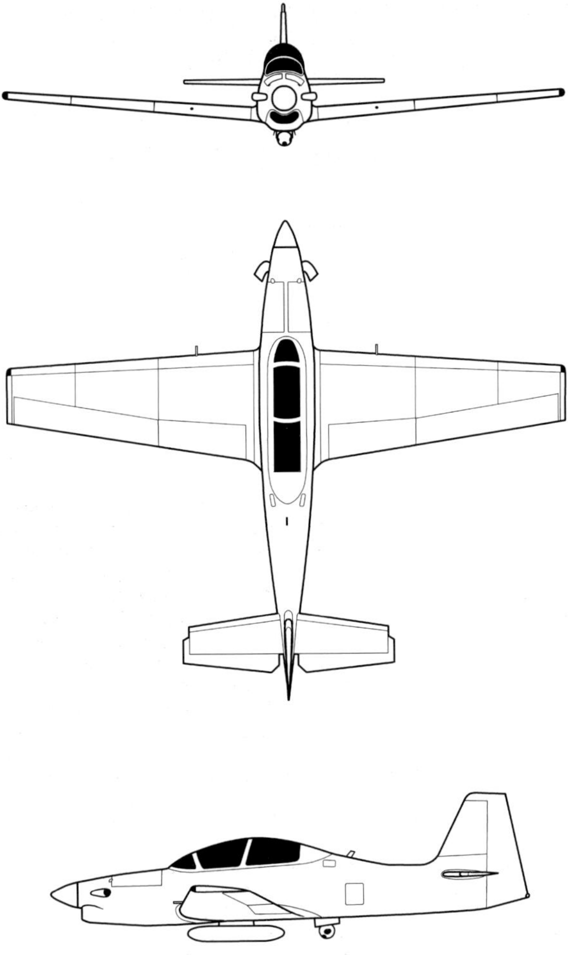

Abmessungen:
Spannweite 11,58 m
Länge 10,40 m
Flügelfläche 22,70 m²

US AIRCRAFT A-27 DRAGON

Ursprungsland: USA.
Kategorie: Leichtes Erdkampfflugzeug (COIN).
Triebwerke: Eine Propellerturbine Pratt & Whitney (Canada) PT-6-68A von 1600 WPS (1193 kW) Leistung.
Leistungen (nach Angaben des Herstellers): Höchstgeschwindigkeit 685 km/h auf 6100 m; Reisegeschwindigkeit bei 75% Triebwerkleistung 640 km/h auf 6100 m; Anfangssteiggeschwindigkeit 24,8 m/Sek; Dienstgipfelhöhe 10700 m; max. Reichweite 3025 km; max. Flugdauer 11 Std.
Gewichte: Leergewicht 2177 kg; max. Startgewicht 4626 kg.
Bewaffnung: Waffen aller Art bis zu einem Gesamtgewicht von 1670 kg.
Entwicklungsstand: Erstflug des Prototyps anfangs Oktober 2006. Ob bisher Bestellungen für ein Serienmuster eingegangen sind, ist nicht bekannt. Offenbar prüft der Irak die Beschaffung der A-27.
Bemerkungen: Es scheint sich ein Bedürfnis für leichte Kampfflugzeuge insbesondere in Nord- und Südamerika abzuzeichnen. Die US Aircraft will mit der A-27 eine sehr kostengünstige Lösung für sog. COIN-Einsätze (**Co**unter-**In**surgency-Operations) anbieten. Zur Bekämpfung von Drogenhändlern oder Terroristen genüge eine robuste, einfach gehaltene Lösung, ähnlich auch der EMBRAER A-29 Super Tucano (siehe Seiten 160/161). Die Dragon soll bei Kampfeinsätzen erhebliche Beschädigungen aushalten können. Daher verfügen wichtige Teile der Konstruktion über eine leichte Panzerung vorwiegend aus Keramik- und Polymer-Werkstoffen. Alle Treibstofftanks sind selbstdichtend. Bei einem Abschuss kann die Maschine mittels eines Sicherheitsfallschirms zu Boden gebracht werden. Die A-27 kann von unvorbereiteten Pisten starten und landen.
Hersteller: US Aircraft Corp. Acron, Ohio, USA.

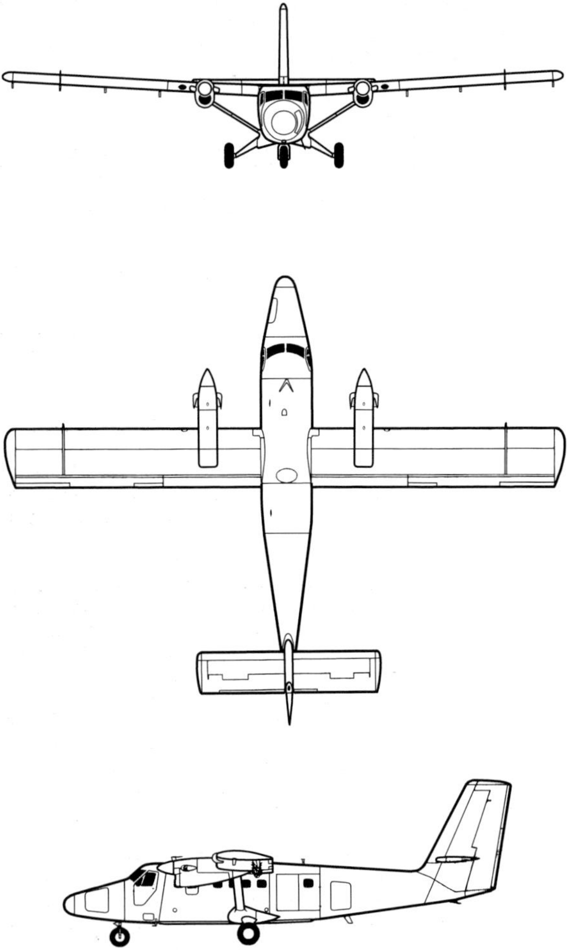

Abmessungen:
Spannweite 19,81 m
Länge 15,77 m
Höhe 5,94 m
Flügelfläche 39,00 m²

VIKING AIR TWIN OTTER

Ursprungsland: Kanada.
Kategorie: STOL-Mehrzweck- und Zubringerflugzeug.
Triebwerke: Zwei Propellerturbinen Pratt & Whitney Canada PT6A-34 von je 750 WPS (559,30 kW) Leistung.
Leistungen: Max. Reisegeschwindigkeit 315 km/h auf Meereshöhe bzw. 337 km/h auf 3050 m; max. Schrägsteiggeschwindigkeit 8,13 m/Sek; Dienstgipfelhöhe 8138 m; Reichweite 1435 km, mit Zusatztanks 1815 km; Einsatzdauer 7,10 Std.
Gewichte: Leergewicht 3121 kg; max. Startgewicht 5670 kg.
Zuladung: Ein bis zwei Mann Cockpitbesatzung und je nach Innenausstattung bis zu 20 Passagiere, als Frachter eine maximale Nutzlast von 1941 kg.
Entwicklungsstand: Die neu von Viking Air gebaute Twin Otter flog erstmals im Oktober 2008, und zwar in der Amphibienversion. Bisher sind Bestellungen für rund 45 Maschinen eingegangen, darunter drei für das Golden Knight-Fallschirmspringer-Team der US Army. Mit den Auslieferungen soll Mitte 2009 begonnen werden. Von der Ursprungsausführung De Havilland Canada DHC-6 Twin Otter (Erstflug 20. Mai 1965) wurden von den verschiedenen Versionen bis 1988 844 Einheiten gebaut.
Bemerkungen: Es hat sich gezeigt, dass die Nachfrage nach dem robusten Transporter DHC-6 Twin Otter wieder zunimmt und im Markt kein geeigneter Ersatz erhältlich ist. Daher hat Viking Air die Rechte von Bombardier (Nachfolger von DHC) erworben und baut nun eine überarbeitete, intern als DHC-6-400 bezeichnete neue Ausführung. Im Wesentlichen gegenüber dem Ausgangsmuster unverändert, gelangt jedoch das neue Avionik-System Primus Apex von Honeywell sowie stärkere Triebwerke PT6A-34 statt der bisherigen PT6A-27 in Einbau. Je eine Version mit Fahrwerk, Skis oder mit Schwimmkörpern ist erhältlich. Viking gibt als Kaufpreis für eine standardmäßig ausgerüstete Twin Otter mit US$ 4,5 Mio. an. Auf Wunsch können die noch leistungsstärkeren PT6A-35-Triebwerke eingebaut werden, die bei gleicher Startleistung bessere »Hot and High«-Leistungen bieten.
Hersteller: Viking Air, Victoria International Airport, British Columbia, Kanada.

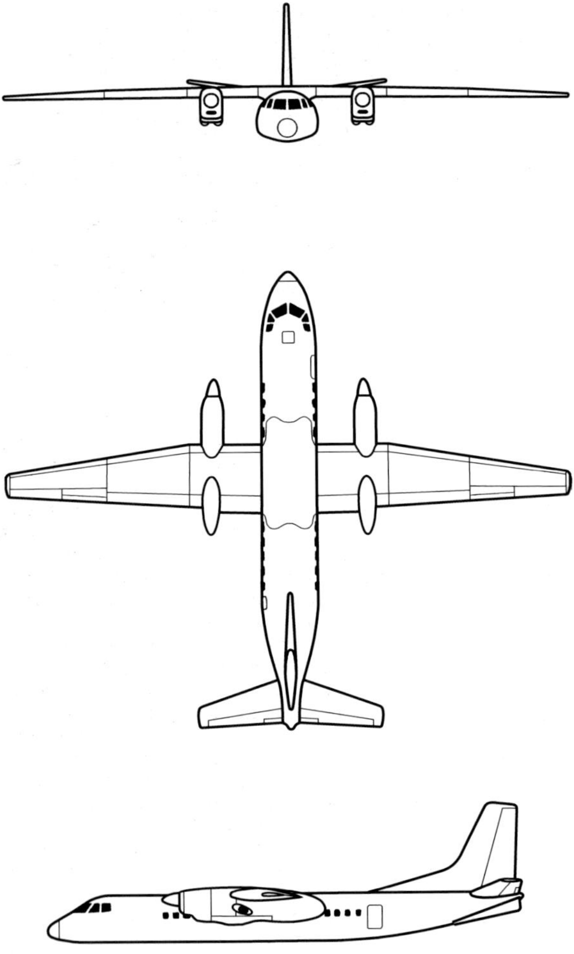

Abmessungen:
Spannweite (Y-7/MA60) 29,67/29,20 m
Länge je nach Version zwischen 24,22 und 24,71 m
Höhe 8,85 m
Flügelfläche 74,98, m^2

XIAN Y-7/MA-60/MA600

Ursprungsland: Volksrepublik China.
Kategorie: Kurzstrecken-Passagier-, Kombi- und Frachtflugzeug.
Triebwerke (Y-7-200B): Zwei Propellerturbinen Dongan WJ5A-1 von je 2917 WPS (2175 kW) bzw. (MA60) Pratt & Whitney Canada PW127C von je 2750 WPS (2050 kW) Leistung.
Leistungen (MA60): Max. Reisegeschwindigkeit 459 km/h; Anfangssteiggeschwindigkeit 8,05 m/Sek; Dienstgipfelhöhe 7600 m; Reichweite mit 60 Passagieren 1600 km, mit max. Treibstofffüllung 2646 km.
Gewichte (MA60): Leergewicht 13700 kg; max. Startgewicht 21800 kg.
Zuladung: Zwei Piloten und normal 56 Passagiere oder bei dichter Bestuhlung 60 Passagiere; max. Nutzlast als Frachter 5500 kg.
Entwicklungsstand: Erstflug der Y7H-500 Ende 1988, der Y7-200A im 3. Quartal 1993. Von diesen Ausführungen sind bisher 120 Maschinen von chinesischen Fluggesellschaften, diversen Luftwaffen, u.a. Bolivien und Nepal, aber auch Airlines von mehreren Entwicklungsländern bestellt worden. Die MA600 fliegt seit 19. Oktober 2008 und ist ab 2010 erhältlich.
Bemerkungen: Diese ursprünglich aus der damals sowjetischen An-24/26 abgeleitete Ausführung hat Xian in verschiedenen Etappen wesentlich weiterentwickelt. Derzeit werden folgende Varianten angeboten und gebaut: Passagier- bzw. Executiveversion Y7-100, Y7-100A mit Winglets, Y7-100C mit westlicher Avionik von Rockwell Collins und verlängertem Rumpf, die Commuterversion Y7-200A (nun als MA60 bezeichnet) sowie die zivilen und militärischen Frachter Y7-200B und Y7H-500 mit Heckladerampe. Alle -200-Ausführungen verfügen über ein EFIS-Cockpit, ein APU von AlliedSignal, ein leichteres Fahrwerk und Vierblattpropeller von Hamilton Standard. Dank des Triebwerks PWC127C resultiert eine Reduktion des spezifischen Treibstoffverbrauchs um 25 %, die Nutzlast ist um 800 kg erhöht. Die neueste MA600 weist verschiedene Verbesserungen auf, wie z.B. Reduktion des Strukturgewichts, neue Avionik Pro Line 21 und eine überarbeitete Passagierkabine. Sie verfügt über leistungsstärkere PW127J-Triebwerke. Kürzlich vorgestellt wurde eine weiter verbesserte Ausführung MA700, welche der ATR-42-500 sehr ähnlich sieht.
Hersteller: Xian Aircraft Company, Xian, Provinz Shaanxi, VR China.

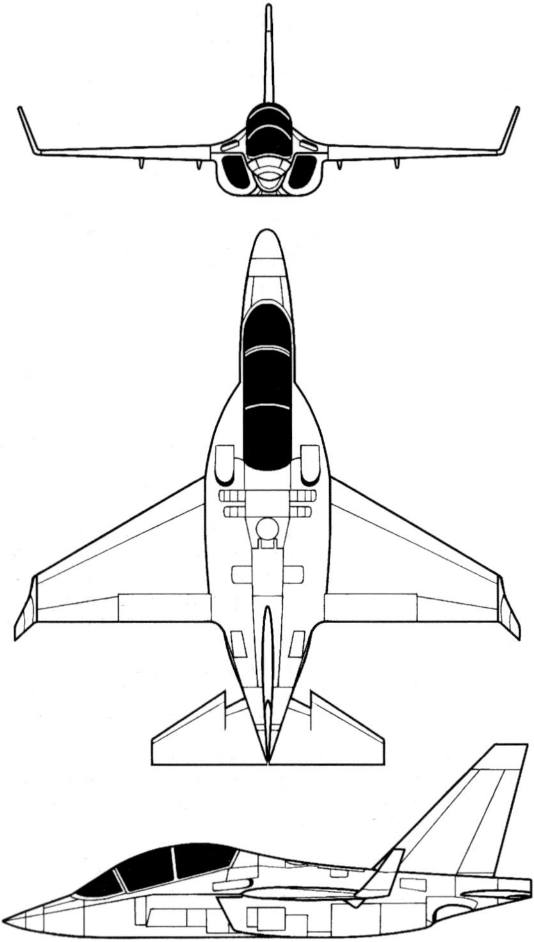

Abmessungen:
Spannweite 9,72 m
Länge 11,25 m
Höhe 4,76 m
Flügelfläche 23,50 m^2

YAKOWLEW YAK-130

Ursprungsland: Russland.
Kategorie: Zweisitziger Fortgeschrittenentrainer und leichtes Erdkampfflugzeug.
Triebwerke: Zwei Mantelstromtriebwerke Progress AI-222-25 von je 2500 kp (24,50 kN) Standschub.
Leistungen: Höchstgeschwindigkeit auf optimaler Höhe 1050 km/h; auf Meereshöhe 850 km/h+; Anfangssteiggeschwindigkeit 75 m/Sek; Dienstgipfelhöhe 12500 m; Aktionsradius mit zwei 500-kg-Bomben (Einsatzprofil hoch-tief-tief-hoch) 850 km; Überführungsreichweite 2000 km.
Gewichte: Leergewicht 4600 kg; normales Startgewicht 5700 kg; max. Startgewicht 9000 kg.
Bewaffnung: Waffen aller Art bis zu einem Gewicht von 3000 kg.
Entwicklungsstand: Ein Prototyp startete mit großer Verspätung am 25. April 1996 zum Erstflug. Das erste Serienmuster flog erstmals Ende 2003, das zweite im April 2005. Bisher sind laut Hersteller für verschiedene Luftwaffen rund 80 Yak-130 bestellt, die ab 2009 zur Auslieferung gelangen. Der Gesamtbedarf der russischen Luftwaffe beläuft sich auf 150 bis 200 Maschinen. Weitere 16 Maschinen bestellte Algerien, Libyen sechs. Syrien interessiert sich ebenfalls für diesen Typ.
Bemerkungen: Die Yak-130 soll die Nachfolge der heutigen Trainingsflugzeuge Aero L 29 Delfin und L 39 Albatros bei der russischen Luftwaffe antreten. Da sie besonders wendig ist, kann die Yak-130 alle wichtigen Flugmanöver der heutigen Kampfflugzeuggeneration Su-27 und MiG-29 ausführen. Die Konstruktion ist von konventioneller Art und besonders robust ausgelegt. Ungewöhnlich ist der komplexe Deltaflügel mit den ovalen Triebwerkeinläufen. Das Triebwerkmanagement (FADEC) ist vollständig digitalisiert, ebenso die übrige Avionik. Die Flugsteuerung stützt sich auf ein vierfach redundantes FBW-System ab. Das Cockpit umfasst u.a. drei große LCD-Bildschirme. Unter der Bezeichnung Yak-133 sind eine einsitzige Erdkampfversion sowie eine unbemannte Aufklärungsversion in Planung.
Hersteller: OKB Alexander S. Yakowlew, Werke Nizhniy Novgorod und Saratow, Russland.

VERZEICHNIS DER FLUGZEUGTYPEN

ABKüRZUNGEN IM TEXT

Aéronavale	= Französische Marineluftwaffe
AEW/C	= **A**irborne **E**arly **W**arning/**C**ommand, fliegende Radarfrühwarn- und Kommandoflugzeuge
ALAT	= Aviation Légère de l'Armée de Terre, französische Heeresluftwaffe
Armée de l'Air	= Französische Luftwaffe
ASTOR	= **A**irborne **St**and-**O**ff **R**adar
ASW	= **A**nti-**S**ubmarine **W**arfare, U-Boot-Bekämpfung
AWACS	= **A**irborne **W**arning **A**nd **C**ontrol **S**ystem, Frühwarnflugzeug
COMINT	= **COM**munications **INT**elligence, Nachrichtenaufklärung
CTOL	= **C**onventional **T**ake-**O**ff and **L**anding, Start und Landung konventionell
CRT	= **C**athode-**R**ay-**T**ube, Kathodenröhren-Anzeigen
ECM	= **E**lectronic **C**ounter **M**easures, Sammelbegriff für alle Maßnahmen zur Störung feindlicher Funk- und Radareinrichtungen auf elektronischem Weg
EFIS	= **E**lectronic **F**light **I**nstrument **S**ystem, Elektronische Bildschirmanzeige-instrumente
Elint	= **El**ectronics **Int**elligence, elektronische Aufklärung
FADEC	= **F**ull **A**uthority **D**igital **E**ngine **C**ontrol, Digitales Triebwerkmanagement-System
FBW	= **F**ly **B**y **W**ire, Steuerung des Flugzeuges mittels elektrischen Impulsen
FLIR	= **F**orward-**L**ooking **I**nfra**R**ed, Infrarot-Nachtsichtgerät
GFK	= **G**las**f**aserverstärkter **K**unststoff
GPS	= **G**lobal **P**ositioning **S**ystem, präzise Navigationshilfe mittels Satelliten
HOTAS	= **H**ands-**O**n-**T**hrottle-**A**nd-**S**tick, alle wichtigen Bedienungsfunktionen sind im Steuerknüppel vereinigt
HUD	= **H**ead-**U**p **D**isplay, Blickfelddarstellungsgerät. Die wichtigsten Flugdaten werden auf die Frontscheibe projiziert
IFR	= **I**nstrument **F**light **R**ules, Instrumentenflugregeln
LANTIRN	= **L**ow-**A**ltitude **N**avigation **T**argeting **IR** for **N**ight, Tiefflugnavigations- und Infrarot- Angriffssystem für Nachteinsätze
MAD	= **M**agnetic **A**nomaly **D**etection, Magnetometer, Gerät zum Aufspüren magnetischer Unregelmäßigkeiten (Einsatz zur U-Boot-Bekämpfung)
NVG	= **N**ight **V**ision **G**oggles, Sammelbegriff für Nachtsichtgeräte/-brillen am Kopf des Piloten befestigt
RAAF	= **R**oyal **A**ustralien **A**ir **F**orce, australische Luftwaffe
RAF	= **R**oyal **A**ir **F**orce, britische Luftwaffe
RN	= **R**oyal **N**avy, britische Marineluftwaffe
SAR	= **S**earch **A**nd **R**escue, Such- und Rettungseinsätze
SAR	= **S**ynthetic **A**perture **R**adar, Sythetisches Breitband-Aufklärungsradar
SIGINT	= **SIG**nals **INT**ellingence, Funkaufklärung
STOL	= **S**hort **T**ake-**O**ff and **L**anding, Kurzstart und -landung
STOVL	= **S**hort **T**ake-**O**ff and **V**ertical **L**anding, Kurzstart und Senkrechtlandung
USAF	= **U**nited **S**tates **A**ir **F**orce, Luftwaffe der USA
USCG	= **U**nited **S**tates **C**oast **G**uard, Küstenwache der USA
USMC	= **U**nited **S**tates **M**arine **C**orps, Marineinfanterie der USA
USN	= **U**nited **S**tates **N**avy, Marine der USA
VFR	= **V**isual **F**light **R**ules, Sichtflugregeln
VTOL	= **V**ertical **T**ake-**O**ff and **L**anding, Senkrechtstart und -landung
WPS	= **W**ellen-**PS**, Leistung einer Propeller- oder Gasturbine, gemessen an der Welle; der Restschub wird nicht berücksichtigt, Englisch: shp (Shaft Horse Power)